高等院校石油天然气类规划教材

遥 感 地 质 学

方德庆　主编

石油工业出版社

内 容 提 要

本书对遥感地质学的基础知识进行了全面的讲解，按照学生的学习认知和思维规律逐步引入，反映了遥感领域的新近科研成果，注重理论与应用相结合。本书的主要内容包括遥感基本概念、遥感理论基础（遥感电磁辐射基础、遥感光学基础）、遥感数据获取（传感器、航空遥感与航天遥感）、遥感信息提取（图像目视解译标志、航空图像与航天图像的判读、计算机信息提取）、3S集成技术。

本书适用于资源勘查工程专业和资源环境专业的师生，也适用于地学类专业和相关信息类专业的师生，以及其他相关科研和技术人员。

图书在版编目（CIP）数据

遥感地质学/方德庆主编．
北京：石油工业出版社，2013.7
（高等院校石油天然气类规划教材）
ISBN 978-7-5021-9571-7

Ⅰ．遥⋯
Ⅱ．方⋯
Ⅲ．地质遥感－高等学校－教材
Ⅳ．P627

中国版本图书馆 CIP 数据核字（2013）第 079280 号

出版发行：石油工业出版社
（北京安定门外安华里2区1号　100011）
网　　址：http://pip.cnpc.com.cn
编辑部：(010)64523574　发行部：(010)64523620
经　　销：全国新华书店
印　　刷：北京中石油彩色印刷有限责任公司

2013年7月第1版　2013年7月第1次印刷
787×1092毫米　开本：1/16　印张：15.25
字数：378千字
定价：30.00元
（如出现印装质量问题，我社发行部负责调换）
版权所有，翻印必究

前　言

遥感是20世纪60年代兴起并迅速发展起来的一门综合性探测技术,是采集地球数据及其变化的重要技术手段,已在世界范围内得到广泛的应用。如今,遥感已经成为地学类、测绘类和环境类本科生的重点课程之一,也已成为信息类以及其他专业学生的必修或选修课程。本教材的编写,就是为了适应资源勘查工程和资源环境管理专业的教学需要,既顾及全面又照顾重点,突出基本概念和理论基础,重点关注遥感图像的解译,指导学生掌握遥感的基本理论和工作方法,拓展其专业技能和手段。

本书面向未来遥感发展,力求做到既保持它的基础性,又增加近年来的新方法、新手段和新技术。本书的特点是面向遥感技术的初学者,强调从学生的学习认知和思维规律出发,尽量减少或避免跳跃式的讲解。遥感涉及多种学科,容易在引入相关知识时使学生感到突然。因此,教材编排上的主导思想是:在宏观认识遥感的基础上,从理论基础到专业基础渐进;在专业知识方面,以遥感数据获取、信息提取为基本引线,分块讲解。本教材由四个部分组成:首先,介绍遥感的基本概念,讲解遥感理论基础和光学基础;其二,在数据获取部分,介绍遥感技术系统、航空遥感和航天遥感;其三,信息提取部分,包括人工信息提取和计算机信息提取(此部分为本教材的重点);其四,3S集成技术,介绍3S的基本内涵、集成特点和集成技术。在各章的前后有本章内容提要、基本要求和思考题,旨在指明各章的教学和学习重点,以帮助学生掌握其内容,做到有的放矢。

本书由东北石油大学地球科学学院地质系和资源勘查工程系共同完成,方德庆任主编,张雷任副主编。具体写作分工如下:前言、第一章、第二章、第七章、第九章由方德庆编写;第三章、第四章由陈正言编写;第五章、第六章、第八章由张雷编写;第十章、第十一章由张学娟编写。在书稿大纲的讨论过程中,中国石油大学(北京)周子勇教授提出了许多宝贵意见,在书稿的编写过程中得到了东北石油大学各级领导的支持,李卓、杨勉、赵利冬、方希锐、迟禹等老师和同学在资料收集、文字录入、图像的处理及排版中做了大量的工作,在此表示深深的谢意。书中参考和引用了许多国内外相关文献的内容,在此向各位原作者一并表示感谢。

由于笔者科学水平与实际经验不足,书中难免有不妥之处,恳请读者批评、指正。

编者
2013年3月

目 录

第一章 绪论 (1)
第一节 遥感与遥感技术 (1)
第二节 遥感地质学的研究内容及方法 (5)
第三节 遥感科学技术的发展简史 (6)
第四节 现代遥感技术发展的趋势与展望 (9)
思考题 (10)

第二章 电磁辐射与地物光谱特征 (11)
第一节 电磁波与电磁波谱 (11)
第二节 电磁波的辐射特征 (16)
第三节 地物电磁波的特征 (22)
思考题 (33)

第三章 遥感图像处理 (34)
第一节 光学图像处理 (34)
第二节 数字图像预处理 (48)
第三节 数字图像增强处理 (53)
思考题 (66)

第四章 遥感技术系统 (67)
第一节 遥感平台 (67)
第二节 传感器 (68)
第三节 遥感信息的传输与处理 (82)
思考题 (84)

第五章 航空遥感图像 (85)
第一节 航空图像的物理特性 (85)
第二节 航空像片的几何特征 (87)
第三节 航空像片的立体观察与量测 (94)
思考题 (101)

第六章 航天遥感与图像 (102)
第一节 遥感卫星的姿态与轨道参数 (102)
第二节 航天遥感卫星系列 (105)
第三节 陆地卫星图像特征 (121)
思考题 (130)

第七章 遥感图像目视解译 (131)
第一节 目视解译标志 (131)

第二节　目视解译方法 ……………………………………………… (139)
　　思考题 ……………………………………………………………………… (143)

第八章　航空像片的判读（目视解译） ……………………………… (144)
　　第一节　航空像片的判读程序 …………………………………… (144)
　　第二节　像片转绘的基本方法 …………………………………… (146)
　　第三节　居民地和道路判读 ……………………………………… (149)
　　第四节　水体判读 ………………………………………………… (150)
　　第五节　地貌判读 ………………………………………………… (152)
　　第六节　地质判读 ………………………………………………… (158)
　　第七节　植被和土壤判读 ………………………………………… (165)
　　第八节　其他航空遥感图像 ……………………………………… (168)
　　思考题 ……………………………………………………………………… (173)

第九章　卫星图像的目视判读 ………………………………………… (175)
　　第一节　卫星图像目视判读的方法和步骤 ……………………… (175)
　　第二节　水体判读 ………………………………………………… (178)
　　第三节　地貌判读 ………………………………………………… (180)
　　第四节　地质判读 ………………………………………………… (182)
　　第五节　土壤植被判读 …………………………………………… (188)
　　第六节　城镇、铁路判读 ………………………………………… (193)
　　第七节　土地覆盖与土地利用判读 ……………………………… (194)
　　第八节　卫星图像判读实例 ……………………………………… (194)
　　思考题 ……………………………………………………………………… (198)

第十章　计算机信息提取 ……………………………………………… (199)
　　第一节　遥感图像计算机分类基本原理 ………………………… (199)
　　第二节　非监督分类与监督分类 ………………………………… (201)
　　第三节　神经网络及其他分类方法 ……………………………… (209)
　　第四节　分类精度的评价与提高 ………………………………… (214)
　　第五节　遥感图像计算机信息提取的其他方法 ………………… (218)
　　思考题 ……………………………………………………………………… (222)

第十一章　3S 集成技术 ………………………………………………… (223)
　　第一节　3S 的基本概念 …………………………………………… (223)
　　第二节　全球定位系统（GPS） …………………………………… (227)
　　第三节　地理信息系统 …………………………………………… (230)
　　第四节　3S 集成技术与应用 ……………………………………… (232)
　　思考题 ……………………………………………………………………… (236)

参考文献 ………………………………………………………………… (237)

第一章 绪 论

【本章内容提要】
作为本课程的导论,本章阐述了遥感及遥感技术的基本概念及主要特征,遥感学的研究对象、研究内容、遥感方法以及遥感科学技术的发展概况。目的是使学生对该课程有一个概括的了解,明确该课程的性质及教学目标。

【基本要求】
(1)了解遥感及遥感技术的基本概念、主要类型及基本特征。
(2)掌握遥感学的研究对象、内容及研究方法。
(3)了解遥感技术及遥感学的发展简史。

第一节 遥感与遥感技术

遥感是20世纪60年代兴起并迅速发展起来的一门综合性探测技术。它促使摄影测量技术产生革命性的变化,从以飞机为主要运载工具的航空遥感,发展到以航天飞机、人造地球卫星等为运载平台的航天遥感,极大地拓展了人们的观测领域,形成了对地球资源和环境进行探测和监测的立体观测系统。同时,由于它在城市规划、环境保护、地质勘探、农业和林业以及军事等领域的广泛应用,产生了十分可观的经济效益和显著的社会效益。

一、遥感的基本概念

(一)遥感(Remote sensing)

顾名思义,遥感是"遥远的感知"。"遥"具有空间的概念,即"远";"感"表示信息系统,即"感知"。遥感就是:不与目标物接触,通过信息系统去获取有关目标物的信息。

遥感属于空间科学的范畴,是空间科学的一个重要组成部分。遥感科学是物理学、天体物理学、天体力学、计算数学、电子计算机技术、航天、航空等许多科学密切结合的、新兴起来的、综合性很强的一门学科。

遥感不同于遥测(Telemetry)和遥控(Remote Control)。遥测是指对被测物体某些运动参数和性质进行远距离测量的技术,分接触测量和非接触测量。遥控是指远距离控制目标物运动状态和过程的技术。

遥感,特别是空间遥感过程的完成往往需要综合运用遥测和遥控技术。如卫星遥感,必须有对卫星运行参数的遥测和卫星工作状态的控制等。

(二)狭义遥感与广义遥感

1. 狭义遥感

狭义遥感是指获取目标物的电磁辐射(发射、吸收、反射和透射)信息,识别目标物及其性质的遥感。人类通过大量实践,发现地球上每一物质作为其固有的性质都会反射、吸收、透射和辐射电磁波。例如,植物的叶子中的叶绿素对太阳光中的蓝色及红色波长的光强烈地吸收,对绿色波长的光强烈反射而呈绿色。物体的这种对电磁波固有的波长特性叫光谱特性。一切物体,由于其种类及环境条件不同,都具有反射或辐射不同波长的电磁波的特性。

2. 广义遥感

广义遥感是指获取目标物的电磁辐射特征,力场(重力、磁力)特征,机械波(地震波、声波)特征等信息,识别和探测目标物及其性质的遥感(包括航空地球物理勘探范畴)。

$$
广义遥感\begin{cases}
地球物理场遥感\begin{cases}
电磁场遥感:紫外线、可见光、红外线、微波\\(狭义遥感)\\
力场遥感:重力、磁力
\end{cases}\\
机械波遥感\begin{cases}
地震波遥感:人工地震\\
声波地震:声呐
\end{cases}
\end{cases} \text{航空地球物理勘探}
$$

(三) 遥感的类型

1. 根据是否有传感器划分

天然遥感:借助于感官(人体天然的感觉器官)获取目标物信息。

人工遥感:借助于传感器(仪器)获取目标物信息。目前遥感中使用的传感器大体分为摄影、扫描成像、雷达成像和非图像四种类型。

2. 根据传感器是否发射电磁波划分

主动遥感(Active Remote Sensing):传感器发射电磁波,再接受反射回来的电磁波。

被动遥感(Passive Remote Sensing):传感器不发射电磁波,只被动接受地物反射、热辐射电磁波。

3. 根据运载工具及其轨道高度划分

地面遥感:运载工具为汽车、高塔。

航空遥感:运载工具为飞机、气球等,它的轨道高度为几千米至十几千米。

航天遥感:运载工具为人造卫星、宇宙飞船、航天飞机、火箭、天空实验室,它的轨道高度为数百千米至数千千米。

4. 根据电磁波波段划分

紫外遥感:波段为 0.05~0.38μm。

可见光遥感:波段为 0.38~0.76μm。

红外遥感:波段为 0.76~1000μm。

微波遥感:波段为 1mm~10m。

5. 根据遥感资料的获取方式划分

成像遥感:将探测到的目标电磁辐射转换成可以显示为图像的遥感资料,如航空像片、卫星影像(卫片)等。

非成像遥感:将探测到的目标电磁辐射数据输出或记录在磁带上而不产生图像。

6. 根据波段宽度及波谱的连续性划分

高光谱遥感:利用很多狭窄的电磁波波段(波段宽度通常小于 10nm)产生光谱连续的图像数据。

常规遥感(宽波段遥感):波段宽一般大于 100nm,且波段在波谱上不连续。

二、遥感系统

根据遥感的定义,遥感系统包括被测目标物的信息特征、信息的获取、信息的记录与传输、信息的处理和信息的应用五大部分(图1-1)。

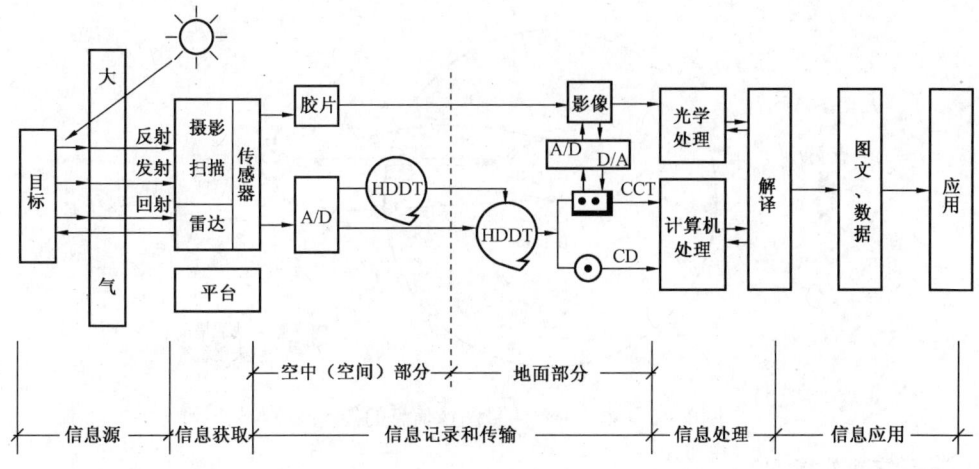

图 1-1 遥感系统的组成

(一)目标物的电磁波特征

任何目标物都具有发射、反射和吸收电磁波的性质,这是遥感的信息源。目标物与电磁波的相互作用,构成了目标物的电磁波特性,它是遥感探测的依据。

(二)遥感信息获取系统

1. 遥感平台(运载工具)

近地平台:地面三脚架、遥感汽车、遥感高塔。

航空平台:飞机、气球。

航天平台:火箭、卫星、宇宙飞船、航天飞机、空间航道站。

这三种平台各有不同的特点和用途,根据需要可单独使用,也可配合使用,组成多层次立体观测系统。

2. 遥感仪器(传感器)

接收从目标中反射或辐射来的电磁波的装置叫传感器(Remote Sensor)。针对不同的应用波段范围,人们已经研究出很多种传感器,用于接收和探测物体在可见光、红外线和微波范围内的电磁辐射。目前使用较为普遍的传感器包括:多光谱照相机、多光谱扫描仪、专题制图仪、红外扫描仪、微波扫描仪、微波雷达。

20世纪的后半叶,人们不断研制出新型传感器,未来诸多领域倾向于合成孔径雷达、成像光谱仪的广泛应用。

(三)遥感信息接收和处理系统

对于航天遥感而言,必须有地面接收站及资料处理系统,其主要功能有以下几个方面:

1. 传送和接收遥感信息

这部分功能主要负责完成捕获跟踪卫星、传送和接收卫星数据的任务。数据通常用数字信号传送,具有抗噪性强、功率低等优点。在地面站接收观测数据时,对于卫星经过接收站时能覆盖到的区域,通常采用在卫星观测的同时直接接收实时传送数据;对于覆盖不到的区域,采用数据记录器 MDR(mission data recorder)和跟踪数据中继卫星 TDRS(tracking and data relay satellite)两种方式。MDR 是将观测数据先记录在数据记录器上,当卫星飞到能接收的区域时,再把数据回放出来进行接收;TDRS 是通过数据中继卫星进行间接实时传送的方法。图 1-2 为陆地卫星 4 号图像信息的传递线路示意图。

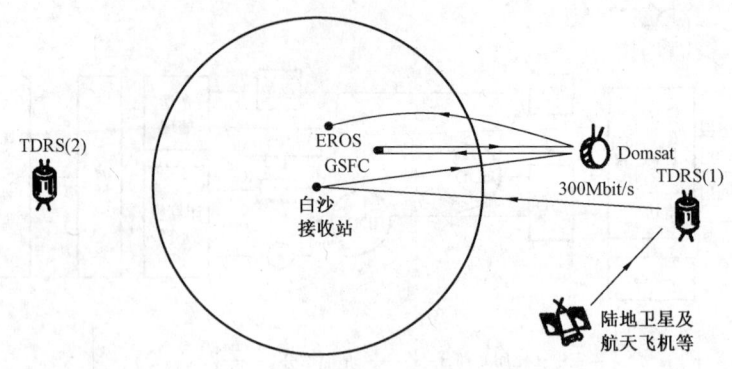

图1-2 陆地卫星4号图像信息的传递线路

2. 遥感信息处理

在理想的情况下，遥感数据的质量通常只依赖于进入传感器的辐射强度，而实际上，由于大气层的存在以及传感器内部检测器性能的差异，使得反映在图上的信息量发生变化，引起图像失真对比度下降等。此外，由于卫星飞行姿态、地球形状及地表形态等因素影响，图像中地物目标的几何位置也可能发生畸变。因此，原始遥感数据被地面站接收后，要经过数据处理中心做一系列复杂的辐射校正及几何校正处理，消除畸变，恢复图像，提供给用户使用。

3. 遥感资料的存储

经过处理校正的数据进行存储（磁带、磁盘、光盘等），并提供注记信息；光学处理中心进行影像处理，制成胶片及相片（全色、彩色合成等），可以生产适用于不同用途的各种比例尺的图像产品。

(四)遥感资料分析解译系统

遥感获取信息的目的是应用。这项工作由各专业人员按不同的应用目的进行。在应用过程中，也需要大量的信息处理和分析，如不同遥感信息的融合及遥感与非遥感信息的复合等。各行业部门均建有遥感中心，针对生产实际进行遥感资料分析解译。

三、遥感探测技术的特点及其应用

(一)宏观观测，大范围获取数据资料

采用航空或航天遥感平台获取的航空像片或卫星影像比在地面上获取的观测视域范围大得多。例如，一张比例尺为1:35000的23cm×23cm的航空像片，可反映出不小于60km^{2}的地面景观实况；一幅陆地卫星专题制图仪图像，其覆盖面积可达34385km^2。可见遥感技术可以实现大范围的对地宏观监测，为地球资源与环境的研究提供重要的数据源。

(二)动态检测，快速更新监控范围数据

对地观测卫星可以快速且周期性准确地实现对同一地点的连续观测，即通过不同时相对同一地区的遥感数据进行变化信息的提取，从而达到动态监测的目的。例如，美国的陆地卫星4号和5号的运行周期是16天，即每16天可对全球陆地表面成像一遍，NOAA气象卫星每天能接收到两次覆盖全球的图像，而传统的人工实地调查往往需要几年甚至几十年时间才能完成地球大范围动态监测的任务。遥感的这种获取信息快、更新周期短的特点，广泛应用于许多领域。

(三)技术手段多样，可获取海量信息

遥感技术可提供丰富的光谱信息，根据应用目的的不同而选用不同功能和性能指标的传感器及工作波段。例如,可采用紫外线、可见光探测物体,也可采用红外线和微波进行全天时、全天候的对地观测。目前仍在开拓新的工作波段,高光谱遥感可以获取许多波段狭窄且光谱连续的图像数据,它使本来在宽波段遥感中不可探测的物质得以被探测,如地质矿物的分类和成图。此外,遥感技术获取的数据非常庞大,如陆地卫星专题制图仪有7个波段,一景的影像的数据量达270兆,要覆盖全国则数据量达到135千兆的海量数据,它远远超过了用传统方法所获取的信息量。

(四)应用领域广泛,经济效益高

遥感已广泛应用于军事侦查,农业、林业资源调查与监控,城市规划,气象资料、信息的采集,地形测绘、地图编制,灾害、环境的动态检测与监控,卫星导航、卫星通信、GPS(全球卫星定位系统),地学领域应用(地质填图、专题制图、构造及全球构造研究、矿产调查、水文及工程地质、环境地质)。

随着遥感图像的空间、时间和光谱分辨率的提高,以及与地理信息系统和全球定位系统的结合,它的应用领域会更加广泛,对地观测技术也会随之步入一个更高的发展阶段。此外,与传统方法相比,遥感技术的开发和利用大大节省了人力、物力和财力,同时还在很大程度上缩短了时间的耗费。据估计,美国陆地卫星的经济投入与所得效益比大致为1:80,因此获得了很高的经济和社会效益。

第二节 遥感地质学的研究内容及方法

一、遥感地质学的研究对象和研究内容

遥感地质学是地质学和遥感科学之间的边缘学科,是地质学与遥感科学相结合发展起来的新兴学科,它是以先进的遥感科学技术来研究地质体和某些地质现象在某些波段范围内的反射和发射电磁波特征,以及它们所产生的影像特征,即:遥感地质学是研究地质体或某些地质现象的电磁波谱及其影像特征,以达到识别地质体或地质现象的特征及其性质的目的。

(一)研究对象

遥感地质学的研究对象就是地球和地球上的各种地质体和地质现象。遥感地质学主要是根据和利用地质体的电磁波谱特征,借助先进的遥感科学技术,从各种记载着电磁辐射特征的遥感资料中提取地质信息,以达到宏观地、准确地、快速地研究地质现象的目的。

(二)研究内容

1. 研究各种地质体和地质现象的电磁波谱特征

地物反射和发射电磁波的能量在不同波长处是不同的,这种辐射能量随波长改变而变化的特征,称为物体的波谱特征。不同物体由于其内部组成及外部表征不同,或同一物体因所处的环境不同,都可能具有不同的波谱特征,因此,认识和测量地质体的波谱特征是利用遥感技术识别地质体的基础和依据。

2. 研究各种地质体和地质现象在遥感图像上的影像特征

遥感图像是遥感地质研究的基本资料之一,它包括航空摄影成像的像片和航空或航天遥感中的各种图像。遥感图像真实、客观地记录了地质体的多种特征和地区的总体概貌,根据遥感图像所提供的光谱信息和影像特征,去分析岩石的类别和分布、地质构造特征、地貌特点以及宏观上探讨和预测成矿远景区,是遥感地质学的一个基本内容。

3. 遥感资料的光学增强与数字处理及图像分析

遥感技术系统所提供的图像和数字磁带资料,虽然在预处理过程中已纠正了在资料获取过程中由于大气干扰等所造成的系统误差,但在地质应用中,还需要进一步进行图像光学增强和计算机处理,以便改善图像质量,从中获取更多有用的地质信息。

4. 研究遥感技术在地质领域的应用

遥感技术在地质制图,勘查水、矿产和地热资源以及研究环境地质等方面的专门应用,扩大了地质学各学科的观察研究领域,并及时提供了更多的有用信息,有助于解决社会所关心的重大能源、资源和环境问题;同时,这些应用也积累了丰富的遥感地质资料,逐步建立起遥感地质学的系统理论基础。

二、遥感地质学的研究方法

遥感地质学和常规地质工作的研究对象虽然相同,但研究方法却有很大的差别。它具有自己独特的工作程序和方法。

遥感地质学主要是通过遥感资料研究地质体,因此其运用的方法有地质体波谱测试方法、各种图像(影像)的解译分析方法、遥感资料的处理方法等。例如,图像的目视解译方法、光学增强图像方法、计算机处理图像方法等。这些方法和常规地面地质调查方法比较起来,有速度快、效率高、投资少等优点。在有些情况下,遥感方法还能完成地面地质工作所不能完成的工作任务(如海水动态观测、因各种原因不能进入的地区的地质调查等)。

因此。遥感地质工作以遥感资料的解译、处理和分析为主,同时配合必要的地质调查和验证。也就是说,遥感地质工作的室内工作重于野外工作,这就大大地减轻了地质工作者繁重的体力劳动。

第三节 遥感科学技术的发展简史

依据运载工具、传感器的发展及其应用领域的发展状况,遥感科学技术的发展大致可以分为三个阶段:初级阶段、发展阶段、飞跃阶段。

一、初级阶段(1858—1937年)

从1858年法国人G. F. 道尔那柯第一次用气球在巴黎上空拍得第一张空中相片开始,到第二次世界大战前夕的近百年间,是遥感科学技术的萌芽阶段。这个阶段后期,主要是进行可见光黑白航空摄影,运载工具仅限于飞机和气球,解译仪器有立体镜和简单的航空测图仪等。但应用并不广泛,主要用于军事侦察和地形测绘试验等。

二、发展阶段(1937—1960年)

从1937年到1960年的20多年间,主要是由于军事上的需要促进了遥感仪器中的传感器的迅速发展。1937年正式开始进行彩色摄影,其后逐步开展应用非可见光的紫外线、红外线和激光进行成像,而且开始用比较简单的多波段相机成像。

在运载工具方面,除了飞机、气球外,也曾用过火箭。

在解译和成图仪器方面,除了立体镜外,已广泛地应用立体绘图仪、多倍投影仪、纠正仪等航测仪器成图。

在应用的深度和广度上有了很大的发展,主要用于地图测绘和资源调查方面,并取得了显著的成就。遥感技术逐步应用在地质研究中。在科学技术比较先进的国家,航空地质得到了广泛的应用，主要用于区域地质测量工作和航空物探两方面的工作。

在我国，20世纪50年代已普遍进行以地形制图为主要目的的可见光黑白航空摄影工作及部分地质解译试验工作。

三、飞跃阶段(1960—2012年)

1960年起，遥感技术进入了空间时代或空间纪元。"遥感"(Remote Sensing)这个词是从20世纪60年代初期才出现的。从1960年到现在，遥感科学技术得到了飞跃的发展。

首先，在运载工具方面，由于出现了人造卫星、宇宙飞船、航天飞机、空间站等，把传感器送到了轨道高度，为获得大面积像幅创造了必要的条件。

其次，传感器的种类和质量也有很大改善，为获取高质量图像或信息提供了保障。

第三，在图像处理方面，应用了电子计算机技术，使得大量的遥感信息能够得到及时的复原、增强、自动识别，图像处理与分析及自动成图。

第四，遥感科学技术在资源调查、环境监测及生产管理等方面的应用迅速发展。

这一阶段内，遥感技术在地质制图、矿产调查、石油勘探、地下水资源获取等方面，在不同程度上都获取了一定的成效，得到各国的重视。自1972年，美国地球资源技术卫星系列(后更名为陆地卫星1—7号)的研制和发射成功，对遥感技术是一个有力的推动。1986年以来，法国相继发射了SPOT系列卫星。陆地卫星和SPOT卫星项目开始在全球中等分辨率地球观测数据市场方面取得成功。

进入20世纪90年代以来，欧洲太空局、日本相继发射了ERS和JERS系列卫星，印度、俄罗斯也相继发射了IRS和RESURS系列卫星。1995年加拿大发射了RADARSAT—1雷达卫星，标志着卫星微波遥感技术的重大进展。2000年，美国"奋进号"航天飞机利用雷达测绘了迄今最为精确的地球三维地形图。

四、我国遥感发展情况

自从1957年苏联发射了第一颗人造地球卫星起，人们就意识到空间的重要性。此后，美、俄、法、日、中、印等国已经向空间发射了成千上万的轨道飞行器，并广泛应用于各个领域：通信卫星，已经强有力地推动了整个通信产业；气象卫星，进行气象观测和天气预报；资源与环境观测卫星，对地球资源动态监测；全球卫星定位系统，实现高精度的定位和导航；军用卫星，现代战争不可缺少的环节。遥感技术的发展提供了新的数据来源和探索地球的方式。

我国在20世纪30年代，对个别城市进行过航空摄影，但系统的航空摄影是从20世纪50年代开始的，主要应用于地形图的制图、更新，在铁路、地质、林业等领域的调查、勘测、制图等方面起到重要的作用。

20世纪70年代以来，遥感事业有了长足的进步。航空摄影测绘已进入业务化阶段，全国范围内的地形图更新已普遍采用航空摄影测量，并在此基础上开展了不同目标的航空专题试验及应用研究，特别是在利用航空平台进行各种新型传感器试验和系统集成试验研究方面，取得成效。我国已经成功地研制了机载地物光谱仪、多光谱扫描仪、红外扫描相机、成像光谱仪、真实孔径和合成孔径侧视雷达、微波辐射计、激光高度计等传感器。在研制新型传感器的同时，还注意到把其中几种传感器组合为集成探测系统，如把航空摄影扫描、成像光谱仪、合成孔径侧视雷达分别与激光高度计、GPS集成，可以同时获得可见光波段、近红外波段或雷达影像，及空间定位、高程数据等三维信息。又如把合成孔径侧视雷达与GPS集成，用于水灾灾情实时动态监测，在抗洪救灾中发挥了作用。

我国自1970年4月24号发射"东方红1号"人造卫星以后,相继发射了数十颗不同类型的人造地球卫星。太阳同步的"风云1号"(FY-1A、1B)和地球同步轨道的"风云2号"(FY-2A、2B)的发射,返回式遥感卫星的发射与回收,使我国开展宇宙探测、通信、科学实验、气象观测等研究有了自己的信息源。1999年10月14日中国与巴西联合研制的地球资源遥感卫星(ZY-1,国际上称为CBERS)的成功发射,使我国拥有了自己的资源卫星,这是我国第一颗高速传输式对地遥感卫星,经过在轨测试阶段后已转入应用运行阶段。"北斗1号"和"北斗2号"定位导航卫星及"清华1号"小卫星的成功发射,丰富了我国卫星的类型。随着我国遥感事业的进一步发展,我国的地球观测卫星及不同用途的多种卫星也将形成对地观测系列,并进入世界先进水平的行列。

1986年,我国建成了遥感卫星地面站,目前已建有北京、广州和乌鲁木齐三个地面接收站,逐步形成了接收美国陆地卫星、法国SPOT、加拿大RADARSAT和中国—巴西CBERS等七颗遥感卫星数据的能力。数十个分布于全国各地的气象卫星接收站,可以接收地球同步(静止轨道)和太阳同步(极轨)气象卫星数据。

在遥感图像信息处理方面,已开始从普遍采用国际先进的商品化软件向软件国产化迈进。ERDAS、INTERGRAPH、ER-MAPPER、ENVI、PCI等软件已被我国有关研究部门、大学、公司及生产单位所采用,IDRISI已经汉化并为许多教学单位采用。20世纪90年代后期,在科技部、信息产业部的倡导下,国产图像处理软件已从研制走向商品化,推出了较为成熟的商品化软件,如PHOTO MAPPER等。与此同时,对图像处理的新方法也进行了广泛的探索,探索分三个方面:(1)新算法的完善和发展,如分形几何学、人工神经元网络、小波变换等已进行了一些探索,遥感图像的分类不仅注重光谱特征,而且也从多分辨率的空间特征上进行分类和信息提取;(2)结合不同的应用发展了各种专题信息提取方法并加入人的知识,许多已在实际应用中取得了好的效果;(3)随着新传感器的出现,我国也研制了专用图像处理软件,如SAR(Synthetic Aperture Radar,合成孔径雷达)图像处理的专用软件等。

在遥感应用方面,自20世纪70年代中后期开始取得了巨大的成就。我国政府极为重视遥感技术的发展和在国家建设中的应用,国家将遥感列入重点科技攻关项目。

在遥感研究机构方面,国务院许多部委都设立了遥感机构,许多省、市、自治区还设立了区域性的遥感研究中心,各地方遥感研究组织还联合成立了全国地方遥感应用协会,进行学术研究与经验交流,对于促进我国遥感水平的提高和加强国际学术交流起到积极的作用。

在遥感专业出版物方面,《遥感学报》、《国土资源遥感》、《遥感技术与应用》和《遥感信息》等已成为国内外知名的遥感专业刊物。与遥感有关的科技论文和专著层出不穷。

我国的遥感教育事业成绩斐然,目前已有140余所高校开设了遥感课程。遥感人才培养已经形成了本科、硕士、博士的系列,每年约有数十名遥感专业博士、数百名硕士充实到遥感科技队伍中。

总之,我国遥感事业经历了20世纪70年代至80年代中期的起步阶段,80年代后期至90年代前期的试验应用阶段,至90年代后期进入实用化和产业化阶段。在遥感理论、遥感平台、传感器研制、系统集成、应用研究、学术交流、人才培养等方面都取得了瞩目的成就,为遥感学科的发展和国家经济建设、国防建设做出了巨大贡献。

第四节 现代遥感技术发展的趋势与展望

遥感技术正进入一个能够快速准确地提供多种对地观测海量数据及应用研究的新阶段，它在近20年内得到了飞速发展，目前又将达到一个新的高潮。这种发展主要表现在以下几个方面。

一、多分辨率多遥感平台并存，空间分辨率、时间分辨率及光谱分辨率普遍提高

目前，国际上已拥有十几种不同用途的地球观测卫星系统，并拥有全色0.8～5m、多光谱3.3～30m的多种空间分辨率。遥感平台和传感器已从过去的单一型向多样化发展，并能在不同遥感平台上获得不同空间分辨率、时间分辨率和光谱分辨率的遥感影像。民用遥感影像的空间分辨率达到米级，光谱分辨率达到纳米级，波段数也增加到数十甚至数百个，回归周期达到几天甚至十几个小时。例如，美国的商业卫星ORBVIEW可获取1m空间分辨率的图像，通过任意方向旋转可获得同轨和异轨的高分辨率立体图像；美国EOS卫星上的MODIS-N传感器具有35个波段；美国NOAA的一颗卫星每天可对地面同一地区进行两次观测。随着遥感应用领域对高分辨率遥感数据需求的增加及高新技术本身发展的可能性，各类遥感分辨率的提高成为普遍发展趋势。

二、新型传感器不断涌现，微波遥感、高光谱遥感迅速发展

在短短不到40年的时间里，遥感无论在理论、技术和应用方面均得到了迅猛发展。20世纪的后半叶，不断研制出新型传感器，而在未来，诸多领域将倾向于合成孔径雷达、成像光谱仪的广泛应用。

微波遥感技术是近几十年发展起来的具有美好应用前景的主动式探测方法。微波具有穿透性强、不受天气影响的特性，可全天时、全天候工作。微波遥感采用多极化、多波段及多工作模式，形成多级分辨率影响序列，以提供从粗到细的对地观测数据源。成像雷达、激光雷达等的发展，越来越引起人们的关注。例如，美国实施的航天飞机雷达地形测绘使命即采用雷达干涉测量技术，在一架航天飞机上安装了两个雷达天线，对同一地区一次获取两幅图像，然后通过影像精匹配、相位差解算、高程计算等步骤得到被观测地区的高程数据。

高光谱遥感的出现和发展是遥感技术的一场革命。它使本来在宽波段遥感中不可探测的物质，在高光谱遥感中能被探测。高光谱遥感的发展，从研制第一代航空成像光谱仪算起已有20多年的历史，并受到世界各国遥感科学家的普遍关注。但长期以来，高光谱遥感一直处在以航空为基础的研究发展阶段，且主要集中在一些技术发达国家，对其数据的研究和应用还十分有限。近年来情况出现了转机，1999年末第一台中分辨率成像光谱仪（MODIS）随美国EOS AM-r平台进入轨道，"新千年计划"第一星EO-1携带两种高光谱仪随后进入了太空。此外，欧洲太空局的中分辨率成像光谱仪（MERIS）、日本ADEOS-2卫星的全球成像仪（GL1）以及美国轨道图像公司的轨道观察者4号（ORBVIEW-4）均相继升空。一个高光谱群星灿烂的局面将展现在我们面前，对它的深入研究正处在突破的前夕。

总之，不断提高传感器的性能指标，研制出新型传感器，开拓新的工作波段，从而获得更高质量和精度的遥感数据是今后要遥感发展的一个必然趋势。

三、遥感的综合应用不断深化

目前，遥感技术正经历着一场质的变化，综合应用的深度和广度不断扩展，表现为从单一

信息源向包含非遥感数据的多源信息的复合分析方向发展,从定性判读向信息系统应用模型及专家系统支持下的定量分析发展,从静态研究向多时相的动态研究发展。地理信息系统为遥感提供了各种有用的辅助信息和分析手段,提高遥感信息的识别精度。另外,通过遥感的定量分析,从区域专题研究向全球综合研究发展,实现从室内的近景摄影测量到大范围的陆地、海洋信息的采集乃至全球范围内的环境变化监测。多时相遥感的动态监测,可获取我国当前城市化过程、耕地面积减少和生态环境变化的基本资料。与此同时,国际上相继推出了一批高水平的遥感图像处理商务软件包,用以实现遥感的上述综合应用。其主要功能包括影像几何纠正与辐射校正、影像处理与分析、遥感制图、地理信息分析、可视化空间建模等。

四、商业遥感时代的来临

随着卫星遥感的兴起,计算机与通信技术的进步以及冷战时期军事情报部门的需要,数字成像技术有了极大的提高。世界各主要航天大国相继研制出各种以对地观测为目的的遥感卫星,并逐步向商用化转移。因此,在国际上,商业遥感卫星系统得到了迅速发展,产业界特别是私营企业直接参与或独立进行遥感卫星的研制、发射和运行,甚至提供端对端的服务,也是目前遥感发展的一大趋势。

联合国制定的有关政策,在一定程度上鼓励了卫星公司制造商用高分辨率地球观测卫星的计划,这类卫星多为私营公司拥有,其地面分辨率为 1~5m,如美国的 IKONOS 系列、ORBVIEW 系列和以色列的 EROS 系列等。商业卫星遥感系统的特点是以应用为导向,强调采用实用技术系统和市场运行机制,注重配套服务和经济效益,是非常重要的遥感信息的补充。

此外,商用小型地球观测卫星计划正在实施之中,这种小卫星具有灵活的指向能力,可以获取高空间分辨率的图像并快速回传到地面,它投资小、研制周期短,备受重视。

五、遥感地质学发展前景

(1) 地质解译标志:提高解译标志,深部构造,浅层与深层构造关系。

(2) 重大地质现象与巨大构造之间的相互关系,新的构造形式(构造理论),促进地球科学的发展和宇宙地质学的发展。

六、遥感技术亟待解决的问题

目前的遥感技术仍处在由定性向定量过渡的阶段,其精度还不能完全满足不同用户的要求,有以下几方面的问题亟待解决。

(1) 在浩瀚的图像和数字的资料中,如何有效地存储、管理和使用它们。

(2) 遥感数据的融合与压缩、遥感信息的自动识别、遥感影像的理解和应用。

(3) 定量遥感、新型数据处理、相关技术的结合,与生产实际的应用。

(4) 国际间的合作有待进一步探索,高分辨率影像为维护世界安全、保护环境和提高全人类的生活水平带来了机遇,但同时也应防范它可能带来的负面影响。

思 考 题

1. 什么是遥感?可分为哪些类型?
2. 遥感技术有哪些主要特点?应用状况如何?
3. 遥感技术及遥感学的不同发展阶段在运载工具、传感器及应用领域有哪些主要标志?
4. 遥感学的研究对象和研究内容是什么?

第二章　电磁辐射与地物光谱特征

【本章内容提要】

本章主要介绍遥感物理基础的电磁学部分。包括电磁波与电磁波的传播特性，电磁波谱的概念，太阳辐射和地球辐射的特征，大气对电磁辐射的影响，地物反射波谱的特征，地物波谱测试的基本原理和基础知识，分析地物对电磁波反射的不同对遥感影像解译的重要性。地物电磁辐射特征是遥感学的理论基础或基本原理，遥感学就是建立在地物电磁辐射特征的获取及其解译工作之上的。

【基本要求】

(1) 理解电磁波及电磁辐射的波粒二象性。
(2) 理解大气窗口，掌握遥感利用的大气窗口。
(3) 了解电磁波谱，掌握现阶段遥感利用的电磁波谱。
(4) 理解电磁波辐射特征。
(5) 掌握地物反射电磁波、发射电磁波的特征。
(6) 了解红外辐射、微波辐射的特点。

在绪论中已经提到，遥感是利用获取地物的电磁辐射特征来识别和研究地物的。因此，电磁辐射特征就构成了遥感的理论基础。在本章中将着重讨论电磁辐射的基本特征。

第一节　电磁波与电磁波谱

一、电磁波

(一) 电磁波的概念

在物理学中我们学过，电磁波是通过电磁振荡来传播和传递能量的，是能量的一种动态形式，是借助于电场和磁场的交替变换来实现能量传播和传递的。

麦克斯韦电磁场理论认为：任何变化着的电场周围产生着变化的磁场；任何变化着的磁场周围产生着变化的电场。因此，电场和磁场相互激发并向外传播，就是电磁波。

电磁波是肉眼不能直接看到的，但可以通过日常生活中的一些波动现象来理解。比如，一根绳子抖动时，振动沿绳子向前传播；水面被搅动时，水波向前传播等。这些波动有一个共同的特点，就是质点的振动方向与波的传播方向垂直，称为横波。电磁波是典型的横波。在横波中，传播方向可以是垂直振动方向的任何方向，且振动方向一般会随时间变化(图2-1)。如果振动方向不随时间变化，则称为偏振的横波，电磁波具有偏振现象。

(二) 电磁辐射

电磁波能量的传递过程(包括辐射、吸收、反射、透射等现象)称为电磁辐射(图2-2)。电磁辐射具有波动性和粒子(量子)性两方面特征，即具有波粒二象性。

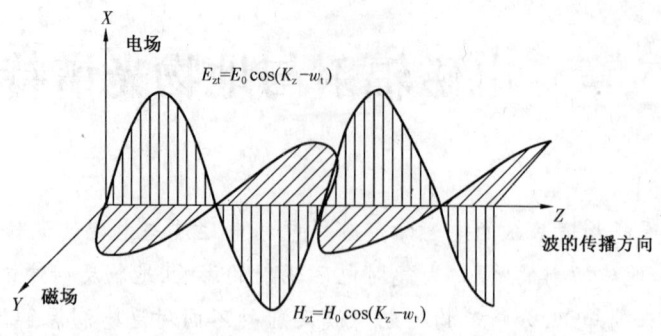

图2-1 电磁波

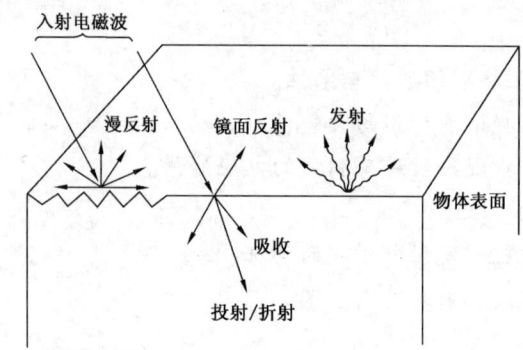

图2-2 电磁波和物体间的相互作用

1. 波动性

波动性就是电磁辐射的时空周期性,可以用波长(λ),波速(C),周期(T)和频率(γ)来表示:

$$C = \lambda\gamma = \frac{\lambda}{T} \tag{2-1}$$

式中 λ——同一波线上两个周期相差2π的质点的距离;

C——一秒钟内波的传播距离;

T——波每前进一个波长的距离所需要的时间;

γ——周期的倒数。

电磁波在真空中的波速为每秒约30×10^4km,即以光速传播($C=2.988\times10^8$m/s)。

电磁辐射的波动性主要表现为电磁波产生干涉、衍射、偏振、散射等。

(1)干涉现象。

干涉现象是建立在波的叠加原理上。水面上两套同心圆状水波纹相遇,波纹重叠处有些水波的振幅增强,而某些地方的波幅被减弱。这就是说,当两个独立的波在一个区域相遇时所形成的波动,其振幅等于两个独立波的振幅之和(图2-3)。法国学者傅立叶证明:任何复杂的波形实际上是由许多正弦波叠加而成的。

(2)衍射现象。

当电磁波投射到一个它不能透过的、有限大小的障碍物上,有一部分波能绕到障碍物的边缘,改变方向而进入障碍物后面的阴影区。电磁波这种能绕过障碍物边缘,引起电磁波的传播方向局部改变的现象,称为衍射。

(3)偏振现象。

图2-1中磁场强度(H)、电场强度(E)、电磁波传播方向(Z)三者互相垂直。在遥感工作中更重视电场强度在传播中发生的变化,因为只有它才对感光材料产生感光作用和对人的视觉产生生理作用。电场强度在垂直于传播方向的平面上,各向的振幅是相等的。当遇到"狭缝"障碍时,只有与这个狭缝相平行的那部分电场强度(E)的矢量的分振动才能通过,形成偏振波。这种偏振现象又称为极化现象,通常依电磁波的电场强度(E)与入射面的相互关系分为水平极化和垂直极化,前者相互垂直,后者互相平行。电磁波的极化现象在遥感技术中的偏振摄影、雷达成像和激光技术中都具有非常重要的应用意义。

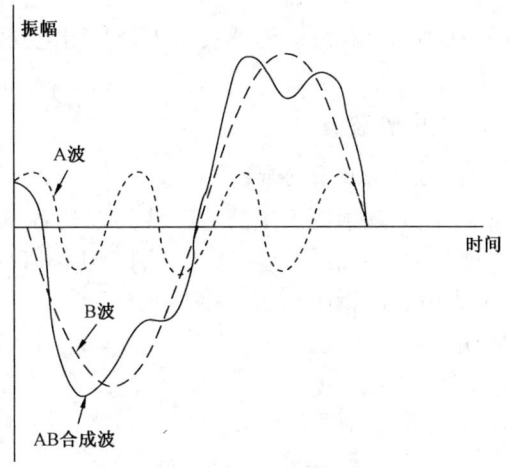

图2-3 两个波的合成

(4)散射现象。

电磁波在真空中传播时,波速与波长、频率无关。但当进入介质时,不同波长的光波在同一介质中的波速就有差异。例如,太阳光在通过棱镜后分解为七色光,这就是散射现象。同理,相同光源的光波在通过不同介质时,其波速亦明显不同。同是太阳光,当其分别通过玻璃与二硫化碳两种性质不同的棱镜时,所得的光谱带的宽度也不相同。

2. 粒子性

粒子性是指电磁波是由密集的光子微粒流组成的,电磁辐射实质上是光子微粒流的有规律的运动。电磁辐射的粒子性主要表现为电磁辐射的光化学作用和光电效应等现象。

光电效应实验证明,当一定波长的光波照射到某一特定金属的阴极板上时,便使该金属电极板上的自由电子挣脱金属表面的束缚,以一定的速度射向阳极板,从而使电流接通。在电流计上可以监测到该电流的大小。由于不同金属的自由电子的脱出功不尽相同,所以对于不同金属的电极则要求不同波长或不同频率光源的照射。它们必须满足下列公式:

$$hv = w + \frac{1}{2}mv^2 \qquad (2-2)$$

式中 hv——光粒子所具有的能量,取决于光源的频率(v)或波长(hc/λ);

w——金属电子的脱出功;

m——电子的质量;

v——电子从阴极射向阳极的速度。

对于特定的金属,可依上述公式求出其产生光电效应的最小频率或最大波长(称为红限波长)。不满足上述光照条件(即光波大于红限波长),即使无限制地增加光照强度,也不会产生光电效应。满足上述光照条件,即或光照强度很弱,也会产生光电效应。综合上述,光电效应实验有力地证明了电磁波的粒子性。它说明了光波是由粒子流组成的,每一个粒子本身都具有其固有的能量。波是粒子流的统计平均,而粒子是波的量子化。

总之,电磁波的本质是波粒二象性。不同波长的电磁波,其波动性和粒子性表现的程度不一样。一般说来,波长越短的电磁波粒子特性越明显,波长越长的电磁波粒子特性越不明显,波动性则与此相反。遥感技术正是利用电磁波这两方面的特性来探测目标所发出的电磁辐射信息。

二、电磁波谱

(一)电磁波谱的概念

不同的辐射源产生的电磁波的波长各不相同,其变化范围很大。按照电磁波的波长、频率、能量的大小和物理特征的差别,顺序排列成表(或图表),称为电磁波谱(图 2-4)。

在电磁波谱中：

μ——波长,cm;

v——频率,Hz;

E——能量,J;

eV——电子伏特(能量单位),$1eV = 1.6 \times 10^{-19} J$。

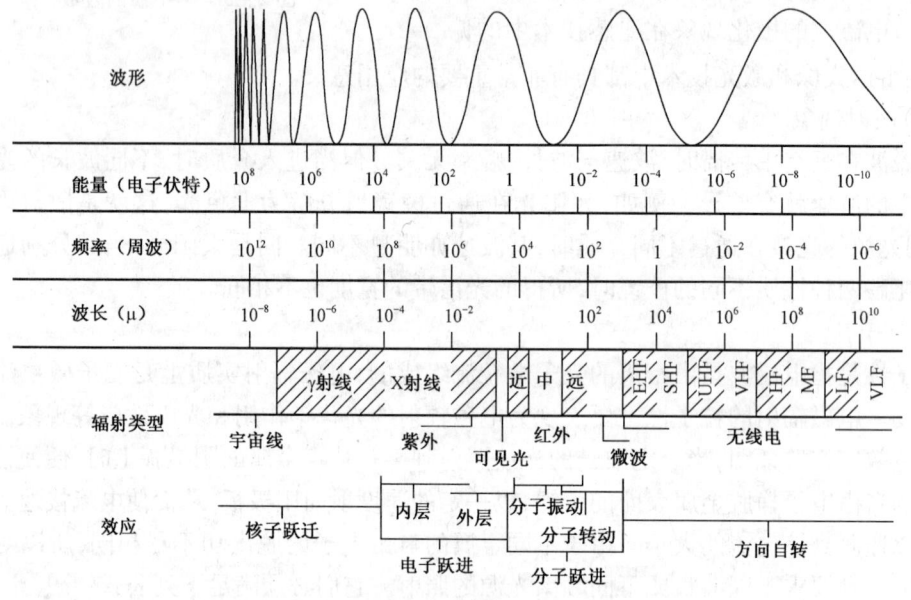

图 2-4 电磁波谱

从图 2-4 可知,波长越短的电磁波,其频率越高,所具的能量越大,即：

$$E = hv(h = 6.626 \times 10^{-34} J \cdot s,为普朗克常数)$$

按波长由短到长,电磁波可分为：宇宙射线→γ射线→X射线→紫外线→可见光→红外线(近、中、远、超远)→微波→无线电波。

在电磁波中,波长最长的是无线电波,无线电波又因波长不同,分为长波、中波、短波、超短波和微波。其次是红外线、可见光、紫外线,再次为 X 射线,波长最短的是 γ 射线。各电磁波的波长(或频率)之所以不同,是由于产生电磁波的波源不同。例如,无线电波是由电磁振荡发射的。而红外线、可见光、紫外线、X 射线、γ 射线是由分子、原子、核子等电粒子在改变运动状态或能级跃进时发射出来的。

电磁波谱中,各种类型的电磁波,由于波长(或频率)范围的不同,它们的性质就有很大的差别(如在传播方向性、穿透性、可见性和颜色等方面的差别)。

下面简述电磁波谱各波段的特点:

宇宙射线:宇宙射线来自天体,具有很大的能量,但人工无法产生它,在遥感上未能用此波段。

γ射线:γ射线能量很高,用于航空物探放射性测量(放射性元素γ)。

X射线:宇宙来的X射线,被大气层全部吸收,不能用于遥感。

紫外线:紫外线散射严重,只有部分达到地面,可作为遥感辐射源。

可见光:可见光是人的视觉能见到的电磁波段,可以用棱镜分为红、橙、黄、绿、青、蓝、紫七种色光。可以用于摄影、扫描等各种方式成像,是遥感最常用的波段。目前分辨能力最好的遥感资料,仍然是在可见光波段范围内。

红外线(近、中、远、超远):近红外是地球表层反射太阳的红外辐射,故又称反射红外。其中在 $0.76 \sim 1.3 \mu m$ 波段可以使胶片感光,故又称摄影红外。而中、远红外是地表物体发射的红外线,故称热红外。热红外只能用扫描方式,经过光电信号的转换才能成像。

微波:微波是一个很宽的波段,能穿透云雾而不受天气、昼夜的影响,可以主动或被动方式成像,是遥感技术上很有潜力的一个波段。

(二)现阶段遥感所用的电磁波段

太阳发射的波段中,包括了紫外线、可见光和近红外部分,而其中以可见光波段为最强。太阳表面的温度大体在6000K,它能发射各种波长的电磁波,能达到地面的主要在 $0.17 \sim 3 \mu m$ 之间。而最强的波段为 $0.38 \sim 0.76 \mu m$,峰值波段波长在 $0.47 \mu m$ 左右。大约99%的太阳辐射能量都落在 $0.15 \sim 4.0 \mu m$ 范围内。现阶段遥感应用的电磁波谱为:

1. 可见光波段($0.38 \sim 0.76 \mu m$)

在电磁波谱中,可见光只占一个狭窄的区间。人眼对可见光敏感的感觉,不仅对可见光的全色光,而且对不同波段的单色光也有敏锐的分辨能力。所以可见光是作为鉴别物质特征的主要波段。这个波段可以用摄影、扫描等各种方式接收和纪录地物对可见光的反射特征,是遥感最常用的波段。其各色光波波段为:紫色光波 $0.38 \sim 0.43 \mu m$;蓝色光波 $0.43 \sim 0.47 \mu m$;青色光波 $0.47 \sim 0.50 \mu m$;绿色光波 $0.50 \sim 0.56 \mu m$;黄色光波 $0.56 \sim 0.59 \mu m$;橙色光波 $0.59 \sim 0.62 \mu m$;红色光波 $0.62 \sim 0.76 \mu m$。

2. 红外波段($0.76 \sim 1000 \mu m$)

可摄影红外 $0.76 \sim 0.9 \mu m$(或 $1.1 \mu m$),可使胶片感光,植被和栅栏组织反射此光能力强。

近红外 $0.76 \sim 3.0 \mu m$(反射红外),地表层反射太阳的红外辐射,水体对近红外吸收强。

中红外 $3.0 \sim 6.0 \mu m$(热红外),反射和发射红外。

远红外 $6.0 \sim 1000 \mu m$(热红外),(常见使用 $6 \sim 15 \mu m$)发射红外,属地表物体发射的红外线,只能用扫描方式经光电信号转换成像。

对自然界中任何物体,当其温度高于绝对零度($-273.16°C$)时能向外辐射红外线。物体在常温范围内发射红外线的波长多为 $3 \sim 40 \mu m$,而 $15 \mu m$ 以上的超远红外线被大气和水分子吸收,所以在遥感技术中主要利用 $3 \sim 15 \mu m$ 波段,更多的是利用 $3 \sim 5 \mu m$ 和 $8 \sim 14 \mu m$ 波段。红外遥感采用热感应方式探测地物本身的热辐射,所以它的工作不仅白天可以进行,夜间也可以进行。由于红外线不易被天空微粒散射,所以红外遥感比可见光遥感优越之处在于不受日照条件的限制。

3. 微波($1mm \sim 1m$)

微波主要是雷达和微波发射器使用,用于主动遥感成像系统。微波辐射和红外辐射两者的特征相似,都属于热辐射性质,微波遥感是借助微波散射现象来探测地物的性质。微波的优点在于易于聚成较窄的发射波束、近似直线传播、地面目标对其散射性能好、自然界中的电磁波对其干扰小。因此,微波对于第四纪沉积物、雪、雨、雾、云均有透射能力,不受天气、昼夜的影响,可全天候、全天时成像。对基底构造有反映,图像立体感强(光、暗度来反映)。微波对于金属、光面高速公路、大桥梁等反映较好,但分辨率低。

4. 紫外光谱(0.001~0.4μm)

太阳辐射含有紫外线,在通过大气圈时,大气圈中的臭氧层(O_3)对紫外光吸收量很大,只有极少量能透过大气层,波长短于 0.3μm 的能量几乎都被吸收,只有 0.3~0.4μm 波长到达地面,而且能量很少。它能使溴化银底片感光,因此可以摄影,但镜头必须是石英的。紫外波段在测定碳酸盐岩分布较为敏感,碳酸盐岩处于 0.4μm 以下的波段区域,它对紫外线的反射比其他类型的岩石要强。另外,紫外线对水面漂浮的油膜比周围的水反射强烈,因此可以用于油污染的监测。但是这种波长从空中可探测的高度大致在 2000m 以下,对高空遥感不适用。紫外线对生物有害,因此南极臭氧层(O_3)出现臭氧层"洞"受到广泛的重视。

在电磁波谱中不同的波段,习惯使用的波长单位也不相同:在无线电波段波长的单位取千米或米;在微波波段波长的单位取厘米或毫米;在红外线区常取的单位是微米;在可见光和紫外线区常取的单位是纳米(nm)或埃(Å)或微米(μm);波长很短的 X 射线和 γ 射线常取的单位是埃。波长单位的换算如下:

$$1\text{Å} = 10^{-4}\mu m = 10^{-8}cm = 10^{-10}m$$

$$1nm = 10^{-3}\mu m = 10^{-7}cm = 10^{-9}m$$

$$1\mu m = 10^{-3}mm = 10^{-4}cm = 10^{-6}m$$

电磁波除了可以用波长来表示外,还可以用频率来表示。如无线电波常用的单位为兆赫(MHz)。但是习惯上用波长表示短波(如 γ 射线、X 射线、紫外线、可见光、红外线等),用频率表示长波(如无线电波、微波等)。

第二节　电磁波的辐射特征

一、太阳辐射

(一)太阳和太阳常数

太阳是太阳系的中心天体。在太阳系空间,布满了从太阳发射的电磁波的全波辐射及粒子流。地球上的能源主要来自太阳(太阳辐射)。

地球绕太阳运动的轨道是一个椭圆,一般认为日地平均距离(日地系统的椭圆轨道半长径)等于一个天文单位(149597870×10^3m)。电磁辐射传播的时间为 499.004782s。因为太阳距离地球很远,由太阳中心看地球赤道的视半径仅 8.79″。所以通常情况下,太阳照射到地面的光线都被看做平行光,即入射的空间方向一致。

太阳是一个炽热的气体球,其结构从内到外依次为核反应区、辐射区、对流区,最外层便是太阳大气了,这一层是太阳最外部的可见层次,从内到外又分为光球、色球和日冕三个不同的层。光球层厚约 300km,不透明,光球层吸收了太阳内部的全部辐射(吸收率 $\alpha = 1$)而自身又发出近似黑体的辐射,光球层的温度自下而上从 7500K 至 4300K。由于遥感研究不需要对太阳分层考虑,因此通常认为光球发射的几乎是全部的太阳辐射,太阳的光谱通常就是光球产生的光谱,由太阳辐射出射度计算出的太阳温度,也被认为是光球层的温度。

太阳辐射到地球上的能量是相当稳定的,由于变化很小,被称为太阳常数,它被用来表述和计量地球接受太阳辐射能的单位。太阳常数是指在大气层顶部之上,太阳与地球的平均距离处,垂直于太阳辐射线的方向上,单位时间和单位面积上所接受到的全部辐射能。或者说,太阳位于天顶时,假定大气层对所通过的太阳光线不起任何作用的条件下,单位时间与面积上所得到的太阳辐射能。太阳常数值是 $1.95\text{cal}/(\text{cm}^2 \cdot \text{min})$,或 $1.360 \times 10^3 \text{W/m}^2$。通常表示为:

$$I = 1.95[\text{cal}/(\text{cm}^2 \cdot \text{min})]$$
$$= 1.360 \times 10^3 (\text{W/m}^2)$$

太阳常数是在大气顶端接受的太阳能量,所以没有大气的影响。太阳常数值基本稳定,即使变化也不会超过1%,所以计算中把太阳常数看作常量。把日地距离作为半径,可以计算出在这个距离上的太阳辐射地球面积,再乘以太阳常数,可以算出太阳的总辐射通量($E = 3.826 \times 10^{26}\text{W}$)。通量和太阳线半径($R = 6.96 \times 10^5 \text{km}$)又可以计算出太阳的总辐射出射度($M$)。太阳常数对研究太阳辐射十分重要,对遥感探测和将遥感探测进一步应用于气象、农业、环境等领域也十分重要。

(二)太阳光谱

图2-5描绘了黑体在6000K时的辐射曲线,在大气层外接收到的太阳辐照度曲线,以及太阳辐射穿过大气层后在海平面处接收到的太阳辐照度曲线。

从大气层外太阳辐照度曲线可以看出,太阳辐射光谱是连续的光谱,且辐射特征与黑体辐射特征近似。太阳辐射能量各个波段所占比例不同,太阳辐射从近紫外到中红外这一波段区间能量最集中,以可见光部分最为强烈(表2-1),而且相对来说最稳定,太阳强度变化最小。在其他波段,如X射线、γ射线、远紫外及微波波段,它们的能量加起来还不到1%,尽管比例很小可是变化却很大,当活动剧烈时,黑子和耀斑爆发,这些小波段的辐射强度会剧烈增长,最大时能量可增长上千倍甚至还多。遥感探测时,主要利用可见光、红外等稳定辐射。利用微波时多采用主动微波遥感。

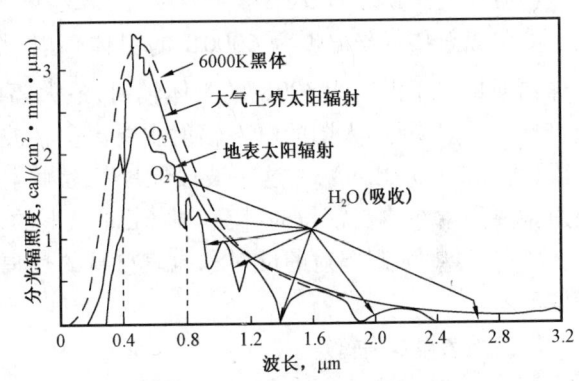

图2-5 太阳辐照度分布曲线(王永生等,1987)

注:$1\text{cal}/(\text{cm}^2 \cdot \text{min}) = 697.8\text{W/m}^2$

表2-1 太阳辐射能量的百分比表

波长(λ),μm	波段	所占比例,%	波长(λ),μm	波段	所占比例,%
$<10^{-6}$	γ射线	} 0.02	0.38~0.76	可见光	43.50
$10^{-6} \sim 10^{-3}$	X射线		0.76~3	近红外	36.80
$10^{-3} \sim 0.20$	远紫外		3~6	中红外	12.00
0.20~0.31	中紫外	1.95	6~15	远红外	} 0.41
0.31~0.38	近紫外	5.23	15~1000	超远红外	
			1mm~1m	微波	

二、太阳辐射能量在大气中的衰减

太阳辐射能到达地表，需经过电离层、臭氧层及其对流层所组成的大气层。电离层在宇宙射线及紫外线的作用下，使气体发生电离，能反射不同波长的无线电波；臭氧层距地面 20～30km，它强烈地吸收太阳辐射中的紫外射线；对流层则是发生各种降水过程的一层。因此，太阳辐射在途径大气层时，将受到云、雾、雨、尘埃、冰粒、盐粒的反射和水分、臭氧等成分的吸收，使其能量受到重新分配和衰减。

由于地球表面是曲面，在不同季节和不同纬度地区，太阳的入射角（太阳光线与地面铅直线的夹角）和太阳的高度角（太阳光线与地平线的夹角）都是不同的。因此，地表所得到的太阳辐射能要比太阳常数值少得多。就是这部分被衰减了的太阳辐射，还要由地面物体重复类似途程之后，才被飞机、卫星上的传感器所接收并记录下来。可见，传感器能接收到地物辐射回来的电磁波是非常微弱的，而大气层对太阳辐射的反射、散射，成为遥感中一个不可忽视的干扰因素，它模糊了遥感图像上地物的影像轮廓，干扰了地物影像的真实色调。

三、地球的辐射

除了太阳以外，遥感探测中被动遥感的辐射源还来自地球，这里将讨论地球作为辐射源的辐射特征。

（一）地球辐射的分段特性

太阳辐射接近于温度为 6000K 的黑体辐射，最大辐射的对应波长为 $\lambda_{max日} = 0.47\mu m$。地球辐射接近于温度为 300K 的黑体辐射，最大辐射的对应波长为 $\lambda_{max地} = 9.66\mu m$，两者相差较远。一般来说，太阳的电磁辐射主要集中在波长较短的部分，从紫外、可见光到近红外区段（即 $0.3 \sim 3.0\mu m$），在这一波段地球的辐射主要是反射太阳的辐射。地球自身发出的辐射主要集中在波长较长的部分，即 $6\mu m$ 以上的热红外区段。在 $3.0\mu m \sim 6\mu m$ 这一中红外波段，地球对太阳辐射的反射和地表自身的热辐射均不能忽略。这就是地球辐射的分段特性。

（二）地表自身热辐射

图 2-6 对比了从卫星上测出的地球辐射与相应黑体辐射之间的关系。从图 2-6 中可以看出地球的辐射确实接近于 300K 的黑体辐射。当辐射通过大气射入大气遥感平台时，由于大气中的水、二氧化碳、臭氧等对辐射的吸收，实际的辐射曲线如图 2-6 中的不平滑的折线所示。

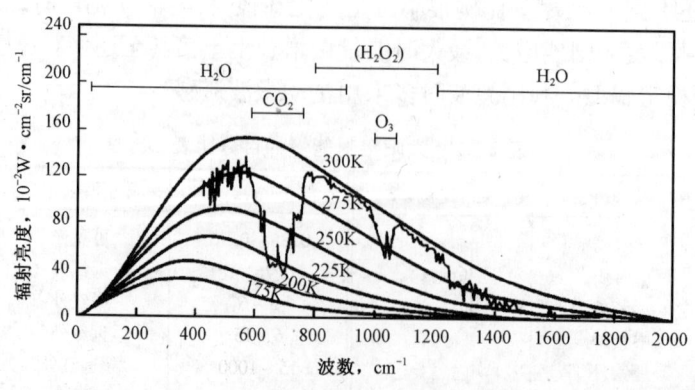

图 2-6　从卫星上测出的地球辐射与相应黑体辐射对比（引自 I. Jou, 1980）

地表物体的自身热辐射由比辐射率（发射率）、温度、波长三个因素决定。温度指地表面的温度,而这一温度与地面以上和地下深部的温度不同,同时还随着一天内时间的变化和季节的变化而变化。

图2-7给出了一天内地表附近的温度变化,图中可见地面以上温度的变化在一天中比较规律,中午最高而午夜最低;地面以下一天内的温度变化受地下物质性质的影响,与地面以上有明显不同的规律。

在温度一定的情况下,物体的比辐射率（发射率）随波长变化,其波谱特性曲

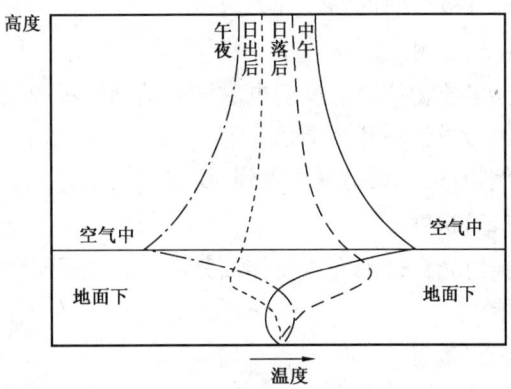

图2-7 一天内温度随时间和离地面的高度而变化

线的形态特征可以反映地面物体本身的特性,包括物体本身的组成和温度、表面粗糙度等物理特性。特别是曲线形态特殊时可以用发射率曲线来识别地面物体。

四、电磁波辐射特征

电磁波辐射包括发射、吸收、反射、透射和散射现象。一般来说,固体物质是由于电子的能带的能级跃迁、晶体场效应、电荷传输等作用的差别而发射或吸收一系列波长的电磁波。

在高温条件下,由于组成物质的原子中电子的轨道改变而产生原子辐射,其典型波长一般在红外、可见光及紫外波段内。

在常温条件下,组成物质的原子和分子的振动状态发生变化时,能发射或吸收短的和中等波长的红外线;而转动状况发生改变时,就能发射或吸收远红外与短波微波。

另一种自然物体发射电磁波的重要现象是等离子体发射的电磁波。处在高温状态的物体,通常会出现完全脱离电子壳层轨道的自由电子。这种带负电的自由电子与带正电的原子核相遇时,都会引起电场和磁场的迅速改变,并释放出巨大的能量,产生各种波长的电磁波,并具有连续波谱的特征。自然界中最常见的等离子发射体就是太阳。

物体由于组成原子的能级跃迁,原子、分子振动和转动状态的改变等过程能产生发射或吸收电磁波现象,但这种过程不一定都发射或吸收电磁波。太阳发出的电磁波辐射对遥感工作关系密切。

如上所述,各种物体均有电磁波辐射（发射、吸收、反射、透射、散射等）的能力和性质,这是遥感学的理论基础。

(一) 发射

电磁波是由于原子内电子跃迁、分子振动、转动激发态产生发射现象。物体只要在绝对零度（-273℃）以上就可以发射电磁波。

太阳光（进入大气圈的主要是可见光, $\lambda = 0.38 \sim 0.76 \mu m$）辐射到物体上,一部分被吸收转为热量;另一部分变为发射（辐射）电磁波发射出去,并且波长（λ）变长,主要是红外（热红外）。

(二) 吸收

不同物体对入射电磁波的吸收有所不同,根据其吸收性质可以将物体分为黑体、白体和灰体。投射到物体表面上的各波段电磁波均能全部吸收的物体称为黑体;投射到物体表面上的各波段电磁波均被反射的物体称为白体;投射到物体表面上的各波段电磁波有一部分被吸收,

有一部分被反射的物体称为灰体。

(三) 反射

大多数物体都能反射电磁波。选择性吸收、反射电磁波就形成颜色。对什么颜色波段的光反射力强就呈什么颜色。

例如:树叶反射绿光特强,所以呈绿色。

(四) 透射

投射光穿过或穿透物体而其波长(λ)不改变的现象叫透射。大多数物体都具有透射电磁波的能力。

(五) 散射

能改变光波传播方向的反射叫散射。电磁波穿透大气层时,遇到各种微粒(气体分子、尘埃、火山灰、陨石尘、小的冰晶和盐晶、水滴、工业燃烧的废气等)时发生的一种衍射现象。散射有由较小的空气分子引起的瑞利散射;和由较粗大的微粒所引起的米氏散射等。

1. 瑞利散射(气体分子半径 < 电磁波波长)

瑞利散射是由比光波波长还要小的气体分子质点引起的,波长越短的电磁波,散射越强烈。所以波长较短的紫外线、蓝光散射较强。雨过天晴或秋高气爽时,就因空中较粗微粒比较少,青蓝色光散射明显,天空一片蔚蓝。

瑞利散射的结果,减弱了太阳投射到地表的能量,使地面的紫外线($0.3\mu m$)极弱而不能作为遥感可用波段;使到达地表可见光的辐射波长峰值向波长较长的一侧移动,当电磁波波长大于 1mm 时,瑞利散射可以忽略不计。

2. 米氏散射(气体分子半径 > 电磁波波长)

米氏散射是大气中粒径比波长大得多的颗粒(尘埃、火山灰、陨石尘、冰晶、水滴等)所引起的,其散射能力与波长无关,因此它对各种波长的色光都发生散射,使天空呈现一片灰蒙蒙的颜色。天空中有薄云时,米氏散射最明显。这种散射使所形成的图像反差小,图像模糊。

由于大气圈对太阳辐射的透射和散射作用,使得穿过大气圈的电磁波波长受到限制,能无干扰通过大气圈的电磁波波段才能被遥感应用。

五、大气窗口

由于大气对电磁波的选择性吸收(图 2—8),使大气在不同波段对电磁波的衰减程度各不相同。换句话说,大气对不同波段的电磁波有不同的透射率,即电磁波在一些波段能顺利透射过去,而在另一些波段则很难透过,甚至完全不能透过。大气对电磁波衰减较小,透射率较高的波段叫大气窗口,即指无干扰地允许太阳辐射通过大气圈的波段,或大气圈所能透过的光波波段。因此,要从空中遥感地面目标,传感器的工作波段应选在大气窗口处,才能更多的接收到地面目标的电磁波信息。

(一) 可摄影窗口($0.3 \sim 1.3\mu m$)

这个窗口对电磁波的透射率在 90% 以上。窗口短波一端由于臭氧的强烈吸收而截止于 $0.3\mu m$,长波一端则终止于感光波长 $1.3\mu m$ 处。这个窗口包括:

      $0.3 \sim 0.38\mu m$ 紫外波段

      $0.38 \sim 0.76\mu m$ 可见光

      $0.76 \sim 1.3\mu m$ 近红外

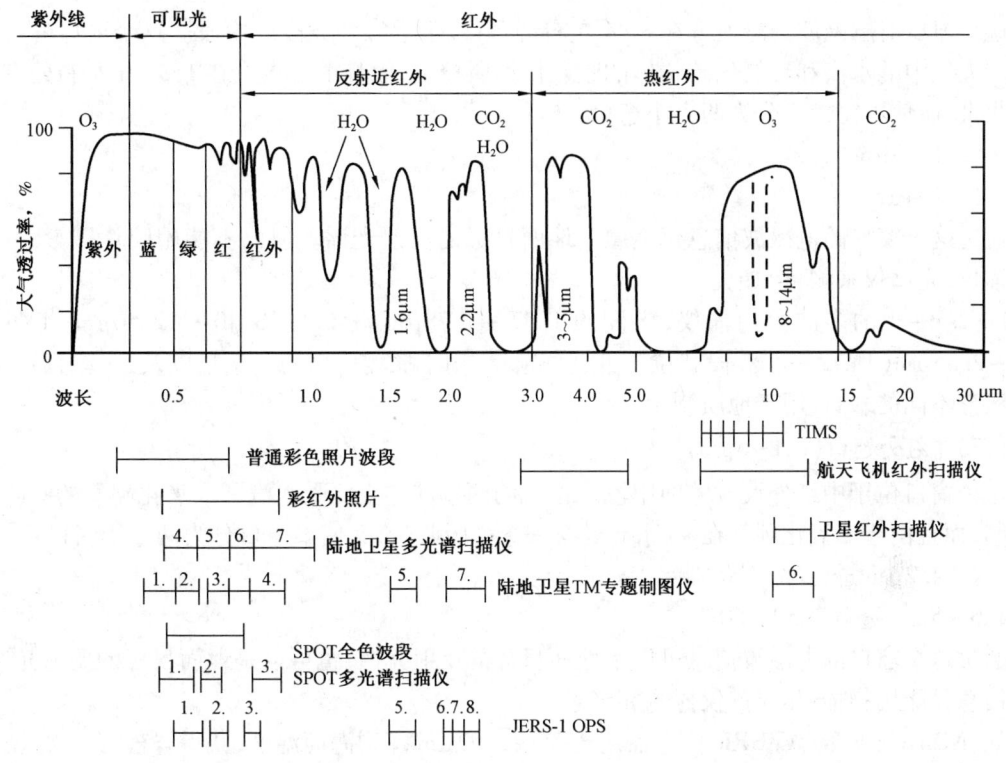

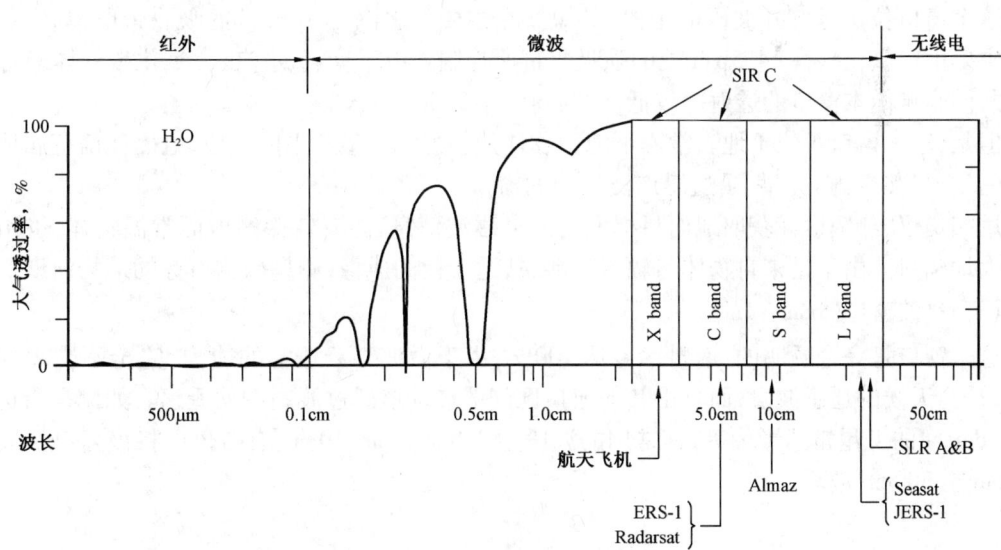

图 2-8 大气对太阳辐射的吸收谱(Freeman,1997)

特点：可以用摄影成像的方法来获取和记录地物的电磁波信息。电磁波信息皆属地面目标的反射光谱，这个窗口是目前遥感上应用最广的窗口。另外，在这个窗口除了用摄影方法外，还可以用扫描仪、光谱仪、射线仪等来探测记录地物的电磁波信息。

如：Landsat 卫星的 TM 的 1~4 波段，SPOT 卫星的 HRV 波段等。

(二)近红外窗口(1.5~2.4μm)

这个窗口对电磁波的透射率在80%左右,窗口位于近红外波段的中段。这个窗口的两端主要受大气中的水汽和二氧化碳气体的吸收作用所控制,而且由于水汽在1.8μm左右处有一个吸收带,而使本窗口又分为两个小窗口:

1.5~1.75μm

2.1~2.4μm

通过这个窗口的电磁波信息仍然属于地面目标的反射光谱。但已不能用胶片摄影,只可用扫描仪、光谱仪来测量和记录。

Landsat-4 的多波段扫描仪,增设的1.57~1.78μm(TM5)、10.40~12.50μm(TM6)、2.10~2.35μm(TM7)三个波段就位于近红外窗口,用于探测植物的含水量以及云、雪;后者有利于区分不同的岩石,用于地质制图。

(三)中红外窗口(2.4~5μm)

这个窗口位于中红外波段的前中段。窗口的两端同样主要受水汽和二氧化碳气的吸收带的控制,而且由于二氧化碳气在4.3μm处有一个强吸收带,又使本窗口分为两个小窗口:

3.4~4.2μm 透射率达90%

4.6~5μm 透射率50~60%

通过这个窗口的电磁波信息可以是地面目标的反射光谱,也可以是地面目标的发射光谱。这些信息只能用扫描仪、光谱仪探测和记录。

如:NOAA卫星的AVHRR传感器用3.55~3.93μm探测海面温度,获得昼夜云图。

(四)远红外窗口(8~14μm)

这个窗口位于远红外波段的中段,其短波端主要由水汽在6μm处的吸收带所控制,长波端则主要由二氧化碳在14.5μm处的强吸收带所控制。由于臭氧、水汽、二氧化碳气体三种气体的共同影响使本窗口的透射率较低,约为60%~70%。

但是,这个窗口正位于地表常温下地面物体热辐射能量最集中的波段,电磁波信息属地面目标的发射(热辐射)光谱,是遥感广泛使用的窗口。

用扫描仪、热辐射计获取地面目标发射的电磁波信息,能有效探测地面常温物体,可用于探测大地辐射。由于是来自物体热辐射的能量,适于夜间成像,测量探测目标的地物温度。

(五)微波窗口(8mm~1m)

这个窗口是完全透明的,透射率可达100%,由于微波穿云透雾的能力,完全不受大气的影响,是全天候的遥感波段,而且由其他窗口区间的被动遥感过渡到主动遥感。如侧视雷达影像、Radarsat的卫星雷达影像等,其常用的波段为0.8cm、5cm、10cm,有时也可将该窗口扩展为0.05cm至300cm波段。

第三节 地物电磁波的特征

任何物体对外来的电磁波都有反射、吸收和透射的作用。同时,任何物体只要其温度高于0K,它就会不断地向外发射电磁波(热辐射)。在入射电磁波和反射、吸收、透射电磁波之间,根据能量守恒定律,对任何物体都有如下关系:

$$p_\lambda = p_\rho + p_\alpha + p_\tau \tag{2-3}$$

式中 p_λ——入射电磁波的总能量；
p_ρ——地物的反射电磁波的能量；
p_α——地物的吸收电磁波的能量；
p_τ——地物的透射电磁波的能量。

令：

$$\frac{p_\rho}{p_\lambda} \times 100\% = \rho(\text{反射率})$$

$$\frac{p_\alpha}{p_\lambda} \times 100\% = \alpha(\text{吸收率})$$

$$\frac{p_\tau}{p_\lambda} \times 100\% = \tau(\text{透射率})$$

则式(2-3)可写成：

$$\rho + \alpha + \tau = 1 \qquad (2-4)$$

对于不透明的地物，$\tau = 0$，式(2-4)可以写成：

$$\rho = 1 - \alpha \qquad (2-5)$$

式(2-5)表明，反射率高的地物，其吸收率就低。吸收率高的地物，其反射率就低。地物的反射率可以测定，而吸收率需通过反射率推得。

$$\rho = 0, \alpha = 1, \tau = 0 \quad \text{黑体}$$

$$\rho = 1, \alpha = 0, \tau = 0 \quad \text{绝对白体}$$

$$\rho = 0, \alpha = 0, \tau = 1 \quad \text{绝对透明体}$$

反射率、吸收率、透射率分别表示物体反射、吸收、透射外来电磁波的能力大小，不同的物体这些能力各不相同。另外，不同的物体发射电磁波的能力也各不相同。地面反射、吸收、透射和发射电磁波的特征差异，都可作为探测和区别目标物的有用信息。

$$\text{任何物体}\begin{cases}\text{入射电磁波}\begin{cases}\text{反射}\longrightarrow\text{被遥感应用}\\\text{吸收}\\\text{透射}\end{cases}\\\text{高于0K}\longrightarrow\text{发射电磁波(热红外)}\longrightarrow\text{被遥感应用}\end{cases}$$

一、地物反射电磁波的特征

(一)反射方式

物体的表面状况不同，反射状况也不相同。依照界面的平滑程度不同，有镜面反射、漫反射和混合反射三种情况(图2-9)。

1. 镜面反射

镜面反射是发生在光滑物体表面的反射。物体界面很光滑，界面起伏高度相对于入射电

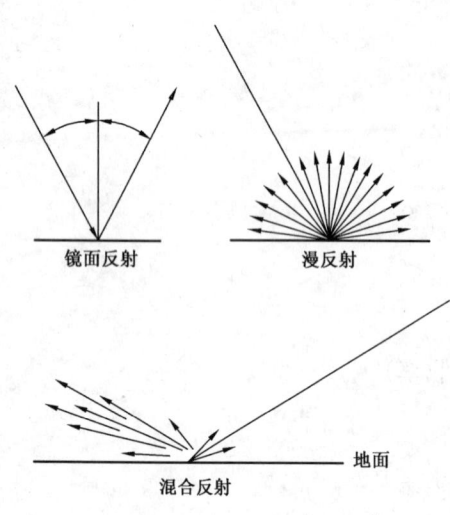

图2-9 镜面反射、漫反射和混合反射

磁波波长而言很小。入射波和反射波在同一个平面内,入射角与反射角相等($\theta_1 = \theta_2$),位相相干,且有偏振化现象。当镜面反射时,如果入射波平行入射,只有在反射波射出的方向上才能探测到电磁波,其他方向则探测不到。对可见光而言,其他方向上应该是黑的。自然界中真正的镜面很少,非常平静的水面可以近似认为是镜面。

2. 漫反射

漫反射是发生在非常粗糙的表面上的反射。物体界面很粗糙,界面起伏高度相对于入射电磁波波长而言很大。微观地说,反射面向各个方向,所以反射时不论入射方向如何,反射方向都是"四面八方"。漫反射无明显的优势方向,即将入射的电磁波均匀地向各个方向反射出去。这种均匀的漫反射面称为朗伯面,朗伯面所反射的电磁波在各个方向上的辐射亮度值是一样的。而且,漫反射的电磁波,其位相是不相干的,也无偏振化现象。

3. 混合反射

实际物体多数都处于两种理想情况之间,即介于镜面和郎伯面(漫反射面)之间。一般来讲,实际物体在有入射波时各个方向都有反射能量,但大小不同。在入射照度相同时混合反射亮度的大小既与入射方位角和天顶角有关,也与反射方向的方位角和天顶角有关。混合反射也是把入射的电磁波向各个方向反射出去,但所不同的是在不同方向所反射的电磁波的辐射亮度不同,一般相当镜面反射的方向上或入射方向上反射的电磁波辐射亮度较强,在其他方向上反射的电磁波辐射亮度较弱。

不同的界面可以产生不同的反射,就是在同一个界面上,对入射的不同波长的电磁波,也可能产生不同的反射。例如,平坦的沙地表面,对可见光将产生漫反射,而对微波则可能产生镜面反射。在遥感实际中,三种反射都可能发生,但以混合反射最常见。

(二)反射能力的表示方法

1. 反射率(ρ)

物体对电磁波谱的反射能力大小可用反射率(ρ)来表示,反射率的值满足$\rho \leq 1$。

$$\frac{p_\rho}{p_\lambda} \times 100\% = \rho \tag{2-6}$$

物体反射率的大小,与入射电磁波的波长、入射角的大小以及物体表面颜色和粗糙度有关。一般地说:ρ越大,反射能力越强,在相片上成像的图像色调就浅;ρ越小,反射能力越弱,在相片上成像的图像色调就深。这些色调的差异是目视判读时的重要标志。

2. 光谱反射率($\rho_{(\lambda)}$)

同一地物对不同波长的电磁波的反射能力也不一样,因此,在多光谱遥感技术中更常用光谱反射率$\rho_{(\lambda)}$来表示地物对某一波长电磁波的反射能力。光谱反射率可反映同一地物对不同波长电磁波的反射能力。

$$\rho_{(\lambda)} = \frac{在(\lambda \pm \frac{1}{2}\Delta\lambda)微小波长范围内反射电磁波的能量}{在(\lambda \pm \frac{1}{2}\Delta\lambda)微小波长范围内入射电磁波的能量} \times 100\% \qquad (2-7)$$

3. 亮度系数(γ)

亮度系数是指在相同照度条件下,某物体表面的亮度(β)与纯白色理想全反射表面的亮度(β_0)之比。即:

$$\gamma = \frac{\beta}{\beta_0} \qquad (2-8)$$

亮度系数也反映了地物反射电磁波的能力,表2-2中列出在太阳光照射下一些物体的亮度系数,其主要特征如下:

表2-2 各种物体的亮度系数

名 称	γ	名 称	γ
绿色繁茂的草地	0.06	海	0.07
干谷中绿色草地	0.07	洋	0.035
已割绿色草地	0.06	新降落的雪	1.0
直角方向摄取的黄色草地	0.14	正溶解的雪	0.80
锐角方向摄取的黄色草地	0.20	幼树稀少的积雪田野	0.60
黄色干燥草原	0.10	河川的冰	0.35
绿色庄稼	0.05	干的公路	0.32
直角方向摄取的成熟(黄色)庄稼	0.15	湿的公路	0.11
锐角方向摄取的成熟(黄色)庄稼	0.34	干的圆石路	0.20
收割后的田地	0.10	湿的圆石路	0.09
鲜苔的沼地	0.05	沙上干的土路	0.20
针叶树林(树顶)	0.04	沙上湿的土路	0.07
夏天的阔叶林	0.05	沙土上干的土路	0.09
秋收后的(黄)阔叶树林	0.15	粘土上干的土路	0.21
冬天的阔叶树林	0.07	黑土上干的土路	0.08
直角方向摄取的干燥白色石英沙	0.20	红砖	0.20
锐角方向摄取的干燥白色石英沙	0.35	浅色石灰石	0.40
有湿气的白色石英沙	0.12	石板	0.35
潮湿的白色石英沙	0.08	白色新围墙	0.90
干燥黄沙	0.15	白色旧围墙	0.70
干燥红沙	0.10	花岗石碎块	0.17
干燥沙土	0.13	新的松木版	0.50
潮湿沙土	0.06	旧的发灰的木版	0.14
干燥黏土	0.15	木围墙	0.20
潮湿黏土	0.06	稻草	0.15
干燥黑土	0.03	红黄色屋顶	0.13
潮湿黑土	0.02	木造(板条)屋顶	0.15

（1）物体的亮度系数范围很大，不同别类物体之间的亮度系数差别可能相当大。例如：雪 $\gamma=1.0$，黑土 $\gamma=0.02\sim0.03$，差别为 $50:1$。

（2）相同的物体，由于干、湿程度不同，亮度系数也不同，干燥的物体亮度系数大，潮湿的物体亮度系数小，即 $\gamma_{湿表面}<\gamma_{干表面}$。例如：干燥沙土 $\gamma=0.13$，潮湿沙土 $\gamma=0.06$。

（3）表面粗糙的物体比表面光滑的物体亮度系数要小，即 $\gamma_{粗糙表面}<\gamma_{光滑表面}$。例如：干的公路 $\gamma=0.32$；沙上干的公路 $\gamma=0.20$。

（4）物体的亮度系数还与颜色有关，当颜色变化为白—黄—红—蓝—绿—紫—黑时，亮度系数从 1 逐渐下降到 0。例如：干燥黄沙 $\gamma=0.15$，干燥红沙 $\gamma=0.10$。

许多性质完全不同的物体具有相同的亮度系数。也就是说，性质不同的物体在相片上可能具有相同的色调。因此在进行相片判读时，不能仅依靠色调区别物体，还必须考虑其他条件。

4. 光谱亮度系数（γ_λ）

实际上就是同一物体对不同波长的电磁波也具有不同的亮度系数，故用光谱亮度系数（γ_λ）来反映物体对一定波长电磁波的反射能力。即：

$$\gamma_\lambda=\frac{\beta_\lambda}{\beta_{0\lambda}} \tag{2-9}$$

（三）反射光谱特征

1. 概念

从前文可知，地物反射电磁波的能力，可以用反射率（ρ）或亮度系数（γ）来表示，而反射率或亮度系数又与入射电磁波的波长有关。即地物的光谱反射率（$\rho_{(\lambda)}$）或光谱亮度系数（γ_λ）是入射电磁波波长的函数，这个函数关系称为地物的反射光谱特征。

2. 表示方法

地物的反射光谱特征，通常是以横坐标代表波长，以纵坐标代表光谱反射率或光谱亮度系数所作的相关曲线表示出来。这种曲线既表示出了各种波长处的光谱反射率或光谱亮度系数的大小，又直观地反映出光谱反射率或光谱亮度系数随波长的改变而发生变化的特点和规律，因此充分反映了地物反射电磁波的特征。

从图 2-10 中可明显地看出，物质成分和物态截然不同的地表物体具有截然不同的波谱特征。

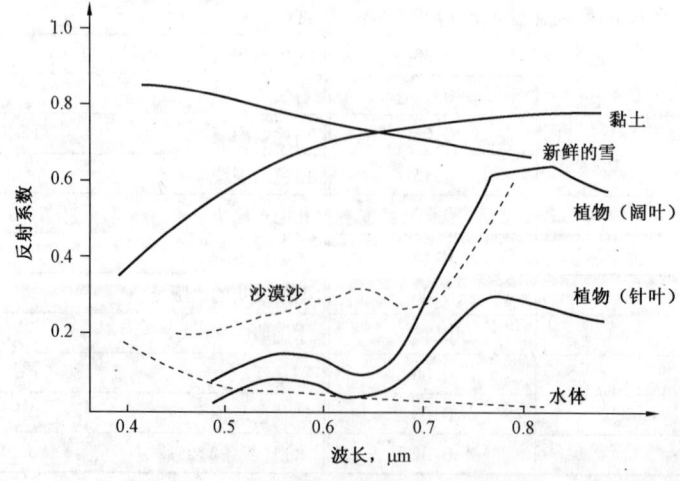

图 2-10　某些地物的反射系数（太阳高度角为 60°）

雪具有高的反射率,雪的反射光谱与太阳光谱很相似,在蓝光波段附近(0.4~0.6μm)有一个强反射峰值,反射率几乎接近100%,因而其色调是白色。随着波长的增加,反射率逐渐降低,在近红外波段吸收较强,变成了选择性吸收体。雪的这种反射特性在所有地物中是独一无二的。

植物在0.5~0.7μm反射率很低,在0.55μm附近形成一个反射峰,这个反射峰的位置正好处于可见光的绿光波段,所以其色调呈绿色。但在0.7~0.9μm的近红外波段反射率骤然升高,其反射率的性质主要受叶子内部构造的控制。这种光谱曲线是含有叶绿素植物的共同特点。

地表水体在可见光,尤其是在近红外波段对入射电磁波是吸收的,故其反射率最低。湿地在整个波长范围内的反射率均较低,当水量增加时,其反射率就会下降。

沙漠在橙光波段0.6μm附近有一个强反射峰值。在波长达0.8μm以上的长波范围内,其反射率比雪还强,其色调呈褐色。

3. 主要特征

反射光谱特征充分反映了地物反射电磁波的特征。地物主要的自然目标之间都存在着较为明显的反射波谱差异。因此,利用多光谱扫描图像的色调特征,便可以识别和区分它们,这是判读各种地物的基础。例如:利用0.4~0.5μm波段的相片,可以把雪与其他地物分开;利用0.5~0.6μm波段的相片可以把沙漠与植物、湿地区分开;利用0.7~0.9μm波段的相片可以把植物与湿地区分开。这样,对不同的研究对象,可根据它们的各自的光谱特征,选择最佳波段、最佳的摄影季节和摄影时间的相片进行判读。

同类地物的反射光谱是大同小异的,但也随着该地物的内在差异而有所不同。这种不同是由于多种因素造成的(图2-11、图2-12),如物质成分、内部结构、表面光滑程度、颗粒大小、几何形状、风化程度、表面含水量以及色泽等差别。对植被来说,同类植物由于生长状况,健康程度等不同其反射率有较大的差异。

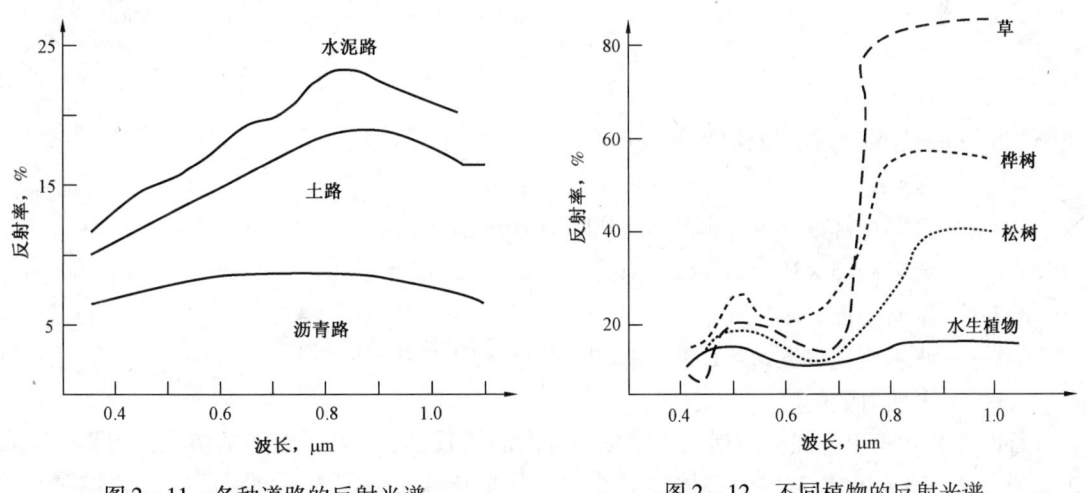

图2-11 各种道路的反射光谱　　　图2-12 不同植物的反射光谱

从图2-13中可以清楚地看出,健康的松树在可见光范围内的反射率稍低于有病害的松树,特别是在叶绿素吸收带健康的比有病害的反射率明显降低。而在近红外波段健康松树的反射率则高于有害松树的,即有病害的松树随着病害的加重,在近红外波段反射率相应降低,反映出受病害植被的特征。这种现象在红外相片上显示得很清楚,能把健康的与受病害的植被区分开来。

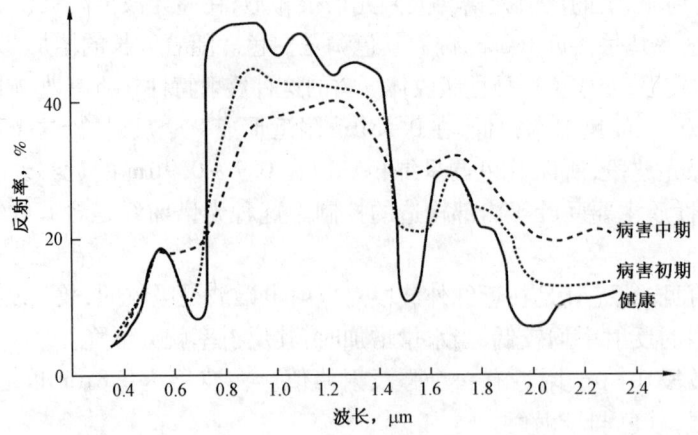

图 2-13 不同长势松树的反射光谱

二、地物的发射光谱特征

对于任何地物,当其温度高于绝对零度时,就存在着分子热运动,都有向周围空间辐射红外线和微波的能力。通常地物发射电磁波的能力是以发射率作为测量标准,而地物的发射率又是以黑体辐射作为基础。因此,在介绍地物发射光谱特性之前,先介绍有关的辐射物理量。

（一）黑体辐射

黑体是指在任何温度下,对任何波长的辐射能量完全吸收（$\alpha = 1$）,并且具有最大发射率的物体。黑体的热辐射称为黑体辐射。黑体是一种理想的吸收体,在自然界中不存在。

（二）黑体热辐射定律

黑体辐射通量密度,可用普朗克（M. Planck）公式表示:

$$W_\lambda = \frac{2\pi hc^2}{\lambda^5} \cdot \frac{1}{e^{ch/\lambda kT} - 1} \tag{2-10}$$

式中　W_λ——光谱辐射通量密度,$W/(cm^2 \cdot \mu m)$;

λ——波长,μm;

h——普朗克常数,$h = 6.6256 \pm 0.0005 \times 10^{-34} W \cdot s^2$;

c——光速 $c = 3 \times 10^{10} cm/s$, cm/s;

T——绝对温度,K;

k——波尔兹曼常数,$k = 1.38054 \pm 0.00018 \times 10^{-23} W \cdot s/K$;

e——自然对数的底,$e = 2.718$。

普朗克公式给出了黑体辐射通量密度与温度的关系以及按波长分布的情况。图 2-14 表示出温度从 300～700K 范围内黑体辐射的波长分布特性。该图为不同温度时光谱辐射通量密度与波长的关系曲线,其中虚线代表辐射最大值所在位置。这组曲线有下列特点:辐射通量密度随波长连续变化,曲线只有一个最大值。温度越高,辐射通量密度也越大,不同温度的曲线是不相交的。随着温度的升高,辐射最大值所对应的波长移向短波方向。

对于全部波长范围内的辐射通量密度,可以用斯蒂芬—波尔兹曼定律表示:

$$W_黑 = \sigma T^4 \tag{2-11}$$

式中 $W_{黑}$——黑体辐射通量密度，W/cm^2；

σ——斯蒂芬—波尔兹曼常数，$\sigma = (5.6697 \pm 0.00297) \times 10^{-12} W/(cm^2 \cdot K^4)$。

从斯蒂芬—波尔兹曼定律看出：辐射通量密度随温度的增加而迅速增大，它与温度的四次方成正比。因此温度的微小变化，会引起辐射通量密度很大的变化。用红外装置测定温度时，就是根据斯蒂芬—波尔兹曼定律来设计的。

从图 2-14 可以看到，对于某个绝对温度，辐射通量密度在某个波长上有个最大值，这个最大值所对应的波长 λ_{max} 可以用威恩位移定律表示：

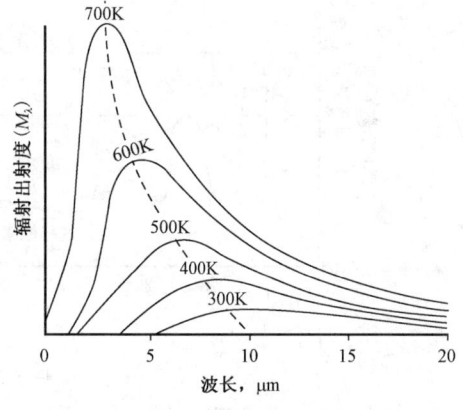

图 2-14 不同温度的黑体辐射

$$\lambda_{max} \cdot T = b \quad (2-12)$$

式中 λ_{max}——辐射通量密度的峰值波长；

b——常数，$b = 2897.8 \pm 0.4(\mu m \cdot K)$。

威恩位移定律描述辐射通量密度的峰值波长与绝对温度成反比，该图中虚线就是这些峰值的轨迹。随着温度的升高，最大辐射对应的波长逐渐变短，颜色由红外到红色再逐渐变蓝变紫，蓝火焰比红火焰温度高就是这个道理。它表明高温地物发射波长较短的电磁波，低温地物发射波长较长的电磁波。只要测出物体的最大辐射对应的波长，由维恩位移定律可以很容易计算出物体的温度值。因此，威恩位移定律将有助于对所要探测的目标，选择最佳工作波段的传感器。

表 2-3 列出了绝对黑体温度与最大辐射对应波长的关系，把太阳、地球和其他恒星都可以看作球形的绝对黑体，则与这些星球的辐射出射度对应的黑体温度可作为星球的有效温度。太阳的 λ_{max} 是 $0.47\mu m$，用公式可算出有效 T 是 6150K，$0.47\mu m$ 正是可见光段，所以太阳光是可见的。而地球在温暖季节的白天 λ_{max} 约为 $9.66\mu m$，可以算出温度 T 为 300K，$9.66\mu m$ 是在红外波段，所以地球主要发射不可见的热辐射。

表 2-3 绝对黑体温度与最大辐射对应波长的关系

温度 T, K	300	500	1000	2000	3000	4000	5000	6000	7000
波长 λ_{max}, μm	9.66	5.80	2.90	1.45	0.97	0.72	0.58	0.48	0.41

（三）地物的发射率和基尔霍夫定律

上述斯蒂芬—波尔兹曼定律、威恩位移定律只适用于黑体辐射。但是在自然界中黑体辐射是不存在的，我们所见到的是一般地物，而一般地物的辐射要比黑体辐射小。如果利用黑体辐射的有关公式，则需要增加一个因子，这个因子就是发射率 ε。所谓地物的发射率，是指地物单位面积上辐射能量 W 与同一温度下同面积黑体辐射能量 $W_{黑}$ 之比值，即：

$$\varepsilon = \frac{W}{W_{黑}} \quad (2-13)$$

一般地物发射率不仅与地物种类、表面状态、温度等有关，而且还与波长有关。因此，按发射率与波长的不同关系，可以把红外辐射源分成三类，如图 2-15 所示。

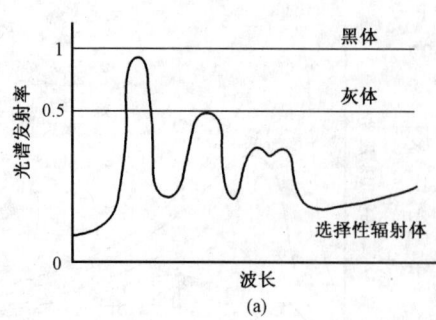
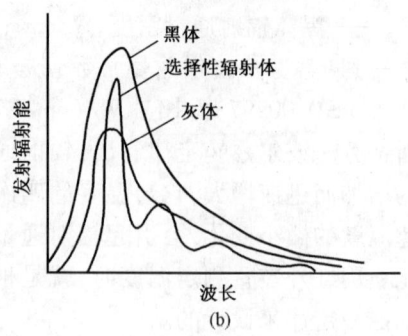

图 2 – 15 各种辐射体

对于黑体或绝对黑体,其 $\varepsilon_\lambda = \varepsilon = 1$,$\varepsilon$ 不随波长变化。

对于灰体,其 $\varepsilon_\lambda = \varepsilon = $ 常数 <1(因而吸收率 $\alpha <1$),ε 不随波长变化。

对于选择性辐射体,其 ε_λ 随波长而变化,而且 $\varepsilon_\lambda <1$(因而吸收率 α 也随波长变化,并且 $\alpha <1$)。

图 2 – 15(b)表示在同一温度下,每种辐射体发射率的情况。其中黑体的发射率最大($\varepsilon = 1$)。因此黑体的光谱分布曲线是各种辐射体曲线的包络线。灰体的发射率是黑体的几分之一,为一个不变的分数,当灰体的发射率越接近 1 时,它就越接近于黑体。选择性辐射体的发射率随波长变化,但是不管在哪个波长,其发射率值都比黑体发射率小($\varepsilon_\lambda <1$)。

在红外遥感系统设计中,可以把一些红外辐射体看成灰体(例如人体、喷气式飞机尾喷管、无动力空间飞行器、地球背景以及空间背景等),也可以在某些波段内把选择性辐射体看成灰体(如果发射率 ε_λ 在这些波段内近似不变),这样就简化了计算工作。

基尔霍夫在研究辐射传输过程中发现:在任一给定的温度下,地物单位面积上的辐射通量密度 W 和吸收率 α 之比,对任何地物都是一个常数,并等于该温度下同面积黑体辐射通量密度 $W_\text{黑}$。这就是基尔霍夫定律。数学形式如下:

$$\frac{W}{\alpha} = W_\text{黑} \tag{2-14}$$

基尔霍夫定律不但对所有波长的全辐射是正确的,而且对波长 λ 的任何单色波长的辐射也是正确的,这时基尔霍夫定律可以写成:

$$\frac{W_\lambda}{\alpha_\lambda} = W_\text{黑} \tag{2-15}$$

这个定律的含义是:好的吸收体也是好的发射体(图 2 – 16、图 2 – 17)。

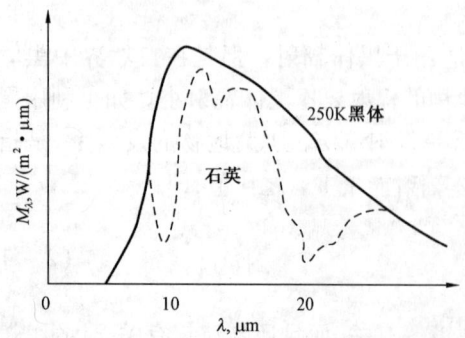
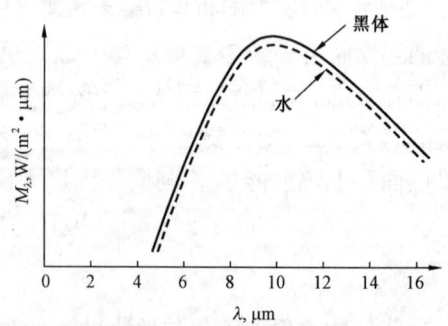

图 2 – 16 黑体与石英的辐射曲线对比图　　图 2 – 17 黑体与水的辐射曲线对比

以下简单地讨论地物的吸收率 α 与发射率 ε 之间的关系：

根据基尔霍夫定律，由公式(2-14)可知，$\alpha = \dfrac{W}{W_{黑}}$，再根据发射率有 $\varepsilon = \dfrac{W}{W_{黑}}$，从这里得出：

$$\varepsilon = \alpha \tag{2-16}$$

对地物辐射的每一单色波长，分量也是成立的，即：

$$\varepsilon_\lambda = \alpha$$

式(2-16)表明，在一给定的温度下任何地物的发射率，在数值上等于该温度下的吸收率。该公式还表明地物的吸收率越大，发射率也越大。对于不透明的地物来说，式(2-5)可以写成：

$$\varepsilon = 1 - \rho \tag{2-17}$$

由式(2-13)、式(2-14)和式(2-11)可写成：

$$W = \alpha W_{黑} = \varepsilon W_{黑} = \varepsilon \sigma T^4 \tag{2-18}$$

式(2-18)对于任何地物的红外发射能量都可以采用。该公式表明由于红外辐射能量与温度四次方成正比，所以只要地物微小的温度差异，就会引起红外辐射能量较显著变化。这种特征构成了红外遥感的理论依据。该公式还表明地物辐射红外能量与它的发射率成正比。

(四)黑体微波辐射

根据普郎克定律，任何地物在一定温度下，不仅向空间发射红外辐射，而且还发射微波辐射。地物的微波辐射基本上和红外辐射相似，符合热辐射定律。但微波是低温状态下地物的重要辐射特征，其特点是地物温度越低，微波辐射也就越明显。

尽管微波辐射比红外辐射要弱得多，但可以用无线电通讯机经调谐和放大线路来接收。

自然界中一般地物的温度在 250～350K 左右，辐射的峰值波长 λ_{max} 在 10μm 附近。而微波波长比峰值波长大的多，因此在微波区域黑体辐射的微波功率可用瑞利—金斯公式近似代替普郎克公式(因为在波长较长的辐射区，瑞利—金斯公式比较符合实验结果)，即：

$$W_{(\nu)} = \dfrac{2kT}{\lambda^2} \tag{2-19}$$

式中　$W_{(\nu)}$——黑体单位面积、单位立体角和单位频率范围内所辐射的微波功率，W/cm²·球面角·Hz；

　　　k——波尔兹曼常数；

　　　T——绝对温度，K；

　　　λ——波长，μm。

式(2-19)表明黑体辐射的微波功率与温度成正比，与波长的平方成反比。而一般地物不是黑体，但它们的辐射功率 $W_{S(\nu)}$ 与同温度下黑体辐射的微波功率 $W_{(\nu)}$ 之间有一定的比例关系：

$$W_{S(\nu)} = \varepsilon_1 W_{(\nu)} \tag{2-20}$$

式中　ε_1——地物在微波波段的发射率。

表2-4是在相同条件下,一些地物在微波波段与红外波段发射率的比较。

表2-4 不同地物微波与红外发射率的比较

地物	波段			
	微波		红外	
	$\lambda=3cm$	$\lambda=3mm$	$\lambda=10\mu m$	$\lambda=4\mu m$
钢	0.00	0.00	0.6-0.9	0.6-0.9
水	0.38	0.63	0.99	0.96
干沙	0.90	0.86	0.95	0.83
混凝土	0.86	0.92	0.90	0.91

从表2-4中看出,不同地物之间微波发射率的差异要比红外发射率差异明显。这样,在可见光、红外波段中不容易识别的一些地物,在微波波段中容易加以识别。

(五)地物发射光谱

地物的发射率随波长变化的规律,称为地物发射光谱。每一种地物在一定温度时,都有一定的发射率,各种地物的发射率不同。这种地物发射率的差异是红外遥感技术的重要依据。表2-5为常温下一些地物在8~14μm的发射率。

表2-5 一些地物的发射率(波长8~14μm)

目标物	温度,℃	ε	目标物	温度,℃	ε
木材(橡木平板)	20	0.90	石英	20	0.627
水(蒸馏水)	20	0.96	长石	20	0.819
冰(表面光滑)	-10	0.96	花岗岩	20	0.780
雪	-10	0.85	玄武岩	20	0.906
沙	20	0.90	大理岩	20	0.942
柏油路	20	0.93	麦地	20	0.93
土路	20	0.83	稻田	20	0.89
混凝土	20	0.90	黑土	20	0.87
粗钢板	20	0.82	黄粘土	20	0.85
炭	20	0.81	草地	20	0.84
铸铁	20	0.21	腐殖土	20	0.64
铝(光面)	20	0.04	灌木	20	0.98

此外,由于测量条件的不同,测定样品上的手指印、灰尘、油污以及伤痕都会影响所测量发射率ε值的正确性,因此,在不同资料上相同的地物的ε值可能会有差异。

由于一般地物不是黑体,所以习惯上测量地物热辐射量常用温度T_B来表示地物的特征。所谓亮度温度是由辐射计把接收到的来自地物的辐射能量转换而来。亮度温度与地物的实际温度T之间的关系为:

$$T_B = \varepsilon T \tag{2-21}$$

辐射计从高空探测到地物的亮度温度T_A为:

$$T_A = \varepsilon T_h + (1 - \varepsilon) T_S \tag{2-22}$$

式中　T_S——天空辐射温度；

　　　T_h——地物温度；

　　　ε——地物发射率；

　　　$(1-\varepsilon)$——地物反射率。

由式(2-22)中可知：

在可见光波段，$\varepsilon=0$，而 $T_S>T_h$，所以 $T_A=T_S$，即 T_A 主要是由太阳反射光所决定。

在红外波段，除了特殊地物之外，一般来说 ε 趋于1，所以 $T_A \approx \varepsilon T_h$。因此，可用红外辐射计来探测地物的温度。

在微波波段，因为 $0<\varepsilon<1$，所以这时地物的亮度温度 T_A 除了反映地物的表面温度以外，还反映不同地物的不同微波发射率。而微波发射率是与地物本身的电学性质(导电率、电磁率)有关。因此，微波辐射计记录下来的等效温度不是观察地区的实际温度，而是受到多种因素影响的结果，因此这使得对微波遥感图像判读更加复杂困难。

要测定地物的发射光谱，首先必须测量地物的发射率。然后根据地物的发射率与波长的对应关系可以画出发射光谱曲线。测量地物的发射率的最简单的方法是通过测量地物的反射率(近红外)来推求地物的发射率($\varepsilon=1-\rho$)。因为测量地物的反射率要比直接测量发射率容易，也便于实现。

三、地物的透射光谱特征

有些地物(如水体和冰)，具有透射一定波长电磁波能力，通常把这些地物叫做透明地物。地物的透射能力一般用透射率表示。透射率就是入射光透射地物的能量与入射光总能量的百分比，用 τ 表示。地物的透射率随着电磁波的波长和地物的性质而不同。例如，水体对 $0.45\sim0.56\mu m$ 的蓝绿光波段具有一定的透射能力，较浑浊水体的透射深度为 $1\sim2m$，一般水体的透射深度可达 $10\sim20m$，又如，波长大于 $1mm$ 的微波对冰体具有透射能力。

一般情况下，可见光对绝大多数地物都没有透射能力。红外线只对具有半导体特征的地物，才有一定的透射能力。微波对地物具有明显的透射能力，这种透射能力主要由入射波的波长而定。因此，在遥感技术中，可以根据它们的特性，选择适当的传感器来探测水下、冰下某些地物的信息。

思　考　题

1. 遥感技术常用的电磁波波段有哪些？各有哪些特性？
2. 太阳辐射穿过大气层能量衰减的原因是什么？
3. 什么是大气窗口？常用于遥感的大气窗口有哪些？
4. 植被、沙、雪和湿地的反射光谱有哪些特点？
5. 影响地物反射光谱、发射光谱的主要因素是什么？
6. 红外辐射的基本定律有哪些？其主要内容是什么？
7. 红外辐射和微波辐射是属于什么性质的光谱？两者有哪些异同处？

第三章 遥感图像处理

【本章内容提要】

本章从光学的各个角度介绍遥感黑白相片和彩色相片的生成原理、色光的加色法原理和颜料的减色法原理，还介绍了辐射校正及几何校正两类数字图像预处理的方法。针对波谱特征、空间特征、时间信息三大数字图像信息增强处理，分别介绍了：增强波谱信息的对比度变换；增强空间特征的空间滤波，实现对图像中的线、边缘、纹理结构特征进行增强处理；增强多源信息的多源图像融合处理。本章帮助学生理解遥感影像的生成、预处理、数字图像增强处理以及遥感影像的解译原理。

【基本要求】

(1) 了解光和颜色。
(2) 掌握颜色的性质。
(3) 掌握三原色与合成法。
(4) 掌握黑白影像与彩色影像。
(5) 理解辐射校正中各类校正方法及意义。
(6) 理解几何校正的方法及意义。
(7) 掌握理解对比度变换的几种方法及意义。
(8) 掌握数字图像增强的三个方面的信息及对应的方法。
(9) 理解多元图像融合处理的意义及方法。

第一节 光学图像处理

一、光和颜色

正常的人眼可以看见电磁波谱中 $0.38 \sim 0.76 \mu m$ 的波段，所以这一波段被称为可见光谱。人眼所能反映出的颜色都可以和电磁波的波长相对应。例如：$0.7 \mu m$ 是红色，$0.58 \mu m$ 是黄色，$0.51 \mu m$ 是绿色，$0.47 \mu m$ 是蓝色等，它们的波段范围见第二章第一节所述。比紫色波长还短的紫外和比红光波长还长的红外部分，人眼就不能看见颜色形状等。但一般情况下，可以用其他方法感觉到，如紫外线产生疼痛感，红外线产生灼热感。严格地说，只有能够被眼睛感觉到的并产生视觉现象的辐射才是可见辐射或可见光，简称光。

人对光的反应是靠眼睛进行的，当眼睛注视外界物体时，物体发出的光线通过眼球形成物像聚焦在眼球后部视网膜的中央凹部位。视网膜的感光细胞分为锥体细胞和杆体细胞，前者是明视觉器官，在光亮条件下分辨颜色和细节；后者是暗视觉器官，只在较暗的条件下起作用，不能分辨颜色和细节。所以在光亮条件下，人眼能分辨各种颜色，当光谱亮度降低到一定程度，人眼的感觉便是无彩色的，光谱变成不同明暗的灰带。

人眼对不同波长的光感觉是不同的。在光亮条件下，人眼对 $0.555 \mu m$ 波长的光感觉最灵敏，波长变大或变小，灵敏度都会降低。不同人对亮度或颜色的评价都会有差异。

观察图片或荧屏时，常对观察对象的亮暗程度有一评价。这一评价实际是一个相对概念，是相对于背景而言的,就是亮度对比。亮度对比是视场中对象与背景的亮度差和背景亮度之比。同样的观察图像,如果物体也亮,背景也亮时,感觉就不太亮。物体亮度不变,而背景变暗时,会感觉亮度提高了,就是亮度对比的效果,有时就说对比提高了,视觉效果变好了。如一张灰色纸片,在白色背景上看起来发暗(对比小),在黑色背景上看起来发亮(对比大)。在遥感图像中,亮度对比常影响单色黑白影像的视觉效果,但是遥感影像上都是我们观察的对象,很难说明哪个是背景,哪个是对象。这时亮度对比就变成两个或多个对象之间的对比,即亮度对比

$$C = \Delta L_{对象}/L_{对象} \qquad (3-1)$$

颜色对比不像亮度对比那么简单。首先,观察颜色要利用眼球视网膜的中央区,也就是视场要小一些。因为当视场过大,眼球侧视时,先是红、绿感觉消失,只能看到黄蓝色,再往外侧视黄蓝色感觉也会消失成为全色盲区,这时对颜色的判断会发生错误。再者,人眼对颜色的判断与波长的关系不完全固定,要受光强度的影响。当光的强度增加时,颜色会向红色或蓝色方向变化,所以观察颜色时尽量选择周围光强度基本不变的环境。

在视场中,相邻区域的不同颜色的相互影响叫做颜色对比。颜色的对比受视觉影响很大,例如:在一块品红的背景上放一小块白纸或灰纸,用眼睛注视白纸中心几分钟,白纸会表现出绿色;如果背景是黄色,白纸会出现蓝色;这便是颜色对比的效果。在色度学中,当两种颜色混合产生白色或灰色时,这两种颜色称为互补色。如黄和蓝、红和青、绿和品红均为互补色。假如做一个圆盘左边是黄色,右边是蓝色,让圆盘快速旋转,使两种颜色混合,人眼就能看出是白色或灰色。在颜色对比时,两种颜色的边界,对比现象会更明显。就识别颜色而言,只要波长改变了 $0.001 \sim 0.002 \mu m$,人眼就应该能观察出差别。人眼对不同波长的区别能力不同,此外还要受颜色对比以及其他因素的影响。一般在整个光谱中,正常人眼能分辨出几百种不同颜色。相比而言,人对颜色的分辨力比黑白灰度的分辨力强得多,正因为如此,彩色图像能表现出更为丰富的信息量。

二、颜色性质

彩色的描述对于遥感图像非常重要,彩色变换也是遥感图像处理的重要方法。在物理中,颜色的性质由明度、色调、饱和度来描述。

(一)明度

明度是人眼对光源或物体明亮程度的感觉。明度和人眼这一感官有关,所以受人的视觉感受性和经验影响。一般来说,物体反射率越高,明度就越高,所以白色一定比灰色明度高。因黄色反射率高所以黄色明度较高。对光源而言,亮度越大,明度越高,比如白炽灯、日光灯等白光光源,若亮度很高看到的是白色,若亮度很低看到的光发暗发灰,若无亮度则看到黑色。对不发光的物体而言,当物体对可见光波段所有波长无选择地反射,反射率都在 80% ~ 90% 以上时,物体为白色且显得明亮;当反射率对所有波长均在 4% 以下时,物体为黑色,很暗;反射率居中则表现为灰色,介于白和黑之间[图 3 - 1(a)]。在观察黑白图像时,人们也常把明度称为灰度,或量化后称为灰阶。

(二)色调

色调是色彩彼此相互区分的特性。可见光谱段的不同波长刺激人眼产生了红橙黄绿青蓝紫等彩色的感觉。图 3 - 1(b) 所示为一个颜色环,它表示颜色色调的理想示意关系。圆环上把光谱色按顺序标出,从红到紫是可见光谱上存在的颜色,每种颜色对应一个波长值,是光谱

色。有时刺激人眼的光波不是单一波长,而是一些波长的组合,也可以构成一些颜色,但他们找不到对应的波长值,不叫光谱色。图中圆环上部就加上了不同颜色组合的品红色,和其他光谱色一起构成一个圆环。每种颜色都在圆环上或圆环内占一个位置,白色位于中心。

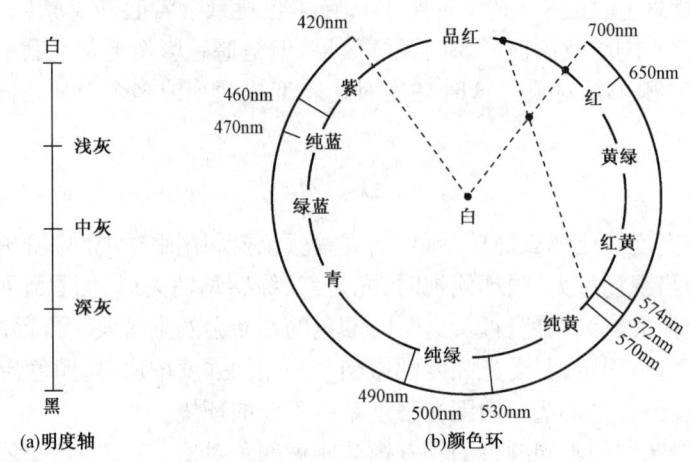

图 3-1 明度轴和颜色环

不透明物体的颜色是怎么来的呢?是因为物体对照射在物体上的光产生选择性反射,如对 $0.6\mu m$ 以上的波长反射率很高,则物体看起来是红色,如果物体反射 $0.5\mu m$ 左右的辐射,这一物体看起来是绿色。所有颜色都是对某段波长有选择的反射而对其他波长吸收的结果。

(三)饱和度

饱和度是彩色纯洁的程度,也就是光谱中波长段是否窄,频率是否单一的表示。若光源发出的是单色光就是最饱和的彩色,如激光及各种光谱色都是饱和色。对于不透明物体的颜色,如果物体对光谱反射有很高的选择性,只反射很窄的波段则饱和度高。如果光源或物体反射光在某种波长中混有许多其他波长的光或混有白色则饱和度变低。白光成分过大时,彩色消失成为白色。在图 3-1(b)所示的颜色环中,环上最外围的一圈是饱和度最高的颜色;位置越靠近中心,颜色越不饱和。

在物理上,黑白色只用明度描述,不用色调、饱和度描述。但在遥感图像解译时,一种通俗的称谓是把明度(灰度)和色彩的差异统称为色调差异。这和物理学的概念有一定区别,在使用上要加以注意。

(四)颜色立体

为了形象地描述颜色特性之间的关系,通常用颜色立体来表现一种理想化的示意关系,如图 3-2 所示。

中间垂直轴代表明度,从底端到顶端,由黑到灰再到白明度逐渐递增。中间水平面的圆周代表色调,相当于颜色环,顺时针方向由红、黄、绿、青、蓝、品红逐步过度。圆周上的半径大小代表饱和度,半径最大时饱和度最大,沿半径向圆心移动时饱和度逐渐降低,到了中心变成了中灰色。如果离开水平圆周向上下白或黑的方向移动也说明饱和度降低。颜色立体是颜色环和明度轴的结合[图 3-2(a)]。

为了定量地描述每种颜色的三个物理量,以便于在彩色变换中做计算。定义明度值(L)为 $0\sim1$,0 为黑,1 为白,所以明度轴的中间位置是 0.5。色调(H)的表示用色调圆环的角度值表示,从红色为 $0°$,绿色为 $120°$,蓝色为 $240°$ 等,右旋或左旋自行选定。饱和度(S)值也定义为0~1,饱和度最大为1,饱和度最小为0[图3-2(b)]。实际上,从视觉角度看,饱和度最大时,不同色调的明度不可能都是0.5,比如黄色一定明度高,蓝色明度低。也就是说,颜色立体只是理想状况,实际颜色分布不是正锥体,而是有的饱和在高明度区,有的饱和在低明度区,构成一种更为接近实际的颜色立体。

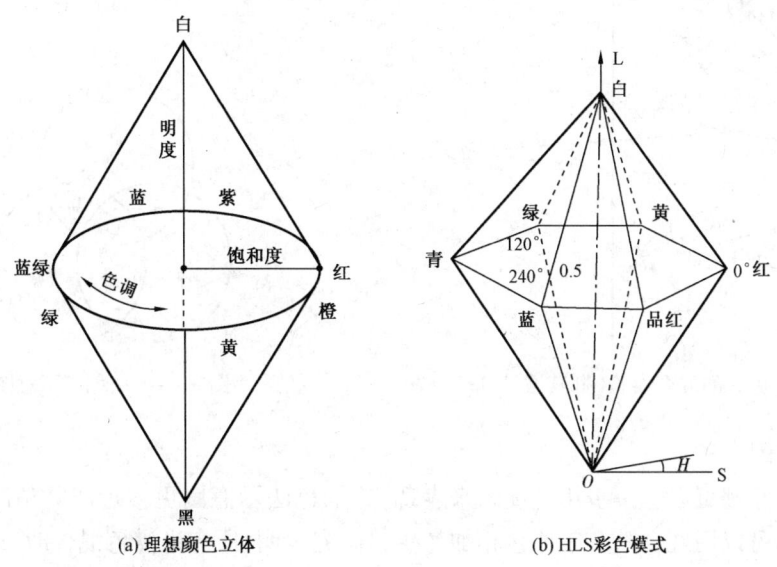

图3-2 颜色立体

三、光学彩色合成原理

(一)三原色与加色法

在图3-1(b)的圆环上,可以模拟颜色光的混合现象。两种非互补色混合,所得颜色不是白或灰白,而是第三种颜色,称之为混合色,混合色位置就在连接两种颜色的直线上。例如:品红和黄混合,连接圆环上品红和黄两点,可以混合出连线上的各种颜色,哪种颜色的比例大,就偏向哪种颜色。可以按杠杆定律计算,如果品红占80%,而黄占20%,那么混合色在连线上按2∶8的比例,更接近品红处。从中心过这一混合色点做一半径,与圆环的交点就是混合色的颜色。该点越靠近中心,饱和度越大。图中这一点约是$0.7\mu m$(700nm),接近红色。这种颜色还可以再和第三种颜色混合,得到另一种混合色,依此类推。

分析各种颜色,可以找到三种颜色,其中的任意一种颜色都不能由其余两种颜色混合相加而成,这三种颜色按一定比例混合,可以形成各种色调的颜色,称为三原色。实验证明,红、绿、蓝三种颜色是最优的三原色。

为了加深对互补色和三原色的理解,可以做一个实验(图3-3)。用三个可调亮度的光源,分别经过红绿蓝三个滤光片,再经过透镜形成平行光束。在暗室中照射到白屏幕上,构成红、绿、蓝三原色。调节三原色灯光强度的比例,可以在白屏幕三束光重叠的部分看到白光。另外有一束白光直接打到白屏幕上,两束光中间用黑色挡屏隔开,便于观察者比较。实验表明,在只有红光和绿光重叠的部位产生黄光,在只有绿光和蓝光重叠的部位产生青色光,在只有蓝光和红光重叠的部位产生品红色光。不断调节各灯的强度,白屏幕上还会出现各种中间颜色。仔细观察,会发现自然界各种颜色都可以由红绿蓝这三原色产生。混合后的颜色相当于颜色环内部的颜色,他们是一种视觉效果上的颜色,失去了颜色的光谱组成意义。

这个实验可以简单的画成加色法示意图(图3-4)。大圆的颜色代表色光的三原色,两圆相交的部分是两种色光等量相加的混合色,显然,它一定是第三种颜色的补色。三个圆相交的部分是三种颜色等量相加的结果,一定是白色。

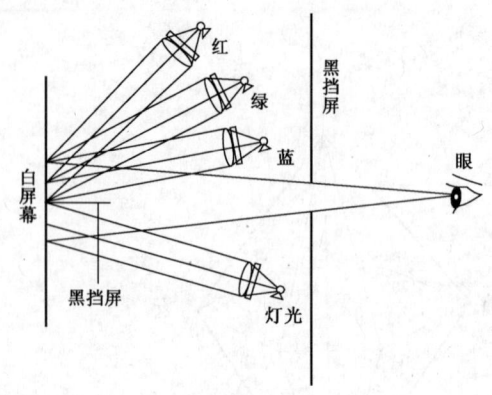

图3-3 三原色光的混合实验(荆其诚等,1979)

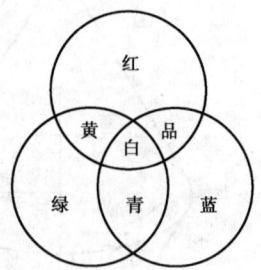

图3-4 加色法示意图

(二)色度图

颜色相加原理可以进一步用色度图来表现,比加色法示意图更接近实际情况。因为每一种波长的光都可以用红、绿、蓝三原色相加产生。研究表明,所有光谱色混合时,即形成等能光谱中的白光,而且白光是由相同数量的红、绿、蓝三原色组成。设:光的总量比例为1,则白光由三原色各1/3产生,根据这一原则设计色度图(图3-5),在图中 x 色度坐标相当于红原色的比例,y 色度坐标相当于绿原色的比例,图中没设蓝色度坐标,因为可由 $x+y+z=1$,可推导出 z。图中的弧形曲线代表光谱,线上每一点代表一种波长和光谱颜色,波长单位是纳米(nm),曲线包围的部分及直线部分代表非光谱色。该图中心C点是白光点 $x=y=z=0.33$,相当于正午太阳光。

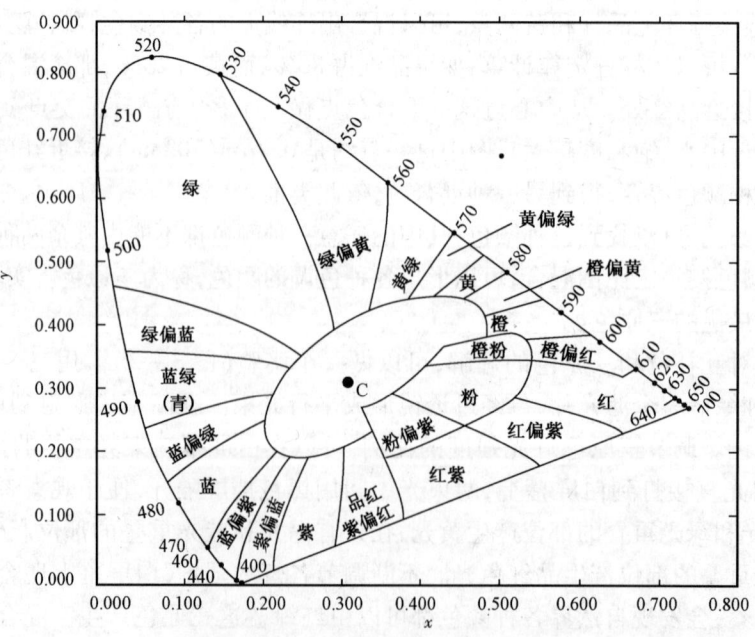

图3-5 色度图上的色彩分布

色度图与颜色环的理想表现不同,它具有真实的意义,但分析方法类似。色度图表现了人眼对颜色视觉的基本规律(图3-6)。

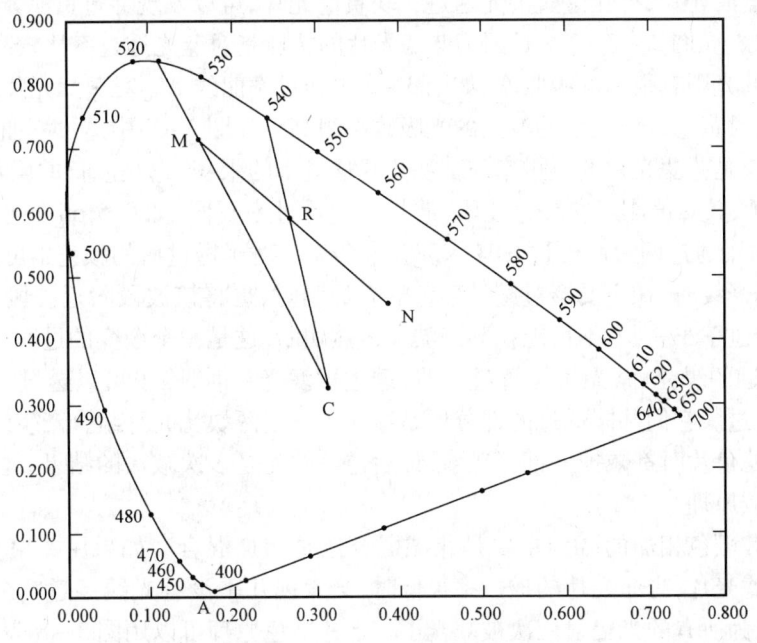

图3-6 色度图上色彩和波长关系

1. 色调

色调是明度和饱和度的表示。从A点(0.4μm)到B点(0.7μm)光谱曲线的轨迹及连接AB两点直线形成的马蹄形内所包含的各点,都是在物理上可以由真实光线产生的颜色。任何颜色在色度图中都有确定的位置,即马蹄形的周边表示出色调的差异,因此颜色的特性也可以得到说明。其他中间各点与中心C的连线表示饱和度。如图3-6中M点,连接中心C和M点并延长与光谱轨迹相交,交点的波长0.525μm(525nm)的颜色即为M点的色调。该点越接近光谱线则饱和度越高,越接近C点饱和度越低,混有白光越多。

2. 色光混合的计算

可以用色度图粗略推算两种颜色相混合得到的中间色。如M与N两种颜色按一定比例合成,一定得到MN连线上的中间色如R,连接CR并延长至光谱线,可知R是光谱颜色(0.54μm)和饱和度(离C的远近)。但如果CR延长线与AB相交,虽有对应颜色但没有对应的光谱波长,因为AB线上各种颜色不是原有光谱色,而是光谱上没有的品红、红紫等颜色。

3. 互补色表示

过C点做一条直线与边缘交于两个点,则这两点对应光谱的颜色一定是互补色,他们的混合可以产生白光。但如果有一个点落在AB线上,则白光上能由两种以上的光线产生,因为AB线上的点本身是由两种光线混合产生的。

色度图显示了颜色光的相加的规律。

(三)减色法

在实际生活中,还有很多情况不是光的混合,例如美术颜料的混合、彩色印刷、彩色像片的生成过程等。这时不遵循加色法原理,而是相反的减色法原理。

1. 原理

白色光线先后通过两块滤光片的过程就是颜色的减法过程。可以做一个实验:让一束白光线通过一块蓝滤光片,再让透过的光通过一块黄滤光片,可以发现穿过黄滤光片后的光线射到白屏幕上是绿色(图3-7)。这是因为蓝滤光片的特性是对蓝光透过率比较高,而对蓝光以外的其他波长的光则有很高的吸收率,如图3-7中透过率曲线A。对黄滤光片而言对黄光透过率比较高,而对黄色以外其他的波长的光吸收率很高。如图3-7中透过率曲线B。最后共同透过的部分应是蓝滤光片的透过率与黄滤光片透过率的乘积,它是波长的函数。如图3-7中透过率曲线C,其峰值刚好在绿色波段,波长不同透过率不同,如$0.5\mu m$处蓝片透过69%,黄片透过58%,则通过两片后透过$69\% \times 58\% = 40\%$。对于透过后的颜色也可以粗略地解释为:物体在透过光线时,在主要透过某种颜色的光同时,也将该波段附近波段的光波透过一部分,只不过透过率小一些,不可能在某一波段截然切断,这是一个渐变的过程。正因为如此,透过蓝光时附近的绿光、紫光也会透过一些,透过黄滤光片时,除了可以透过黄光,附近的绿光、红光也会透过。它们共同透过的部分便是绿光了。当两块滤光片组合产生颜色混合时,入射光透过每一滤色片时都减掉一部分辐射,最后透过的光是多次减法的结果,这种颜色混合原理就是颜色相减原理。

颜色相减和颜色相加的区别主要是相减混合还是相加混合。如果用一束白光依次透过蓝、绿、红三个滤光片,当滤光片的透过率很低时,会发现几乎没有光线穿过三个滤光片,也就是呈现黑色,因为所有的光辐射依次被减光了。上述减色原理可以用图3-8表示。

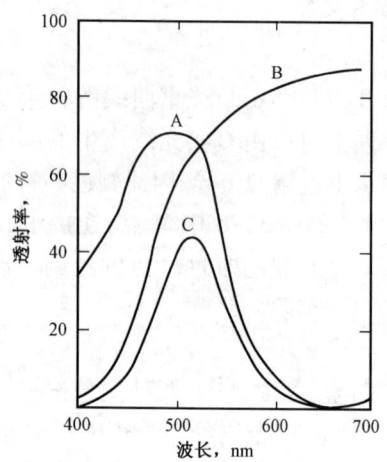

图3-7 减色法实例示意图(荆其诚等,1979)　　　图3-8 减色法示意图

2. 减法三原色

图3-8减法中的三原色采用了加法三原色的补色,即黄色、品红色和青色。理想模型即白光由红、绿、蓝三色组成来理解,可以认为黄色是减去蓝色的红绿组合;品红是减去绿色的红蓝组合;青色是减去红色的蓝绿组合,这样黄、品红、青便是减色法的三原色。减色法中减原色的混合要按图3-8的原理进行,所以两圆相交的部分是红、绿、蓝,而三圆相交的部分是黑,而不是白,这点要特别注意。

实际生活中用减色法的实例也很多,如作彩色涂料时将三色叠加时,由于光线依次通过减红、减绿、减蓝层而成黑色。只有当涂料浓度不够,减的不彻底时才会出现灰白色,但这仍旧是减色法而不是加色法。

(四)黑白影像与彩色影像

遥感影像常常用照片来表现,单波段或全色波段表现为黑白影像,三波段组合表现为彩色影像(图3-9)。无论是光学处理,还是计算机处理为主的情况下,处理结果常形成底片(负片)或照片(正片),一些回收式卫星其数据也是以胶片形式记录。因此,有必要学习黑白影像和彩色影像的制作原理。

1. 黑白片感光原理

卤族元素和银的化合物能在光照下分离出银。照相乳胶由大量卤化银晶粒和明胶组成,把照相乳胶均匀涂敷在玻璃或赛璐珞基片上,就制成了照相胶片。

照相的第一步是感光,当光照在底片上时,卤化银在光子的作用下,使带正电的银离子移动,形成潜像中

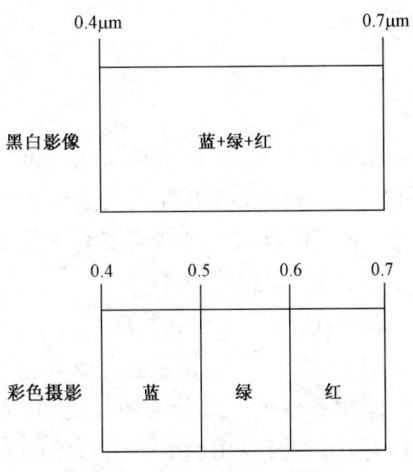

图3-9 黑白影像与彩色影像

心。第二步是显影,使感光底片在暗室中浸入显影液体,液体中的显影物质把曝过光的卤化银还原成金属银,这时潜像变成可见像,感光越强金属银密度越大。第三步为定影,定影液把显影后残留在乳胶层中的卤化银去掉,形成负片,这样光强之处银颗粒层厚而发黑,透过率低,光弱处银颗粒层薄而发白,透过率高,刚好与自然景物的黑白程度相反,所以叫负片。

洗印像片时使光透过负片照在像纸上,经过同样曝光、显影、定影过程形成正片。负片黑处透过光弱,在正片上发白,负片白处透过光强,在正片上发黑。因此,在正片反映的黑白程度与自然景物相比,经过两次相反转换变成一致。

照相底片(负片)的成像的好坏决定了该片反映被照景物的真实程度,也主要决定了今后生成正片的好坏,一般的常用底片的特性曲线反映这一工作状况。底片特性曲线是底片露光部分的底片密度(D)和曝光量(H)之间的关系曲线(图3-10)。

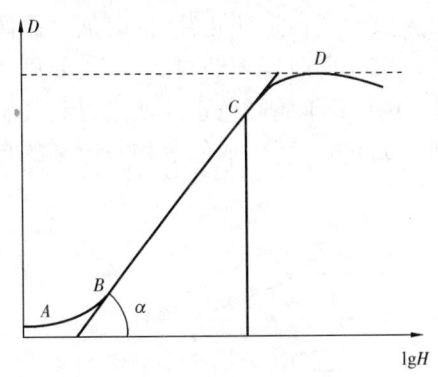

图3-10 底片(负片)特性曲线

底片密度 D 的定义为

$$D = \lg \frac{\phi_0}{\phi_i} \tag{3-2}$$

式中 ϕ_0——底片上未露光处的透过率;
ϕ_i——底片露光处的透过率。

光照射越强,底片越黑,透过率越小,D 值就越大;反之光照射越弱,D 值就越小。

曝光量定义为 $H = I \cdot t$,I 为光的照度,t 为光的曝光时间。显然,曝光量越大,D 值就越大。

从图3-10中可以看出底片特性曲线由三部分组成,AB 段是曝光不足区,D 值随 $\lg H$ 的缓慢变化。CD 段是曝光过渡区,随 $\lg H$ 的增大,密度变化很慢,直至进入饱和区。BC 段是正常曝光部分,接近直线,说明 D 与 $\lg H$ 呈线形关系。直线部分的斜率称为反差。可见斜率越大,反差也越大,只有直线部分是正常的底片位置。有时为了增大反差,突出某些信息,设法加

大 γ 值。

$$\gamma = \tan\alpha = \frac{\Delta D}{\Delta(\lg H)} \tag{3-3}$$

当负片生成后,利用光源透过负片对像纸感光,通过显形、定影产生正片。这时,与负片相同的是,正片生成时也有反差值 γ'。一般的,要真实地反映出原自然景物的反差的情况,应保证 $\gamma \cdot \gamma' = 1$,若根据某些需要夸大反差,则令 $\gamma \cdot \gamma' > 1$;缩小反差,则令 $\gamma \cdot \gamma' < 1$。通过调整反差值,得到理想的照片。

2. 彩色影像片生成原理

(1)彩色合成与假彩色合成。

遥感影像的生成分为两步走,首先在航空或航天遥感的传感器中分波段接受地面上地物的信息,每一波段相当于一个彩色的光谱段。地面接收站接收卫星发回的信号恢复后是显示在屏幕上的黑白图像或输出生成黑白底片。其次是利用三个波段的黑白底片加色合成为彩色影像。合成后的影像如果与自然景物完全一致,称为真彩色合成影像,如果与自然景物色彩不一致,称为假彩色或伪彩色合成影像。

彩色合成的示意图如图 3-11 所示,图 3-11(a)表示传感器的工作过程:由自然景物反射来的彩色光分别通过红、绿、蓝三个滤光片成为单色光,分别使底片曝光,可产生黑白负片。由负片再产生黑白透明正片,影像上的灰度变化分别反映了景物的红、绿、蓝光谱辐射强弱变化。图 3-11(b)表示真彩色合成影像的工作过程:用白光照射黑白透明正片,同时加上影像生成时相同的滤光片来恢复原有景物。透过滤光片后的三束光同时照射到投影屏上,便可生成真彩色影像。若使用底片再次曝光后则生成彩色负片,再加工印成彩色正片使之得到真彩色的照片。因为这个过程只是把原来分解的三束光原样合成起来,新生成的景物与原来的自然景物完全一样。

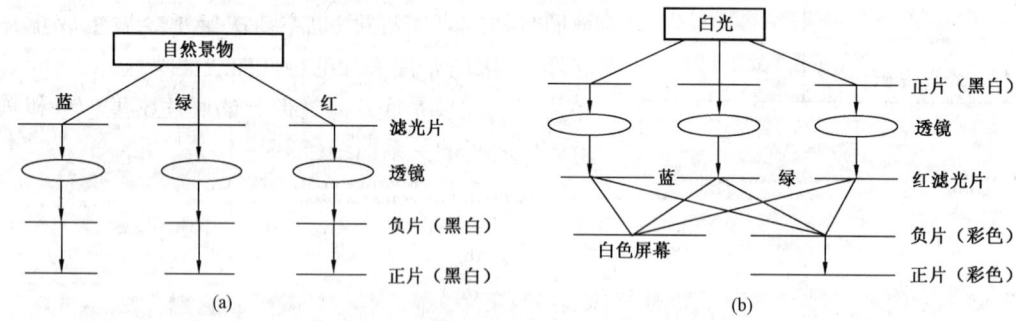

图 3-11 真彩色合成影像示意图

假彩色合成途径与上面相同,只是更换滤光片(图 3-12)。图 3-12(a)仍旧表示传感器的工作过程:假定自然景物的辐射分别照射到绿、红和近红外滤光片上,透射出的分光辐射经过光学处理形成 ABCD 四幅黑白负片。负片上灰度的变化反映在这一波段辐射强弱的变化。将负片冲洗成正片后仍旧是黑白透明片,其变化规律与负片相反,与实际景物分波段变化规律相同,即光强处密度低,透过率高,发白;光弱处密度高,透过率低,发黑。这种分波段影像突出了不同波段的特征。由于人眼对彩色分辨能力更好,观察彩色影像可以突出某些细节,所以需要进一步制成彩色影像。图 3-12(b)表示假彩色合成影像的工作过程:用白光照射黑白透明正片,在原来的绿色通道加上蓝色滤光片,在原来的红色通道上加上绿色滤光片,在所选择的近红外通道加上红色滤光片,这时与图3-11的情况一样,在白色屏幕上可以出现红绿蓝三色的合成彩色影像。如果要制作硬拷贝,可以选制成彩色负片再进一步制成彩色的照片。如果需要,也可以制成正片的幻灯片以备使用。显然,这样制作出的影像不可能与自然景物的颜色相同,因此称为假彩色影像。

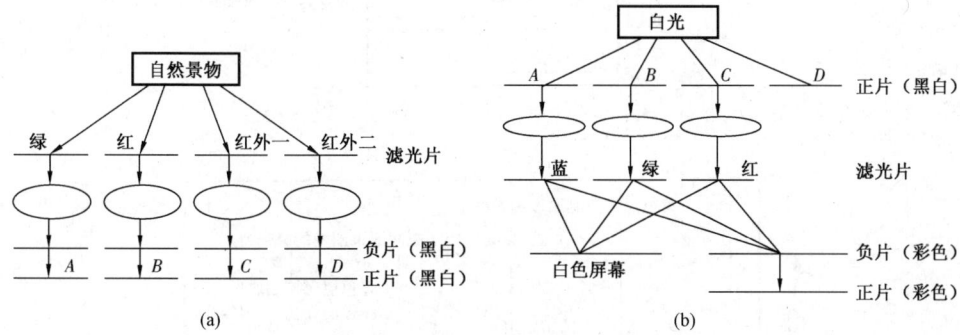

图3-12 假彩色合成影像示意图

当卫星中的传感器接收地面数据时,也是分波段进行。地面接收站接收后生成分波段的数字图像,显示在计算机屏幕上是灰度不同的黑白影像,与光学处理生成的效果相同。最后利用红、绿、蓝三原色分别加到人为指定的波段上作加色法得到彩色影像。虽然同是彩色影像,假彩色却与真彩色有很大的不同。在假彩色影像里,人们熟悉的绿色植被变成了红色色调,灰色的城镇村庄变成偏蓝灰色调,整个图幅中各种地物的颜色都与平时从飞机上往下目视的自然颜色不同。这种人为赋予某个波段一定的颜色而生成的彩色影像称为假彩色合成影像。习惯上,把绿波段赋予蓝色,红波段赋予绿色,近红外波段赋予红色的彩色合成称为标准假彩色合成。实际上,根据不同需要,常常运用不同合成方案的彩色合成,并找到一个最佳方案,可以收到很好的效果。

(2)彩色摄影片生成原理。

彩色摄影可以生成自然彩色航空摄影像片。其处理方法主要是利用多层天然彩色胶片进行彩色处理,然后以减色法为基本原理生成彩色透明片或影像像片,与黑白影像生成过程相类似,也需要曝光、显影、定影这一系列处理过程。

彩色胶片的最上面有一层保护层,防止感光乳剂受破坏,下面二层包围着片基,片基是大约厚0.1mm左右的透明片。片基之上是底层,结合药膜和片基;片基之下是防光晕层,提高透明片的观察效果。在保护层和底层之间主要是三层感光乳剂层[图3-13(a)]。最上层乳剂叫盲色乳剂,对$0.34 \sim 0.50\mu m$感光,即只对蓝色光段感光,同时乳剂中含有黄色染料成色剂,它是一种不扩散的无色物质,显影时与彩色乳剂中的氧化物发生作用,才生成染料颜色;中层乳剂叫正色乳剂,对$0.34 \sim 0.59\mu m$感光,即只对蓝光和绿光段感光,同时乳剂中含有品红染料成色剂;下层乳剂叫全色乳剂,对$0.34 \sim 0.68\mu m$感光,应该是对蓝、绿、红光都感光,但在$0.52\mu m$附近有一感光度极小,因此对绿光不敏感,这一层乳剂中含有青色染料成色剂。在上中层乳剂之间还有一层黄色滤光层,其作用是只透过黄光,黄和蓝是补色,滤光片将蓝光吸收。这样上层对蓝光感光后,剩余蓝光不可能进入中层或下层,中层就只对绿光感光,下层就只对红光感光了。因此,又称上、中、下层分别为感蓝层、感绿层和感红层。黄色滤光层在冲洗过程中可以溶掉。图3-13(b)是各层的感光灵敏度曲线,感光峰值分别在蓝绿红波段。

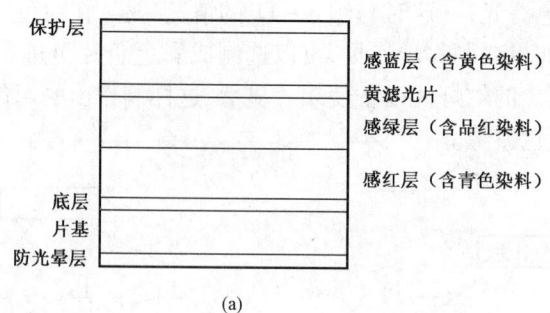

(a)

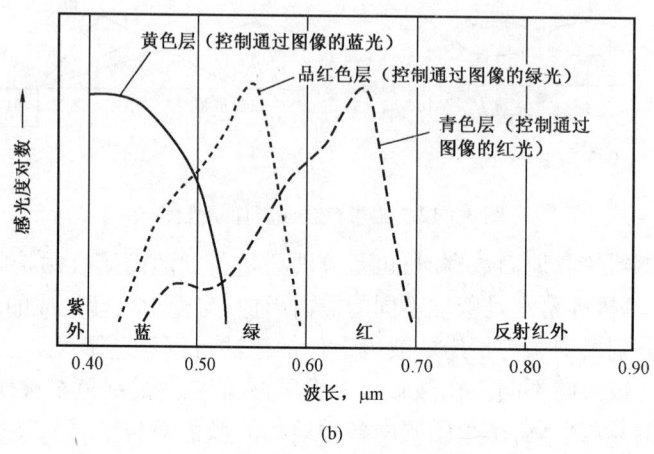

(b)

图 3-13 彩色胶片结构

  天然彩色胶片可以生成透明片。对自然景物感光形成负片,或对负片感光形成正片。平时冲印像片使用的彩色相纸,与天然彩色胶片基本相同,区别仅在于片基是不透明的纸基,这样经过曝光、显影、定影等过程便成为平时常用的彩色照片了,彩色照片一般都是正片。

  无论什么片基,彩色片中彩色的生成过程类似(图 3-14)。图 3-14(a)是天然物体经过摄影形成负片的过程。若把自然界物体的颜色简单划分为蓝、青、绿、黄、红、品红这六个色彩段,再加上全黑和全白共八色,基本上可以说明各种色彩生成的过程。第一步是曝光,曝光是在各层乳剂上形成潜像中心,因为青光是蓝绿光的相加合成,黄光是红绿光相加,品红光是红蓝光相加,因而感光时可以分层感光:含有蓝光的成分在感蓝层感光,含有绿光的成分在感绿层感光,含有红光的成分在感红层感光。白光因为由红绿蓝光组成,所以每一层都被感光。第二步是显影过程,显影时金属银析出,而且凡感光的乳剂都出现其所含成色剂的颜色,未感光的部分不显示颜色。显影时形成的染料浓度与卤化银还原成金属银的密度成正比,即与感光的强弱成正比。第三步便是定影,把残留的卤化银和还原出的金属银溶解掉,只留下染料部分。这样形成的三层染料构成了负片。

  观察负片时,看到的颜色遵从减色法原理,相当于三个滤色片的叠合。品红和青形成蓝色,黄、青形成绿色,黄、品红形成红色,黄、品红、青全部通过时形成黑色。

  图 3-14(b)中表现了使用负片在暗室中同样经过曝光、显影、定影生成正片的过程,除胶片中感光乳剂分层次序不同外,其原理与负片的生成完全相同。负片中生成了原天然物体颜色的补色,而正片又将补色再生成其补色,最后形成了与天然景物完全相同的色彩。正片如果是胶片,可以做幻灯片,也可以做投影用的透明片,如果是彩色相纸就是彩色照片了。

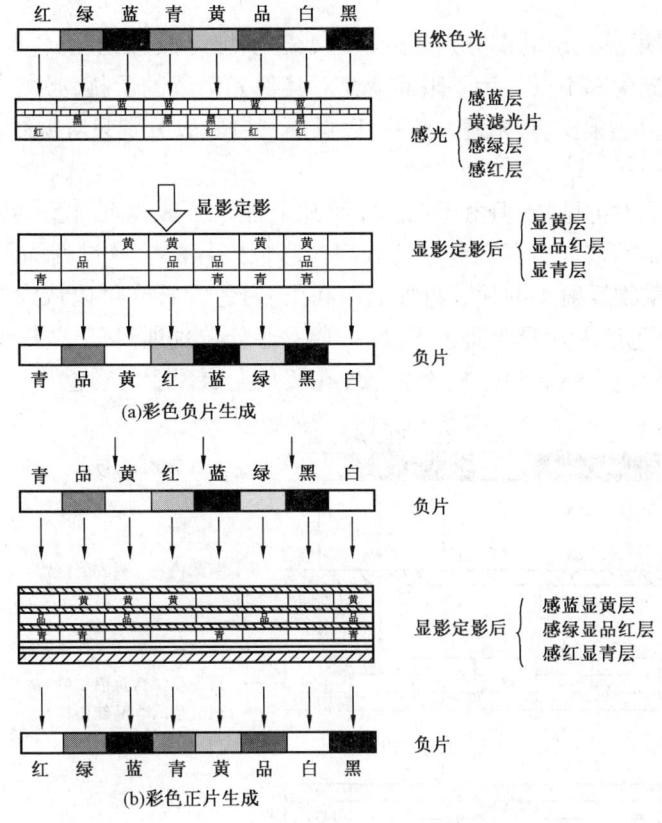

图 3-14 彩色负片和彩色正片生成过程示意图

(3) 彩红外航摄像片生成原理。

在航空摄影中,常常使用近红外彩色航摄像片,这种彩色胶片感光时将记录的波谱从 $0.4\mu m$ 延伸到 $0.9\mu m$,包含了以反射为主的近红外波段,可以较少受大气影响,得到更丰富的信息和更鲜艳的色彩。

彩色红外胶片的结构与天然彩色胶片结构类似,根本的区别在于三层感光乳剂的不同(图 3-15)。最上层乳剂是感近红外层,对 $0.7 \sim 0.9\mu m$ 部分较为敏感,对红、绿光部分不敏感,这一层含有青色染料成色剂;中层乳剂是感绿层,对 $0.5 \sim 0.6\mu m$ 部分敏感,对绿光感光,并含有黄色染料成色剂;下层是感红层,对 $0.6 \sim 0.7\mu m$ 红光敏感,而对绿光不敏感,这一层含有品红染料成色剂。图 3-16 是各层感光度的对数值变化曲线。

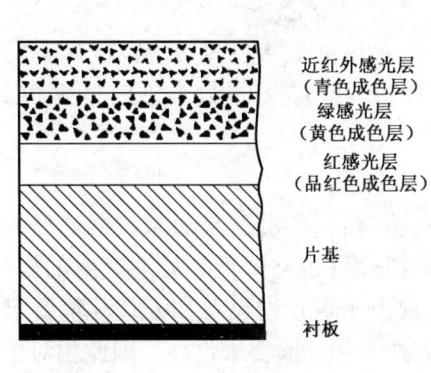

图 3-15 彩虹外胶片的乳胶结构

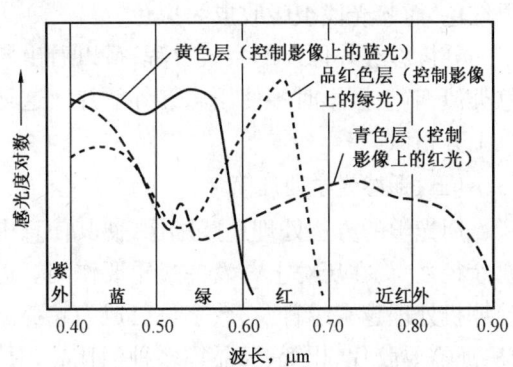

图 3-16 彩红外胶片感光曲线

观察该图,发现虽然三层乳剂分别对近红外、红光、绿光段感光度高,但在蓝光波段,即约 0.4~0.5μm 段,感光度都不低。为了阻断蓝光对其他光谱段的干扰,必须在照相机前安装黄色滤光片,或以其他办法阻断蓝光射入胶片,以保证三层乳胶分别只对近红外、绿、红三个波段感光。

近红外光本来是不可见的,但由于在感光胶片上加入了成色剂,使其成为可见,胶片的彩色便成为假彩色片而不是自然真实色彩的表现。彩色胶片的生成过程如图 3-17,以蓝、绿、和近红外作为自然景物反射光的代表再加上白和黑,白色的日光可以认为由蓝绿红和近红外全部波段组成,当黄色滤光片吸收蓝色光段后,余下部分分别通过三层乳剂感光,并在显影定影后呈现成色剂的颜色。最后根据减色法原理在负片上出现新的颜色。

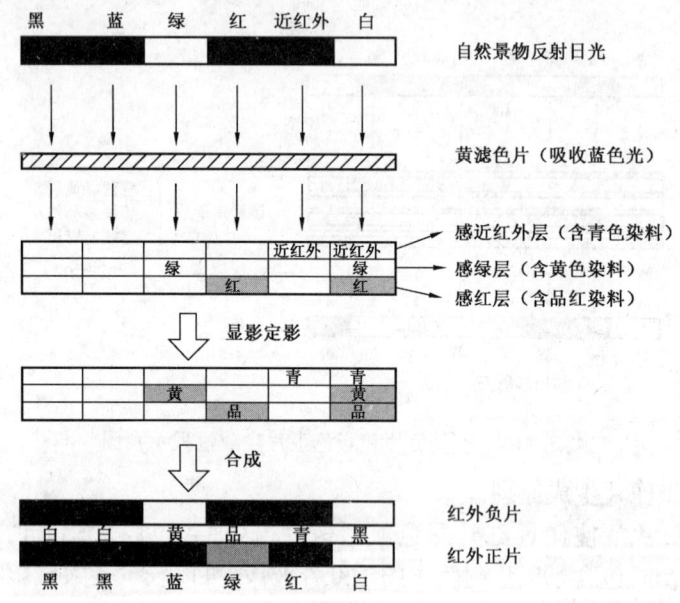

图 3-17 彩红外负片和正片生成过程

由于成色剂不再是感光颜色段的补色,负片不再是原景物的补色,而是黑色(无光照)和蓝色光,均为白色(透明),绿、红、近红外段依次呈现黄、品红、青色。

将彩红外片的负片冲洗正片时[图 3-14(b)],使用普通彩色胶片,正片中出现的色调刚好是负片色调的补色。因此最终结果是绿色光段赋予蓝色,红色光段赋予绿色,近红外光段赋予红色,而蓝光段被吸收成为黑色。

分析彩红外像片的生成过程,可以看出彩红外片与卫星标准假彩色片对应波段赋予的颜色类似,航空摄影时多使用彩红外航片。这种航片在解译时,与卫星标准假彩色片的解译标志也十分相似。

(五)遥感光学处理简介

用光学的方法处理遥感影像,使其信息更加突出,更适合目视判读,是遥感数据处理的重要途径之一,在历史上曾发挥过重要作用。近年来,计算机硬件价格降低和处理速度的提高,计算机处理越来越普及,数字化已成为趋势。而光学处理由于对仪器设备和处理环境要求较高,还需要胶片、相纸、药品等多种消耗品,对处理人员的技术和经验要求也高。因此相对于计算机处理,光学处理使用者已经减少。对此本节只作简单介绍,使读者有所了解。

1. 利用加色法或减色法实现彩色合成

(1)加色法彩色合成。

根据加色法彩色合成原理,选用不同波段的正片或负片组合,进行彩色合成,是一种加色法合成的实现过程。根据光学合成仪器类别,可以分为以下几种方法。

① 合成仪法:将不同波段的黑白透明片分别放入有红、绿、蓝滤光片的光学投影通道中精确配准和重叠,生成彩色影像的过程。

② 分层曝光法:利用彩色胶片有三层乳剂,使每一层乳剂依次曝光。依次使用红、绿、蓝滤光片,对不同波段的透明片分三次或更多次对胶片或相纸曝光,使感红层、感绿层、感蓝层依次感光。最后冲洗成彩色片。

彩色合成后效果的好坏主要取决于彩色合成方案的选取是否合理,包括时相选择、波段选择、色调匹配等。这里需要较多的理论分析和经验的结合,在以后计算机处理的章节中有更详细的分析。

(2)减色法彩色合成。

利用减色法原理使白光经过多层乳剂或染料或滤色片等,而反射或透射出来的合成彩色是减色法彩色合成。根据不同的工艺和技术可以分为以下几种方法。

染印法:是一种使用特别浮雕片、接收纸和冲显染印药制作彩色合成影像的方法。染印法合成是把三种浮雕片上的染料先后转印到不透明的接收纸上,或分别转印在三张透明胶片上重叠起来阅读。

印刷法:利用普通胶印设备,直接使用不同波段的遥感底片和黄、品红、青三种油墨,经分色、加网、制版套印成的彩色合成图像。

重氮法:利用重氮盐的化学反应处理彩色单波段影像透明片,三种颜色重叠起来观察。

2. 光学增强处理

有些特殊的处理技巧可以突出遥感影像上的某些专题信息,这里介绍一种相关掩模处理方法。

对于几何位置完全配准的原片,利用感光条件和摄影处理的差别,制成不同密度、不同反差的正片或负片(称为模片),通过他们的各种不同叠加方案改变原有影像的显示效果,达到信息增强的目的。这种处理可以把原先分辨不清或不够突出的目标突出出来,把不必要的信息变得不太清楚,以达到增强主题的目的。处理的方法很多,常用的有以下几种。

改变对比度:使用两张同波段同地区的负片或正片或负片正片结合合成,当两影像反差不同时,合成后可以改变对比度(增加或减小)。

显示动态变化:不同时期同一地区的正负片影像叠合掩模,当被叠合影像反差相同时,凡密度发生变化的部分就是动态变化的位置,这种方法又可称之为比值影像法。

边缘突出:目的在于突出线形特征。先将两张相同反差的同一波段的正片和负片叠合,叠合时药面相对重合并配准,用直光照射,再沿希望突出的线性特征的垂直方向使两张片子错位。这样得的透明片或像片上会在线性位置产生黑白条的假线状物,产生立体感,又可称为浮雕法。浮雕片可以突出影像的边界轮廓,增强线状要素信息,提高目视解译的效果。

密度分层:可以使一张全色底片将影像不同密度分级并加上不同彩色,使影像细节获得增强。方法是用一张全色底片制成曝光量不足、曝光量中等和曝光量过剩或更多级别曝光量的底片。选取不同的底片,用染印法或其他方法叠加合成一幅彩色影像,这样制成的像片色彩鲜艳,地物特征更加清晰。

专题抽取：因为影像密度与物体类别不是一定对应，密度分层不能解决物体类别提取问题。有时利用相关掩模技术，首先要仔细研究各类地物在不同波段的光谱特征差异和影像密度差异，然后利用密度差异选择不同密度阈值制作模片。然后通过不同波段的正负模片组合，相互叠掩，使一些地物目标的反差为零，在影像上看不到，而另外的一些地物信息保留，这就是专题抽取。通过每一次处理抽取不同的类别，最后用染印法套印在一起，成为一张彩色专题图像。便于直观地从影像上读出地物类别的专题信息，有助于编制专题类型图。

3. 光学信息处理

利用光学信息处理系统，即一系列光学透镜按一定规律构成的系统，可以实现对输入数据并行的线性变换，适宜作二维影像处理，在遥感光学处理中主要研究相干光学的处理过程，较多地应用干涉和衍射知识。如光栅滤波方法可以实现图像的相加和相减，利用单色光通过介质时的相位变化实现图像的假彩色编码，可使单波段的影像彩色化。在此不作深入介绍。

第二节 数字图像预处理

由于遥感系统空间、波谱、时间以及辐射分辨率的限制，很难精确地记录复杂地表的信息，因而误差不可避免地存在于数据获取过程中。这些误差降低了遥感数据的质量，从而影响了图像分析的精度。因此在实际的图像分析和处理之前，有必要对遥感原始图像进行预处理。图像的预处理又被称作图像纠正和重建。其主要目的是纠正原始图像中的几何与辐射变形，即通过对图像获取过程中产生的变形、扭曲、模糊（递降）和噪音的纠正，以得到一个尽可能在几何和辐射上真实的图像。

一、辐射校正（大气校正）

利用遥感器观测目标物辐射或反射的电磁能量时，从遥感器得到的测量值与目标物的光谱反射率或光谱辐射亮度等物理量是不一致的，遥感器本身的光电系统特征、太阳高度、地形以及大气条件等都会引起光谱亮度的失真。为了正确评价地物的反射特征及辐射特征，必须尽量消除这些失真。这种消除图像数据中依附在辐射亮度里的各种失真的过程称为辐射校正。

完整的辐射校正包括遥感器校正、大气校正，以及太阳高度和地形校正。通常大气校正比较困难，因为大气校正要求关于获取图像时的大气条件。这些信息一般都因时因地而异。

（一）遥感器校准

由遥感器的灵敏度特征引起的畸变主要是由其光学系统，或光电变换系统的特征所形成的。如在使用透镜的光学系统中，其摄像面存在着边缘部分比中心部分发暗的现象（边缘减光）。如果以光轴到摄像面边缘的视场角为 θ，理想的光学系统中某点的光量与 $\cos^n\theta$ 成正比，利用这一性质可以进行 $\cos^n\theta$ 校准。

光电变换系统的灵敏性特征通常很重复，其校正一般是通过定期地面测定，根据测量值进行校准。如陆地卫星4和5系列的遥感器纠正是通过飞行前实地测量，预先测出了各波段的辐射值（L_p）和记录值（DN_b）之间的校正增量系数（Cal—$gain_b$，用 A 表示）和校正偏差量（Cal—$offset_b$，用 B 表示）。其纠正的公式为

$$L_B^\phi = A \cdot DN_b + B \qquad (3-4)$$

通常假设校正增量系数和校正偏差值在遥感器使用期内是固定不变的,但事实上它们均会随时间有很小的衰减。

(二)大气校正

大气对光学遥感的影响是很复杂的。学者们尝试着提出了不同的大气纠正模型来模拟大气的影响,但是对于任何一幅图像,由于对应的大气数据几乎永远是变化的,且难以得到,因而应用完整的模型纠正每个像元是不可能的。通常可行的一个方法是从图像本身来估计大气参数,然后以一些实测数据,反复运用大气模拟模型来修正这些参数,实现对图像数据的校正。任何一种依赖大气物理模型的大气校正方法都需要先进行遥感器的辐射校准。

从最早的陆地卫星图像起,最普遍使用的大气校正方法是假设大气向下的散射率为0,利用下式校正。

$$L_G(x,y) = \frac{L(x,y) - L_p}{\tau_{vb}} \quad (3-5)$$

式中 $L_G(x,y)$——校正后的地物辐射值;

$L(x,y)$——经过遥感器校准的辐射值;

L_p——需要估计的大气程辐射值;

τ_{vb}——从大气物理模型中估算的透过率。

在最简单的可见光谱段大气校正中,对 L_p 的估算往往假设大气程透过率为1,或至少是一个常量。事实上,大气程透过率为1的假设是不合理的,因为在可见光波段,程辐射是主导的大气影响。最普遍使用的估算 L_p 的方法要求在图像上识别一个"黑物体"(dark object),假设这个物体的反射率为0,然后在图像上检查其平均的亮度值,这个值就是大气程辐射值。另一种比较复杂的估算 L_p 的方法是根据测定地物在蓝波段或绿波段的散射值,结合大气模型以及"黑物体"的辐射值来计算的。这个方法的主要缺陷是黑物体的反射率为0的假设可能会导致重要的错误,即使黑物体的实际反射率是0.01或0.02。

另一种大气校正的方法是通过测定可见光近红外区的气溶胶的密度以及热红外区的水汽浓度,对辐射传输方程式作近似值求解。可是,现实中仅从图像数据中正确测定这些值是很困难的。

利用地面实况数据进行大气校正是另一种常用的方法。利用预先设置的反射率已知的标志,或者测出适当的目标物的反射率,把地面实测数据和遥感器输出的图像数据进行比较,来消除大气的影响。但这种方法仅适用于地面实况数据特定的地区及时间。

此外,还有一些其他大气校正的方法。例如在同一平台上,除了安装获取目标图像的遥感器外,也安装上专门测量大气参数的遥感器,利用这些数据进行大气校正。另外还可以利用植被指数转换来进行 AVHRR 的大气校正等。

(三)太阳高度和地形校正

为了获得每个像元真实的光谱反射,经过遥感器和大气校正的图像还需要更多的外部信息进行太阳高度和地形校正。通常这些外部信息包括大气程透过率、太阳直射光辐照度和瞬时入射角(取决于太阳入射角和地形)。太阳直射光辐照度在进入大气层以前是一个已知的常量。在理想情况下,大气程透过率应当在获取图像的同时实地测量,但是对于可见光,在不同大气条件下,也可以合理地预测。当地形平坦时,瞬时入射角比较容易计算,但是对于倾斜的地形,经过地表散射、反射到遥感器的太阳辐射量就会依倾斜度而变化,因此需要用 DEM

(数字高程模型)计算每个像元的太阳瞬时入射角来校正其辐射亮度值。

通常在太阳高度和地形校正中,我们都假设地球表面是一个朗伯反射面。但事实上,这个假设并不成立,最典型的如森林表面,其反射率就不是各向同性,因此需要更复杂的反射模型。

(四)高光谱图像的校准和归一化

由于高光谱图像光谱分辨率高,其狭窄波段一般对应于很窄的大气吸收段,或较宽的光谱吸收段的边缘,故每个波段受大气影响的程度和它相邻的波段是不一样的;不同的操作条件下(特别是航空遥感器),整个图像光谱系统中光谱波段会有小的位移。因而,高光谱图像的遥感器校准以及大气光谱传输和吸收特性有别于一般多波段图像,其辐射校正更为复杂,校正计算量更大,需加以特别考虑。一般较实用的方法有:

残差图像法:即按一定比例调节每个像元值,使其在每一个被选定波段上的值等于整个图幅的最大值。然后对每一个波数减去其归一化后的平均辐射值。

连续值移除法:即先产生一个穿过图像光谱峰值的分段线性或多项式的连续值,然后对每个像元的光谱值除以其对应的连续值。

内部平均相对反射法(IARR):即对每个像元的光谱值除以整个图像的平均值。

实用线性法:即线性回归每个波段的记录值和实际测量值,得到一个线性增量系数和偏差值,从而校正其他值。

平场法:选一块光谱均一的高反射区取其平均值,然后对每一个像元的光谱值除以这个平均值。

以上多数方法都没有使用大气数据和模型,因此确切地说,这些方法仅对高光谱图像作了归一化处理。表3-1列出了不同归一化技术对遥感辐射中的各种外部影响因素的补偿情况。表中可见,只有残差图像法是真正意义上的辐射校正,再就是实用线性方法,但它们都需要大量野外实地测量。

表3-1 高光谱图像归一化技术对各种影响辐射的物理因素的补偿能力的比较

方法名称	程辐射	地形	太阳辐射	太阳光路大气透射
残差图像法	√	√	√	√
连续值移除法	×	×	√	×
内部平均相对反射法	×	×	√	√
实用线性法	√	√	√	√
平场法	×	×	√	√

应当指出的是,从逻辑上讲,精确的遥感图像辐射校正是很难的。因此,辐射校正常被忽视,或者仅运用一些基于图像本身的技术进行部分校准。庆幸的是,许多遥感应用分析都只需要做相对的辐射校正,而不是绝对的辐射校正。

二、几何校正

由于原始图像的几何畸变较大,因此没有进行几何校正处理的图像不能直接以地图方式来使用。这些畸变来源于传感器平台的纬度、高度、速度的变化,以及诸如全景畸变、地球曲率、大气反射、地形的高低以及传感器的 IFOV[instantaneous field of view](影像分辨率主要决定于瞬时视场 IFOV 角和成像高度。瞬时视场角越小、飞机航高越低,地面分辨单元越小,分辨率就越高。)在扫描中所具有的非线性特征等多种因素的影响。几何校正的目的是弥补由这些因素导致的畸变,以使校正后的图像具有最大的几何精度。

几何校正过程通常分为两步。首先,考虑那些系统的畸变或可预测的畸变;其次,再考虑那些本质上是随机的或不可预测的畸变。

系统畸变比较好理解,而且容易通过建立数学上的畸变公式来校正。例如,卫星上的传感器在成像时,地球自西向东的自转就是一个很强的系统畸变源。这使得扫描镜每一次扫描都稍偏向前一次扫描的西南地区,这种畸变称为倾斜畸变。减少倾斜畸变的过程实际上就是弥补每一次扫描线向西的偏移量,陆地卫星的多光谱扫描数据所呈现出来的倾斜平行四边形的外观,就是对地球自转进行矫正后的结果。

随机畸变和其他未知的系统畸变是通过分析地面控制点(GCP)来校正的。正如相应的航空相片的校正一样,地面控制点是已知地面位置的地物点,这些地物点的位置可以在卫星图像上精确定位。构成良好控制点的地物点应该是道路或者清晰的海岸线交点。在校正过程中,可根据地面控制点在图像上的坐标(列、行)和地面坐标(根据 UTM 饥或经纬度坐标系统,从地图上测得的坐标或 GPS 在野外测得的坐标)来确定地面控制点的位置。然后再根据这些值按最小二乘法进行回归分析,从而确定两个坐标转换方程的系数,而该方程可用于联系几何校正(地图)坐标和畸变图像的坐标。一旦这些方程的系数被确定,那么畸变图像的任何位置的实际坐标就可以被精确地评估。用数学符号来描述这种关系可以表示为:

$$x = f_1(X,Y) \qquad y = f_2(X,Y) \qquad (3-6)$$

式中 x,y——畸变图像的坐标(列,行);

(X,Y)——校正(地图)的坐标。

从直觉上看,上面的方程与几何校正过程似乎是相反的!也就是说,这些方程定义了怎样通过正确的、无畸变的地图数据来确定它在畸变图像上的相应位置,但是这的确就是在几何校正过程中所要做的。首先定义一张没有畸变的"空"地图单元的输出矩阵,然后在每一个单元格中用畸变图像中的对应像元或像元的灰度级来填充,这个过程的描述如图 3-18 所示。这

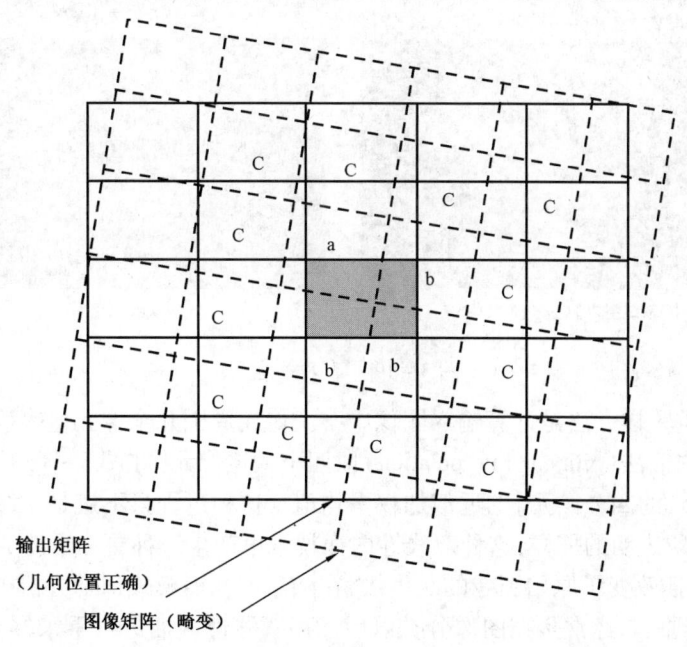

图 3-18 几何位置正确的输出像元的矩阵,叠加在初始有畸变的矩阵之上

张图表明校正后的输出单元格(实线)的矩阵,远强于最初有畸变的图像像元矩阵(虚线)。在产生转换函数以后,一个所谓的重新采样的过程被用来决定从原始图像里填充到输出矩阵中的像元值,这个过程按照下面的步骤执行:

(1)没有畸变的输出矩阵中每个像元的坐标被转换成原始输入(畸变图像)矩阵中相应的坐标。

(2)一般而言,在输出矩阵中的一个单元格将不直接覆盖输入矩阵中的一个像元,因此,最终指派给输出矩阵的某个单元的亮度值或数字化数字(DN),是通过初始输入矩阵中环绕转换单元的像元值来确定的。

有许多不同的采样方案可以用来在输出单元或输出像元中指定合适的 DN 值。为了说明这个问题,可以参见图 3-19 中带阴影的输出像元。这个像元的 DN 值可以简单地指定为与这个像元最近的输入像元的值,而不考虑它们之间的差异,在我们这个例子中,标注为 a 的输入像元的 DN 将会被转换为阴影输出像元的值。这种按照最近像元值进行采样的方法称为最近邻法(nearest neighbor)。最近邻法的优点在于它的计算非常简便,而且可以避免采样时像元值的改变。但是,输出图像的矩阵在空间上有 1/2 个像元的偏移,这就导致了输出图像是不连续的。图 3-19(b)是一幅陆地卫星多光谱扫描图像(MSS)按最近邻法进行重采样的例子,图 3-19(a)显示的是原始的有畸变的图像。

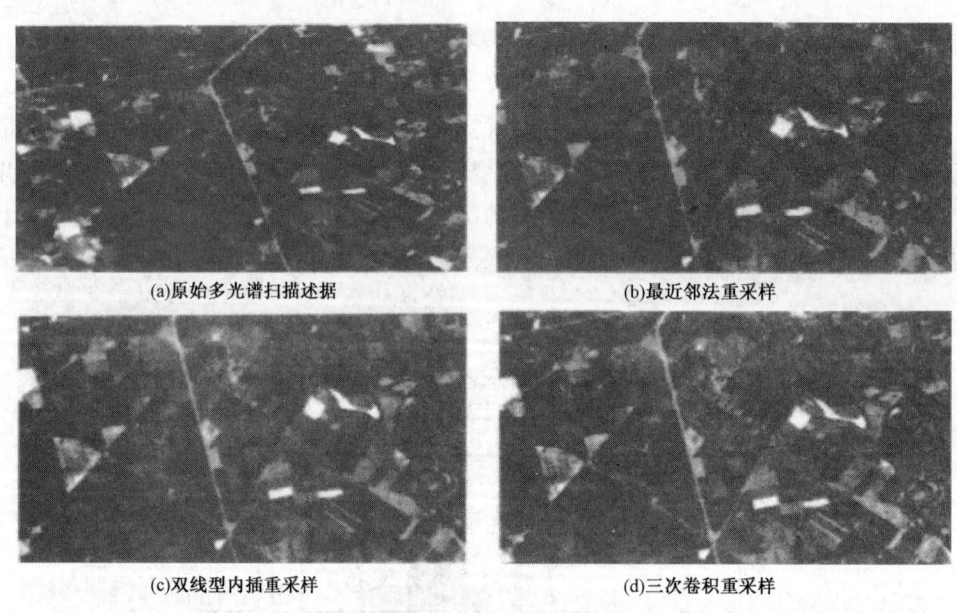

(a)原始多光谱扫描数据　　　　　　　(b)最近邻法重采样

(c)双线型内插重采样　　　　　　　(d)三次卷积重采样

图 3-19　重采样结果

更为完善的重采样方法是计算输入图像中某个像元周围几个像元值来确定对应的输出像元的值。双线性内插法(bilinear interpolation)取四个最近像元[在图 3-19 中的畸变图像矩阵中标注为(a)和(b)的四个像元]的近似加权平均值。这种过程只不过是二维的线性插值。正如图 3-20(c)中所表明的那样,这种双线性内插技术可产生一种更加平滑的重采样图像。然而,由于双线性内插改变了原始图像的灰度级,在随后的光谱模式识别分析中可能遇到一些问题(正是由于这个原因,经常是在图像分类以后才用双线性内插进行重采样,而不是在图像分类之前进行这样的重采样)。

可使用三次卷积法(cubic convolution)对图像的恢复进行改进。在该种方法里,用每一个

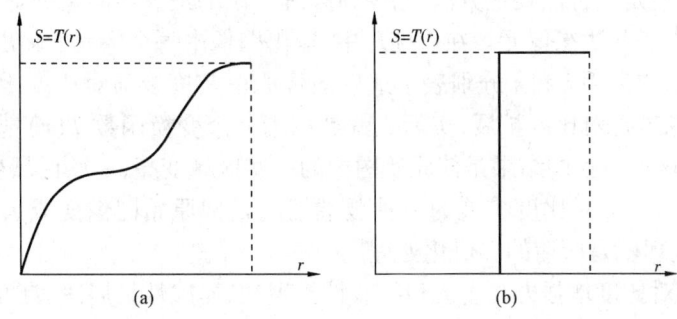

图 3-20 对比度变换示意图

输出像元周围 16 个邻近像元[在图 3-18 中标注为(a)、(b)、(c)的 16 个像元]来确定该像元值。这种过程的精度评估在我们的讨论范围之外。唯一要说的是,三次卷积法[图 3-19(d)]既避免了采用最近邻法所带来的地物的不连续性现象,又提供了比双线性内插法更加清晰的图像(另外,这种方法在一定程度上改变了初始图像的灰度级,而为了减小这种灰度值改变所造成的影响,可以采用其他的重采样类型)。

重采样技术不仅对原始图像的几何校正很重要,而且在几个数字处理中也很重要。例如,重采样可用于覆盖或校准多个时相的图像数据,它同样用于配准具有不同分辨率的多幅图像。而且,重采样过程被广泛地用于图像数据与 GIS 中其他数据源之间的配准。

第三节　数字图像增强处理

图像增强处理是遥感图像数字处理的最基本方法之一,通过增强处理可以突出图像中的有用信息,使图像中人们感兴趣的特征得以强调,使图像变得清晰,图像增强处理的主要目的是为了提高图像的可解译性。

图像增强处理按照增强的信息内容可分为波谱特征增强、空间特征增强以及时间信息增强三大类,波谱信息增强主要突出灰度信息;空间特征增强主要是对图像中的线、边缘、纹理结构特征进行增强处理;而时间信息增强主要是针对多时相图像而言的,其目的是提取多时相图像中波谱与空间特征随时间变化的信息图像。

增强处理方法就是按照这三种信息的提取而设计的,一些方法只用于特定信息的增强,而抑制或损失了其他信息,例如,定向滤波是用来增强图像中的线与边缘特征,在增强专题信息的同时,是以牺牲图像中的波谱信息为代价的;一些方法可以用于几种信息的同时增强,例如对比度扩展。一种图像增强方法的效果好坏,除与算法本身的优劣有一定的关系外,还与图像的数据特征有直接关系。这就是说,很难找到一种算法在任何情况下都是最好的。实际工作中应当根据图像数据特点和工作要求来选择合理的图像增强处理方法。图像增强处理方法很多,但从信息提取的角度看,有些方法彼此之间的差异很小。

一、对比度变换

人们对于图像的识别受生理条件的限制,只有当灰度差异达到一定程度时人眼才能识别地物在图像上的差别。因此,扩大图像的灰度动态范围,也就是说加大图像的对比度,能达到使图像信息增强的目的,这就是对比度增强的基本原理。事实上,日常生活中电视图像的清晰程度也是通过调节画面的对比度来实现的。

对比度增强处理是一种点处理方法,与窗口处理方法的最大不同之处是:点处理无边缘损失,窗口处理要损失一些边缘像元。在点处理中,输出图像中每个像元的输出值与原图像中像元点灰度值相对应,如果用 r 和 s 分别表示遥感图像原图灰度及与对比度增强处理后的灰度值,对原始遥感图像进行对比扩展,实际上就是利用一个变换函数 $T(r)$ 把灰度级转换为灰度 s,即 $s = T(r)$。这种变换的结果是使原始图像的一些区域变亮,一些区域变暗,整个图像的对比度变大(图 3-20)。对比扩展的一种极端情况是把原始图像变成黑、白二值图像[图 3-20(b)],这种处理就是所谓的二值化处理。

下面将介绍的对比度增强方法主要包括线性扩展法、非线性扩展法、直方图均衡化处理和直方图归定化处理等。

(一)线性扩展

遥感图像的亮化级一般为 256(TM 与 SPOT 为 256,MSS 为 64)然而实际遥感图像数据很少能利用到 256 个灰度级,用线性变换方式来扩展图像灰度动态范围可以加大图像的对比度。线性扩展的变换函数 $T(r)$ 是一元线性函数,线性扩展将原始图像的各亮度值按照线性关系进行扩展,使图像数据的动态范围与方差变大,增加图像的可解译性。亮度范围可扩展到任意范围(遥感图像处理中显然是不能超过 0~255 这个范围)。假定原始图像的灰度范围是 $[a,b]$,将原始图像灰度范围扩展为 $[c,d]$ ($c<a,d>b$) 的计算公式为:

$$x_1 = \frac{d-c}{b-a}(x-a) + c \qquad (3-7)$$

按照式(3-7)对图像进行扩展是对原图下的灰度范围不加区别的扩展到整个图像灰度的动态范围[图 3-21(a)]。但实际处理中为了更好地扩展图像的对比度,有时需要把图像的低亮度值和高亮度值像元的灰度级进行适当的归并,例如只对原图像整个灰度范围中的一部分 $[a,b]$,进行线性扩展[图 3-21(b)],这种扩展方法又称为"去头去尾"线性扩展,这时的扩展计算公式为:

$$x_1 = \begin{cases} c & x \leq a \\ \dfrac{(d-c)}{(b-a)}(x-a) + c & a < x < b \\ d & x \geq b \end{cases} \qquad (3-8)$$

在实际的遥感图像数字处理工作中,有时候只对原始图像的整个动态范围进行扩展,而不考虑有用信息可能包含在整个动态范围的几个不连续区域内这一特点,就不能有效地利用有限个灰度级,达到最大限度增强图像中有用信息的目的。因此有时需要将整个灰度范围划分为几个区间,分区间进行线性扩展。这种方法在图像处理中被称为分段线性扩展,或称为分段线性拉伸处理。分段线性扩展的每一区域都有自己的变换函数 $T(r)$[图 3-21(c)],计算公式的推导与前面介绍的线性扩展类似。

(二)非线性扩展

非线性扩展与线性扩展不同,线性扩展的灰度变换在变换区间内对原图像的灰度级是不加区别对待的,非线性扩展对于要进行扩展的灰度范围是有选择性的。常用的非线性扩展方法有指数变换法(增强原始图像的高亮度值部分,即亮区扩展)、对数变换法(扩展原始图像的

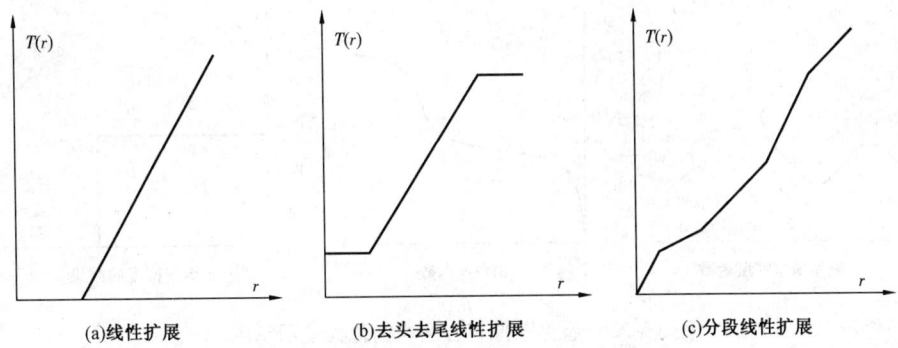

(a)线性扩展　　　　　(b)去头去尾线性扩展　　　　　(c)分段线性扩展

图3-21　几种线性扩展方法示意图

低亮度部分,常称之为暗区扩展)、高斯变换(扩展图像中间灰度范围,常称之为中区扩展)、正切变换(暗、亮区扩展)等。

把原始图像灰度区间$[a,b]$扩展为$[c,d]$的指数扩展公式为:

$$x_1 = \frac{d-c}{e^b - c^a}(e^x - e^a) + c \tag{3-9}$$

式中　　x——变换前的灰度值;

x_1——变换后的灰度值。

将原始图像的灰度区间$[a,b]$用对数扩展方法扩展为$[c,d]$的计算为:

$$x_1 = \frac{d-c}{\lg b - \lg a}(\lg x - \lg a) + c \tag{3-10}$$

用正切变换将原始图像的灰度区间$[a,b]$扩展为$[c,d]$的计算公式为:

$$x_1 = \begin{cases} c & (x = a) \\ \frac{d-c}{f(b-0.5) - f(a+0.5)}[f(x) - f(a+0.5)] + c & (a < x < b) \\ d & (x = b) \end{cases} \tag{3-11}$$

式中$f(a+0.5)$,$f(b-0.5)$,$f(x)$可按照下式计算获得:

$$f(y) = \tan\left(\frac{y-a}{b-a}\pi\right) - \frac{\pi}{2} \tag{3-12}$$

(三)直方图均衡化处理

图像直方图是图像总貌的描述,对图像直方图的形式进行修改可以改善图像的面貌,达到图像增强的目的。这种处理方法的增强效果往往取决于所指定的直方图形式。

直方图均衡化又称为直方图平坦化,就是通过变换函数$T(r)$将原始图像的直方图调整为一个新的、均衡的(平坦的)直方图(图3-22)。一般原始遥感图像的概率密度函数曲线为一起伏的曲线,直方图均衡化就是使概率密度函数变为一平坦的直线。直方图均衡化能达到增强图像的目的,这种处理方法有利于大的背景色调中有用信息的提取,其效果类似于中区扩展。

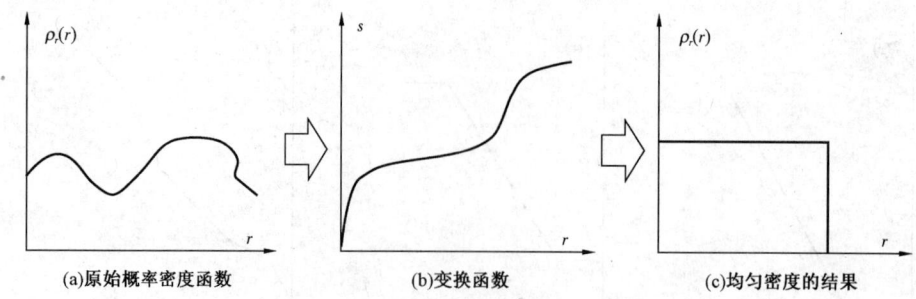

图3-22 遥感图像直方图均衡化处理示意图

直方图均衡化也是一种对比度扩展算法,对图像进行均衡化处理的关键问题是求得变换函数$T(r)$,下面分别讨论连续和离散两种情况变换函数的确定方法。

1. **连续图像函数均衡化处理变换函数的确定**

设r是已经进行过归一化处理的图像亮度值,则有:

$$0 \leq r \leq 1$$

直方图均衡化处理的变换函数为$T(r)$,图像均衡化处理后的灰度值为$s[s=T(r)]$,假定变换函数$T(r)$满足下述条件:

(1)变换函数$T(r)$在区间$0<r<1$内是一单调递增函数;
(2)对于$0<r<1$,有$0<T(r)<1$成立。

同样,变换函数的反函数$r=T^{-1}(s)(0<s<1)$也满足上述两个条件:
由概率论知识得:

$$\rho_s(s) = \rho_r(r) \frac{d_r}{d_s} \tag{3-13}$$

式中 $\rho_r(r)$——原始图像的概率密度函数;
$\rho_s(s)$——均衡化图像的概率密度函数。

对于归一化和均衡化的图像有:

$$d_s = \rho_r(r)dr \tag{3-14}$$

两边取定积分,得:

$$s = T(r) = \int_0^r \rho_r(r)dr \tag{3-15}$$

至此推导出了连续图像函数均衡化处理的变换函数$T(r)$,从上式可以看出,连续图像函数均衡化处理的变换函数就是原始图像的累积概率密度函数。

2. **离散数字图像均衡化处理变换函数的确定**

对于离散图像概率密度函数,可用每个灰度级像元出现的频数来近似,即:

$$\rho_r(r_k) = \frac{n_k}{n}, 0 \leq r_k \leq 1 \quad (k=0,1,2,\cdots,L-1) \tag{3-16}$$

式中 L——图像的亮度级数目;
n_k——灰度k级的像元数;

n——图像的总像元数;

$\rho_r(r_k)$——灰度级为 k 的像元出现频数。

离散图像的变换函数公式 $T(r)$ 就是原始图像中像元的累积频数,变换后图像的灰度计离散图像的变换函数公式为:

$$s = T(r_k) = \sum_{j=0}^{k} \frac{n_j}{n} \quad (0 \leq r_k \leq 1, k = 0,1,2,\cdots,L-1) \quad (3-17)$$

按照上式对遥感图像进行均衡化处理时,直方图上灰度分布较密的部分被拉伸;灰度分布稀疏的部分被压缩,作为一个整体图像的对比度将得到很大的增强。

(四)直方图归定化处理

直方图规定化又称直方图的归一化,顾名思义就是将原始图像的直方图调整为一事先规定的形式(如正态分布),通过这种变换可以对原始图像的特定亮度范围进行增强处理。

对于连续图像函数,设 $\rho_r(r)$,$\rho_z(z)$ 分别是原始图像和规定化图像的概率密度函数,对它们分别作直方图均衡化处理,即:

$$s = T(r) = \int_0^r \rho_r(w)\mathrm{d}w$$

$$v = G(z) = \int_0^z \rho_z(w)\mathrm{d}w \quad (3-18)$$

由于两个图像的均衡化结果是相等的,所以

$$z = G^{-1}(v) = G^{-1}[T(r)] \quad (3-19)$$

对于离散的数字图像,可以首先分别对原始图像与规定图像作均衡化处理,然后再找出规定图像的灰度级与原始图像之间的对应关系,从而达到对原始图像进行规定化处理的目的。

二、空间滤波(去除噪声)(平滑处理)

就一幅图像而言,图像的背景如河流、主干及大型线性构造等亮度变化是渐变的(边缘变化除外)、区域性的,它们往往与图像中的低频相对应;而一些小地貌变化、小断裂的发育、岩石蚀变往往是在图像亮度的突变处,与图像中高频密切相关。由于研究目的的不同,有时需要突出主干区域性断裂的分布特征,有时则需要增强局部变化信息。前者可以通过压抑高频成分的方法实现称为图像的平滑;后者可以用增强高频成分的方法来实现称之为图像的尖锐化。下面将介绍图像的平滑处理方法,图像平滑方法主要包括滑动平均、中值滤波、频率域低通滤波处理等。

(一)滑动平均法

滑动平均法就是把输入图像中像元 (i,j) 的邻域平均灰度作为输出图像中像元 (i,j) 的灰度值。用这种方法可以降低由于图像中的噪声而引起的灰度偏差。邻域的大小与平滑的效果直接有关,邻域越大平滑的效果也就越好;但邻域过大,平滑使边缘信息损失就越大,从而可能使输出图像变得模糊。若取邻域为一 $N \times N$ 大小的正方形的区域时,则 (i,j) 点输出灰度值可按照下式来计算:

$$f_1(i,j) = \frac{1}{N^2} \sum_{k=i-N/2}^{(i+N)/2} \sum_{i=j-N/2}^{(j+N)/2} f(k,l) \quad (3-20)$$

式中 $f(k,l)$ ——平滑前图像的灰度值;

$f_1(i,j)$——平滑处理后的灰度值;

N——平滑处理的窗口大小。

滑动平均法能降低图像中的噪声,但窗口过大也可能引起图像模糊,因而要合理地选择邻域的大小。

(二)多图像平均法

多图像平均法是利用同一景物的多张影像相加来抑制噪声引起的高频成分,从而达到图像平滑的目的。多图像平均法假定图像数据和噪声都服从正态分布,而且每幅图像的噪声信号互不相关,且数学期望为零,这样多图像平均的结果将使图像中的噪声信号被抑制减弱,有用信息得到加强,结果图像比单幅图像平滑。

将同一景物的多张影像相加来消除噪声引起的高频成分的处理方法,在实际的遥感数字图像处理中用的不多,一方面是因为一般很难获得同一景图像的多张影像数据;另一方面的原因在于把多幅影像数据精确配准是很难做到的。

(三)中值滤波

滑动平均是把 $N \times N$ 的局部区域中的灰度平均值作为区域中心点像元的输出值,而中值滤波是把局部区域中的中间亮度值作为区域中心点像元的输出值。当取定的局域区域为一 3×3 的正方形时,区域共有 9 个灰度值按照从小到大的顺序排列,其中的第五个就是区域中心像元点的输出亮度值。例如有一个 3×3 局部窗口,它的 9 个像元灰度值是:

$$\begin{matrix} 100 & 102 & 90 \\ 101 & 105 & 88 \\ 121 & 100 & 101 \end{matrix}$$

把这 9 个像元灰度值按照从大到小的次序排列,则有:

$$88,90,100,100,101,101,102,105,121$$

排在第五的灰度值是 101,则中值滤波窗口中心点的灰度值由原图像中的 105 变为 101。

中值滤波窗口可以采用上面说的正方形窗口,也可以采用十字型窗口(图 3 - 23),方型滤波窗口主要用于抑制线性噪声,十字型滤波窗口对于点噪声的抑制效果较好。

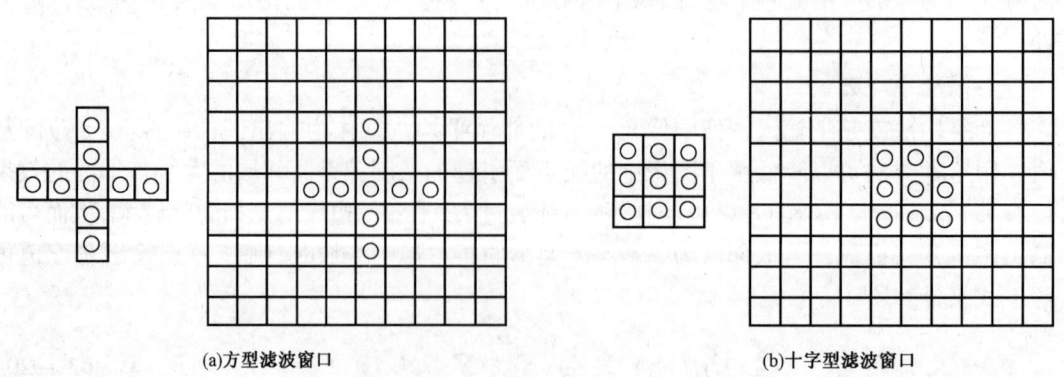

(a)方型滤波窗口　　　　　　　　　　　(b)十字型滤波窗口

图 3 - 23　两种常用的中值滤波窗口

中值滤波是一非线性滤波,它能在平滑的基础上很大程度地防止边缘模糊,这也是其优于滑动平均法的地方。

(四)频率域低通滤波法

频率域低通滤波处理的程序是,首先计算图像的傅立叶变换;然后在频率域中用低通滤波器对图像进行滤波处理,抑制图像中的高频成分;最后把频率域低通滤波结果进行反傅立叶变换再回到空间域中。

对遥感图像进行频率域平滑处理的效果好坏与滤波器的选择密切相关,可以用于图像平滑处理的滤波器有理想滤波器、Butterworth 滤波器、指数滤波器以及梯型滤波器等。

理想滤波器的滤波算子为:

$$H(u,v) = \begin{cases} 1, D(u,v) \leq D_0 \\ 0, D(u,v) > D_0 \end{cases} \quad (3-21a)$$

$$D(u,v) = (u^2 + v^2)^{\frac{1}{2}} \quad (3-21b)$$

式中 $H(u,v)$ 为滤波算子,D_0 为截止频率。

Butterworth 滤波器的滤波算子为:

$$H(u,v) = \cfrac{1}{1 + \cfrac{D(u,v)}{D_0}} \quad (3-22)$$

指数滤波算子为:

$$H(u,v) = e^{-\left[\frac{D(u,v)}{D_0}\right]^2}$$

梯形滤波算子为:

$$H(u,v) = \begin{cases} 1 & D(u,v) < D_0 \\ \dfrac{D(u,v) - D}{D_0 - D_1}, & D_0 \leq D(u,v) \leq D_1 \\ 0 & D(u,v) > D_1 \end{cases} \quad (3-23)$$

(五)保持边缘的平滑处理

这种方法的目的既是平滑图像、又力求使边缘不模糊,实现方法是在像元周围寻找不含有边缘的局部区域,这一局部区域的平均灰度就是该像元位置上的输出灰度值。

(1)保持边缘的滤波处理。保持边缘滤波能够在平滑图像的同时,最大限度地保证图像中的边缘信息不受损失,为了求像元点 (i,j) 的输出灰度值,首先从 (i,j) 邻区画出包含 (i,j) 点在内的四个五边形[图 3-24(a)]、四个六边形[图 3-24(b)]、一个正方形[图 3-24(c)],共得到了反映各个方向特征的邻区 9 个(图 3-24)分别计算 9 个邻区的灰度平均值与标准差;比较九个标准差的大小,(i,j) 点的输出值等于标准差最小邻区的平均值。

(2)同态滤波处理。同态滤波也是一种保持边缘的滤波方法,空间域中影像的亮度是照射分量和反射分量的乘积,即:

$$f(x,y) = f_1(x,y)f_2(x,y) \tag{3-24}$$

式中 $f(x,y)$ 为亮度；$f_1(x,y)$ 为照射分量；$f_2(x,y)$ 为反射分量。

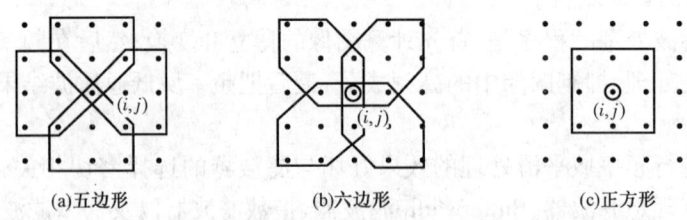

图 3-24 保持边缘滤波区域的选择示意图

通常，反射分量随地物的变化而变化，常表现为频域中的高频成分，而遥感图像中的照射条件除一些阴影区外一般差异很小、变化慢，与频域中的低频相对应。对上式两边取对数，有：

$$\ln f(x,y) = \ln f_1(x,y) + \ln f_2(x,y) \tag{3-25}$$

这说明亮度值的对数等于照射分量和反射分量的对数和，是一个低频函数与一个高频函数的叠加。用同态滤波进行保持边缘的平滑处理实施步骤是：原始图像进行对数变换；对数图像进行傅立叶正变换；频域中低通滤波，如高斯变换；对高通滤波结果作傅立叶逆变换；指数变换。

三、多光谱变换

遥感影像是多光谱影像，例如陆地卫星的 TM 等传感器，有 7 个波段，信息量大，对图像解译很有价值。但数据量太大，在图像处理计算时，也常常会耗费大量的机时并占据大量的磁盘空间。实际上，一些波段的遥感数据之间有不同程度的相关性，存在着数据冗余。多光谱变换方法可通过函数变换，达到保留主要信息、降低数据量、增强或提取有用信息的目的。其变换的本质是对遥感图像实行线性变换，使多光谱空间的坐标系能够按一定规律进行旋转。

多光谱空间就是一个 N 维坐标系，每一个坐标轴代表一个波段，坐标值为亮度值，坐标系内的每一点代表一个像元。像元点在坐标系中的位置可以表示成一个 N 维向量：

$$\boldsymbol{X} = \begin{bmatrix} x_1 \\ x_2 \\ x_i \\ x_n \end{bmatrix} = \begin{bmatrix} x_1 & x_2 & x_3 & x_4 \end{bmatrix}^{\mathrm{T}} \tag{3-26}$$

其中每个分量 x_i 表示该点在第 i 个坐标轴上投影，即亮度值。这种多光谱空间只表示各波段光谱之间的关系，不包括任何该点在原图像中的位置信息，没有图像空间的意义，遥感数据采用的波段数就是光谱空间的维数。

（一）K—L 变换

K—L 变换是离散（Karhunen—Loeve）变换的简称，又称为主成分变换。它是对某一多光谱图像 $\boldsymbol{X}$，利用 K—L 变换矩阵 $\boldsymbol{A}$ 进行线性组合，而产生一组新的多光谱图像 $\boldsymbol{Y}$，表达式为：

$$\boldsymbol{Y} = \boldsymbol{A} \cdot \boldsymbol{X}$$

式中 $\boldsymbol{X}$ 为变换前的多光谱空间的像元矢量；$\boldsymbol{Y}$ 为变换后的主分量空间的像元矢量；$\boldsymbol{A}$ 为变换

矩阵。

式(3-26)可以写成：

$$\begin{bmatrix} y_1 \\ y_2 \\ y_i \\ \vdots \\ y_n \end{bmatrix} = \begin{bmatrix} \phi_{11} & \phi_{12} & \cdots & \phi_{1n} \\ \phi_{21} & \phi_{22} & \cdots & \phi_{2n} \\ \cdots & & & \\ \phi_{n1} & \phi_{n2} & \cdots & \phi_{nn} \end{bmatrix} \begin{bmatrix} x_1 \\ x_2 \\ \vdots \\ x_i \\ x_6 \end{bmatrix} \quad (3-27)$$

图像中每一像元矢量逐个乘以矩阵 A，便得到新图像中的每一像元矢量。A 的作用是给多波段的像元亮度加权系数，实现线性变换。由于变换前各波段之间有很强的相关性，经过K—L 变换组合，输出图像 Y 的各分量 y_i 之间将具有最小的相关性。

K—L 变换的特点是：从几何意义来看，变换后的主分量空间坐标系与变换前的多光谱空间坐标系相比旋转一个角度。新坐标系的坐标轴一定指向数据信息量较大的方向。以二维空间为例，假定某图像像元的分布呈椭圆状，那么经过旋转后，新坐标系的坐标轴一定分别指向椭圆的长半轴和短半轴方向，因为长半轴这一方向的信息量最大(图 3-25)。

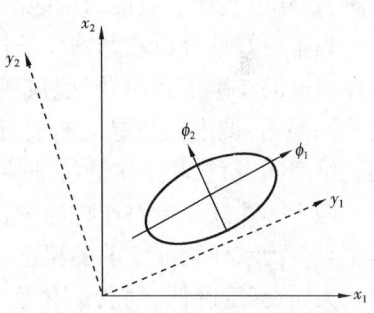

图 3-25　K—L 变换中坐标旋转

变换后的新波段的各主分量所包括的信息量不同，呈逐渐减少趋势。事实上，第一主分量集中了最大的信息量，常常占 80% 以上；第二主分量、第三主分量的信息量依次很快递减；到了第 n 分量，信息几乎为零。由于 K-L 变换对不相关噪声没有影响，信息减少时便突出了噪声，最后的分量几乎全是噪声，所以这种变换又可分离出噪声。

基于上述特点，在遥感数据处理时常常运用上 K—L 变换作数据分析前的预处理，以实现：

(1)数据压缩：以 TM 影像为例，有 7 个波段(除去分辨率低的第 6 波段，经常使用 TM1~5 和 7 共 6 个波段)处理起来数据量很大。进行 K—L 变换后，7 维的多光谱空间变换成 7 维的主分量空间，这时亮度不再与地物光谱值直接关联，但第一或前二或前三个主分量，已包含了绝大多数的地物信息，足够分析使用，同时数据量却大大地减少了。应用中常常只取前三个主分量作假彩色合成，数据量可减少到 43%，实现了数据压缩，也可作为分类前的特征选择。

(2)图像增强：K—L 变换后的前几个主分量，信噪比大，噪声相对小，因此突出了主要信息，达到了增强图像的目的。此外，将其他增强手段与之结合使用，会收到更好的效果。

（二）K—T 变换

K—T 变换是 Kauth—Thomas 变换的简称，也称缨帽变换。这种变换也是一种线性组合变换，其变换公式为：

$$Y = B \cdot X \quad (3-28)$$

式中　X——变换钱多光谱空间的像元矢量；

　　　Y——变换后的新坐标空间的像元矢量；

B——变换矩阵。

该变换也是一种坐标空间发生旋转的线性变换，但旋转后的坐标轴不是指向主成分方向，而是指向与地面景物有密切关系的方向。

K—T 变换的应用主要针对 TM 数据和 MSS 数据。它抓住了地面景物，特别是植被和土壤在多光谱空间中的特征，对于扩大陆地卫星 TM 影像数据分析在农业方面的应用有重要意义。

B 与矢量 ***X*** 相乘后得到新的 6 个分量 ***Y***，$X = (x_1, x_2, \cdots, x_6)^T$，$Y = (y_1, y_2, \cdots, y_6)$。

经研究，新分量中的前三个分量与地面景物的关系密切：y_1 为亮度，实际上是 TM 的 6 个波段的加权和，反映出图像总体的反射值。y_2 为绿波，从变换矩阵 ***B*** 的第二行系数看，波长较长的红外波段 5 和 7，即 x_5, x_7 有很明显的抵消，剩下 4 与 1，2，3 波段，刚好是近红外与可见光部分的差值，反映了绿色生物量的特征。y_3 为湿度，该分量反映了可见光与近红外波段 1～4 与波长较长的红外 5，7 波段的差值，而 5，7 两波段对土壤湿度和植被湿度最为敏感，易于反映出湿度特征。y_4, y_5, y_6 这三个分量没有与景物明确的对应关系，因此 K—T 变换后只取前三个分量，这样也实现了数据的压缩。

为了更好地分析农作物生长过程中植被与土壤特征的变化，通常将亮度 y_1 和绿度 y_2 两分量组成的二维平面叫做"植被视面"，将湿度 y_3 和亮度 y_1 两分量组成的二维平面叫作"土壤视面"；最后，湿度儿与绿度 y_2 组成第三个面叫"过渡区视面"。这三个分量共同组成一个新的三维空间，植被和土壤的特征使看得更清楚了。

图 3-26 反映出农作物的生长过程中在三个视面中的位置。虚线表示植物的生长过程，其中点 1 为农作物破土前的裸土；点 2 附近为植物的生长，反映出叶子逐渐茂密，绿皮增长，阴影扩大，故亮度降低；到点 3 附近为植物是茂盛阶段，裸土和阴影几乎全部被植物覆盖而使绿度和亮度都增加了；直到农作物衰老枯萎，绿度迅速降低。这一过程在植被视面上十分清楚。靠近亮度的底边线是土壤线，表现出各种不同类型裸土位置。土壤视面图中除了亮度之外又增加了温度分量。在植物生长过程中，湿度从点 1 向点 2 和点 3 逐渐增加，经过一个恒定过程，再稍许变化。这一平面中没有表现出土壤线的线状规律，而是散布在整个土壤面中。只有过渡视面既反映了植被信息又反映了土壤，信息故称为过渡视面。图 3-26 中所有坐标均没标明原点位置，仅仅表示出各分量增长的方向，因为有些数值计算出来可能是负值。如果将三个坐标分量立体化，或许可以更清楚地反映出农作物生长过程中的三维形态的规律。

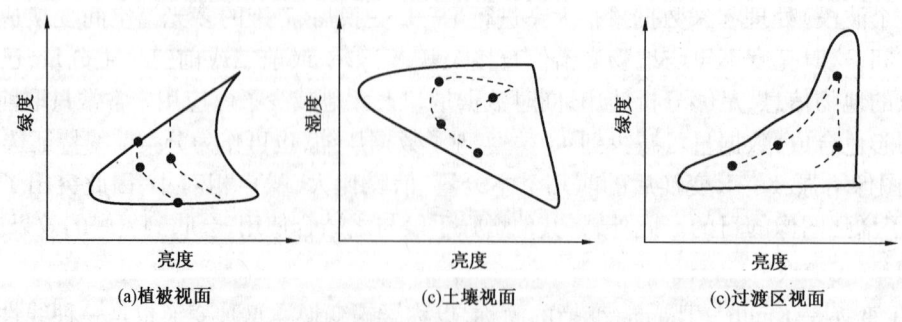

图 3-26　农作物生长示意图

1—裸土（种子破土前）；2—生长；3—植被最大覆盖；4—衰老

四、多源图像融合处理

近年来，随着传感器技术和计算机计算能力的提高，多传感器图像融合技术的应用越来越广泛。

在军事领域,以多传感器技术为核心内容的战场感知已成为现代战争中最具影响力的军事高技术。20 世纪 90 年代,美国海军在 SSN-691(孟菲斯)潜艇上安装了第一套图像融合样机,可使操作人员在最佳位置上直接观察到各传感器的全部图像。在海湾战争中发挥较好作战性能的 LANTIRN 吊舱就是一种图像融合系统;英国以 n 类通用组件为基础,研制出具有图像融合功能的双波段热像仪;美国 TI 公司于 1995 年从美国夜视和电子传感器管理局(NVE5D)获得了将前视红外与三代微光图像融合系统集成到先进直升机(AHP)传感器系统的合同,信号处理功能由 TMS320C30DSP 完成;英美联合研制的"追踪者"战术侦察车将热成像仪、电视摄像仪以及激光测距仪等多个传感器的信息进行融合。2000 年 5 月,美国波音公司航空电子飞行实验室成功地演示并验证了联合攻击机(J5F)航空电子综合系统的多源信息融合技术和功能。该实验室利用合成孔径雷达和前视红外系统,进行了多源图像融合处理,可以快速地确定目标位置和对目标进行识别,再利用电子战传感器采集到的信息,经进一步融合处理,使得飞行员可以对威胁目标进行及时准确的定位和识别。在欧美的多套大型战区级传感器信息融合演示验证系统中,相当重要的组成部分是武器平台上或分布式的图像融合装置。美国国防部在不同时期制定的关键战术计划中,有相当一部分的任务涉及多源图像融合方面。美国计划研制出覆盖射频、可见光、红外波段公用于 L 径的有源、无源一体化图像与数据融合探测系统。

在民用方面,多传感器图像融合已在遥感、医学图像处理、智能机器人等领域得到了广泛应用。在对地观测领域中,多源遥感图像融合已应用于土地资源调查、洪水监测、地形测绘、植被分类与农作物生长态势评估、天气预报、自然灾害监测等方面。通过多源遥感图像融合,可以获得高空间、高(多)光谱分辨率的遥感图像,从而提高和改善遥感图像的信息分析和提取能力。例如,多光谱图像和全色图像的融合集成了多光谱图像的光谱信息和全色图像的高空间分辨率信息,有利于对目标的提取和分类,能取得明显效益,为更方便、更全面地认识环境和自然资源提供了可能性。

1. 图像融合的定义

图像融合是指对多个图像传感器获得的互补或冗余信息进行集合的过程。它使得新图像更加适合人的视觉感知,或者满足诸如图像处理中的分割、特征提取、目标识别的需要。图 3-27 说明了两种传感器的互补信息与冗余信息的关系。

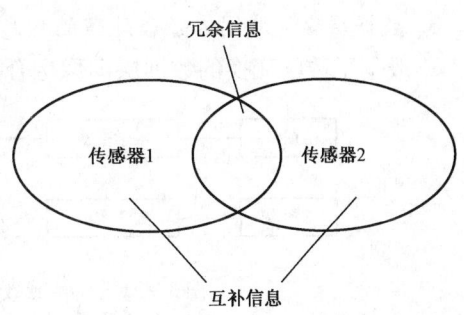

图 3-27 两种传感器的互补信息与冗余信息

随着技术的进步,不断出现了多种新的传感器,将这些成像传感器进行适当的组合,会改善整个信息处理系统的性能。虽然每一种传感器在特定的工作条件和工作范围内,在每种程度上都是最佳的,但它却不能获得人或者计算机在检测目标时所需要的全部信息。因此,对于这些具有不同特性的传感器进行有效的集合,可扩展其中任何一个能力,最终合成的图像将包含更加完整和详细的内容,这对图像处理工作将会带来更大的帮助。

2. 图像融合系统的一般结构

一般多传感器图像融合系统有三种类型:像素级融合、特征级融合和决策级融合。在像素级图像融合时,由两个不同成像传感器获得的同一对象的图像被融合在一起从而获得一幅新的图像,它可使观察者更加容易识别出潜在的目标。像素级图像融合通常也称为数据层图像融合。图 3-28 所示为像素级图像融合系统的一般过程。

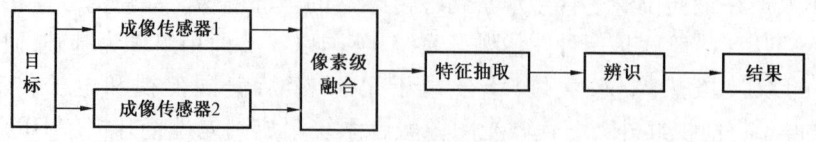

图 3-28　像素级图像融合系统的一般标准

特征级融合也称为中级融合,其思想是首先从不同的成像传感器所获得的同一对象的图像中抽取一些特征,然后在整个特征空间将这些特征进行组合,常见的特征有边缘、角、线等。图 3-29 所示为特征级图像融合系统的一般过程。

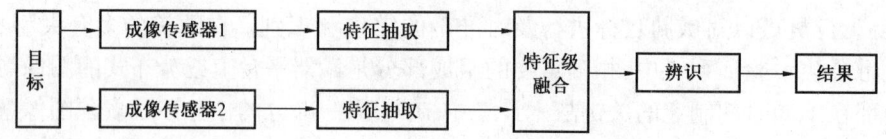

图 3-29　特征级图像融合系统的一般过程

决策级融合时,首先依据每个成像传感器所获得的同一对象的图像各自做出决策,最后将这些独立的决策综合起来,给出最终决策。图 3-30 所示为决策级图像融合系统的一般过程。

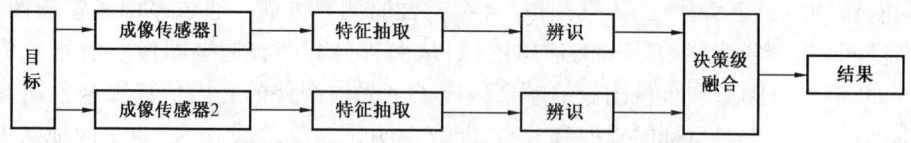

图 3-30　决策级图像融合系统的一般过程

3. 数据层变换域图像融合处理的信息模型

一般基于数学变换的数据层图像融合处理的信息模型如图 3-31 所示。

图 3-31　变换域数据层图像融合处理的信息模型

在图 3-31 所示的模型中,分别对要融合的图像进行数学变换。然后,在变换域内对图像数据按照某种规则进行处理,以实现两者的有机组合。最后,再进行数学反变换,从而得到融合的图像。在变换域内,图像数据的处理规则因融合目的的不同而不同。多尺度变换在图像处理中已得到了广泛的应用。

图像数据层融合处理与特征级融合、决策级融合的最大区别是:在对两幅图像进行融合处理之前,首先要对其进行配准。

图像配准是指同一目标的两幅图像在空间位置上的对准。图像配准的技术过程称为图像匹配或图像相关。图像配准涉及许多相关知识领域,如图像预处理、图像采样、图像分割、特征提取等。常用的基于灰度的图像配准方法有空间相关法、频域相关法等。基于灰度的图像配准方法具有精度高的优点,但同时也存在一些缺点:

(1)对图像灰度变化比较敏感,在非线性光照变化时,将大大降低算法的性能;

(2)计算的复杂度高,运算所花费的时间比较多;

(3)对目标的旋转、形变等没有很好的适应性。

基于特征的图像配准方法有两个重要环节,即特征提取和特征匹配,可以选取的特征包括点、线以及区域等。特征匹配一般采用互相关来度量,但互相关对旋转比较困难。最小二乘法匹配算法和全局匹配的松弛算法能够取得比较理想的结果。小波变换、神经网络和遗传算法等新的数学方法的应用,进一步提高了图像配准的精度和运算速度。

与基于灰度的图像配准方法相比,基于特征的图像配准方法有以下几方面的优点。

(1)特征点的提取过程可以减少噪声的影响,对灰度变化、图像变形等有较好的适应能力。

(2)特征点的匹配度量对位置的变化比较敏感,可以提高匹配的精确程度。

(3)图像的特征点比图像的像素点要少得多,可以减少匹配的计算时间。

4. 常用数据层图像融合方法

(1)平均和加权平均:平均是直接将两幅图像在空域内进行算术平均处理,这种平均可以提高图像的信噪比,但降低了图像的对比度。加权平均则是依据不同图像的质量,给出一组最佳的加权系数,然后对它们进行加权平均处理。

(2)彩色映射方法:在一个预先选定的彩色空间中,对所获图像进行线性组合,从而得到一幅融合的伪彩图,这个过程就称为彩色映射方法。这种方法可以提高某些细节信息,从而提高图像的质量。

(3)非线姓方法:非线性方法是将多个图像进行低通、高通滤波,得到其低频成分和高频成分,依据融合的目的,对相应的低频、高频成分采取不同的自适应组合处理。

(4)图像金字塔法:建立金字塔表达式,对融合的金字塔表达式进行金字塔反变换,结果获得一个融合的图像,这个过程就叫图像金字塔法。

(5)小波变换法:该方法与图像金字塔法有很多相似之处,但小波变换较之金字塔变换有很多优良特性,故可使得融合效果得到很大提高。

5. 图像融合性能评价方法

对图像融合处理过程的基本要求是:在处理过程中,必须保留所有来自于原图像的有用信息,处理过程不得引入新的噪声信息。

一般可从下面几个指标对图像融合性能进行评价。

若已有参考图像,则可使用以下指标。

(1)均方根误差。

融合图像 F 和参考图像 R 之间的均方根误差定义为:

$$RMSE = \sqrt{\frac{\sum_{i=1}^{M}\sum_{j=1}^{N}[R(i,j)-F(i,j)]^2}{M \times N}} \qquad (3-29)$$

图像大小为 $M \times N$。均方根误差越小,说明融合效果和质量越好。

(2)交叉熵。

若参考图像为 R,融合后图像为 F,则参考图像 R 与融合图像 F 的交叉熵为：

$$CE_{R,F} = \sum_{i=1}^{M} \qquad (3-30)$$

交叉熵可用来度量两幅图像间的差异。交叉熵的大小反映了图像间差异的大小。
(3) 均方误差。
均方误差定义为：

$$MSE = \frac{\sum_{i=1}^{M}\sum_{j=1}^{N}[R(i,j)-F(i,j)]^2}{M \times N} \qquad (3-31)$$

式中,$R(i,j)$ 为参数图像;$F(i,j)$ 为融合后的图像。
图像大小为 $M \times N$。均方误差越小,说明融合效果越好。

思 考 题

1. 熟悉颜色立体和色度图,并说明什么是光谱色,什么是非光谱色。
2. 光的合成怎样推断新颜色？请用色度图说明。
3. 加色法和减色法在原理上有什么不同？举例说明什么时候用加色法,什么时候用减色法。
4. 在遥感影像生成过程中,真彩色片和假彩色片有什么不同？
5. 熟悉摄影负片和正片生成原理。
6. 熟悉彩红外影像生成原理,并与摄影片生成过程比较相同与不同之处。
7. 遥感光学处理方法主要有哪些？解决什么问题？
8. 图 3-18 是一些地物在绿、红和红外波段的光谱信号比例图,假定按照标准假彩色赋予彩色,请粗略估计这几种地物在影像上会表现什么颜色？
9. 完整的辐射校正包括那些步骤？请简述大气校正的意义及原理。
10. 简述几何校正的意义及一般步骤。
11. 简述对比度变换、空间滤波、多光谱变换的意义及基本方法。
12. 简述多源图像融合的定义、一般方法及意义所在。

第四章 遥感技术系统

【本章内容提要】

本章主要介绍遥感平台、传感器、遥感信息的接收和处理等,重点介绍遥感数据获取的关键设备——传感器的基本知识,包括传感器的组成、结构、类型、性能等。在系统讲述分辨率的基础上,对目前遥感技术常用的传感器类型——光学摄影类型的传感器、光电成像类型的传感器、成像光谱仪、微波传感器等进行阐述。

【基本要求】

(1) 了解遥感平台。
(2) 了解传感器组成部件。
(3) 了解摄影类传感器与扫描类型传感器的工作原理。
(4) 掌握光谱分辨率与空间分辨率的关系。
(5) 理解高光谱遥感。
(6) 理解微波传感器的工作原理。
(7) 了解遥感信息的传输与处理的方法。

遥感技术系统主要由遥感平台、传感器、遥感信息的接收和处理三部分组成。

第一节 遥感平台

遥感平台是指装载传感器的运输工具。现代的遥感平台,按高度不同可分为近地面平台、航空平台和航天平台。这三种平台各有不同的特点和用途。因此,根据需要可以单独使用,也可以配合使用组成立体遥感观测网(图4-1)。现代遥感平台的高度已由低空向高空以至太空发展,使人类对地球的观测和研究进入崭新阶段。

一、近地面平台

近地面平台是指在地面上装载传感器的固定或可移动的装置,包括汽车、轮船和高塔等。在近地面平台上进行的遥感称为地面遥感。

地面遥感主要用来配合航空遥感和航天遥感使用,它起着校准和辅助作用。

二、航空平台

航空平台包括飞机和气球,飞机是航空遥感的主要平台。根据高度分为:高空(>10km)、中空(5~10km)、低空(<5km)。

在航空平台上进行的遥感称为航空遥感,航空遥感具有分辨率高、不受地面条件的限

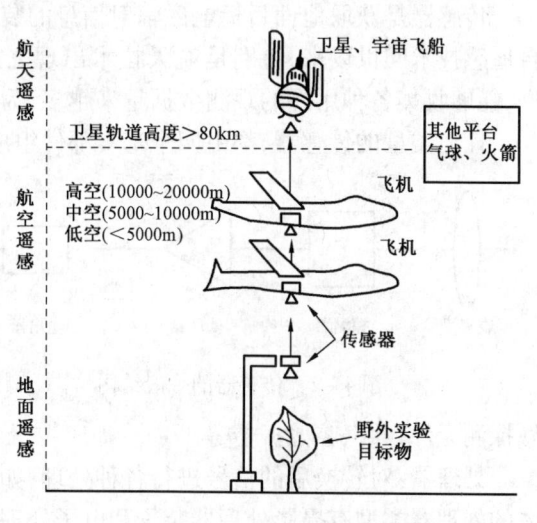

图4-1 各种遥感平台示意图

制、调查周期短、测量精度高以及资料回收方便等特点。同时,航空飞行灵活,特别适用于局部地区的资源探测和环境监测。目前,航空遥感得到了广泛的应用。

高空气球遥感是利用高空气球作为遥感平台,它具有飞行高度高、覆盖面积大、空间停留时间长、成本低以及飞行管制简单等特点。同时它还可以对飞机和卫星均不容易到达的平流层进行遥感活动。

三、航天平台

航天平台包括探测火箭、人造地球卫星、宇宙飞船和航天飞机等。在航天平台上进行的遥感称为航天遥感。

航天遥感突出的特点是:对地球进行宏观、综合、动态以及快速地观察,为地球资源探测和环境监测创造了有利条件,这就大大地开阔了人们的眼界,加深了对某些自然现象的认识。

以人造地球卫星为例,其运行轨道高度分为三种类型。

(1) 低高度、短寿命的卫星:高度一般为 150~200km,寿命只有一至三个星期,可以获得分辨率较高的图像,多数用于军事目的。

(2) 中高度、长寿命的卫星:高度一般为 350~1500km,寿命可达一年以上。属于这种卫星的有陆地卫星、气象卫星和海洋卫星等。

(3) 高高度、长寿命的卫星:也称为地球同步卫星或静止卫星。它的高度约为 36000km 左右,一般的通讯卫星属于这一类。

这三种卫星各有不同的优缺点。其中中高度、长寿命卫星的突出特点是:在一定周期内,对地面的同一地区可以进行重复探测。在这类卫星中,气象卫星是以研究全球大气要素为目的;海洋卫星是以研究海洋资源和环境为目的;陆地卫星是以研究地球资源和环境动态监测为目的。这三者构成了地球环境卫星系列,它们在实际应用中互相补充,使人们能从不同角度对大气、陆地和海洋以及它们之间的相互联系,来研究地球或某一个区域各地理要素之间的内在联系和变化规律。

第二节 传 感 器

传感器是获取地面目标电磁辐射信息的装置,它是遥感技术系统中数据获取的关键设备。自遥感技术问世以来,特别是航天技术出现之后,传感器的种类和性能有了很大的发展和改进,能够收集各种用途的观测数据越来越多,为遥感技术的广泛应用奠定了坚实的基础。

任何类型的传感器,都由四个基本部件组成(图4-2)。

收集器:负责收集地面目标辐射的电磁波能量。其具体元件形式多种多样,如透镜组、反射镜组、天线等。

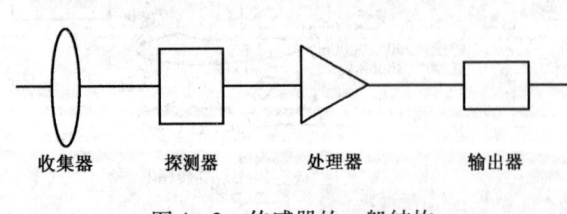

图4-2 传感器的一般结构

探测器:主要功能是将收集到的电磁辐射能转变成化学能或电能。其具体的元件主要有感光胶片、光电管、光敏和热敏探测元件、共振腔谐振器等。

处理器:对转换后的信号进行各种处理,如显影、定影、信号放大、变换、校正和编码等。具体的处理器类型有摄影处理器装置和电子处理装置。

输出器:输出信息的装置。输出器类型主要有扫描晒像仪、阴极射线管、电视显像管、磁带记录仪、XY 彩色喷笔记录仪等。

一、传感器的类型

遥感信息获取的关键是传感器。地物反射或发射的电磁波信息,通过传感器收集、量测并记录在胶片或磁带上,然后进行光学或计算机处理,最终才能得到可供进行几何定位和图像解译的遥感图像。

因为地物对不同波段电磁波的发射和反射特性大不相同,并且随着电磁波波长的变化,其性质有很大的差异,因而接收电磁辐射的传感器的种类繁多,大致有如下几种类型:

按数据记录方式可分为非成像方式传感器和成像方式传感器两大类。非成像方式的传感器纪录的是地物的一些物理参数;成像方式的传感器按成像原理又可分为摄影成像,扫描成像等类型。

按传感器工作的波段可分为可见光传感器、红外传感器和微波传感器。从可见光到红外区的光学波段的传感器统称光学传感器,微波领域的传感器统称为微波传感器。

按工作方式可分为被动传感器和主动传感器。被动式传感器接收目标自身的热辐射或反射太阳辐射,如各种摄像机、扫描仪、辐射计等;主动式传感器能向目标发射强大的电磁波,然后接收目标反射的回波,主要指各种形式的雷达,其工作波段集中在微波区。主动方式中的非扫描、非图像方式与被动方式中的非扫描、非图像方式一样,它们不进行扫描,只是取得飞行平台下目标物的点或线的信息。雷达高度计就属于这种方式,扫描方式是对与飞行平台的行进方向成直角的方向上进行扫描,从而得到地表的二维图像的遥感方式,其代表有合成孔径雷达等。

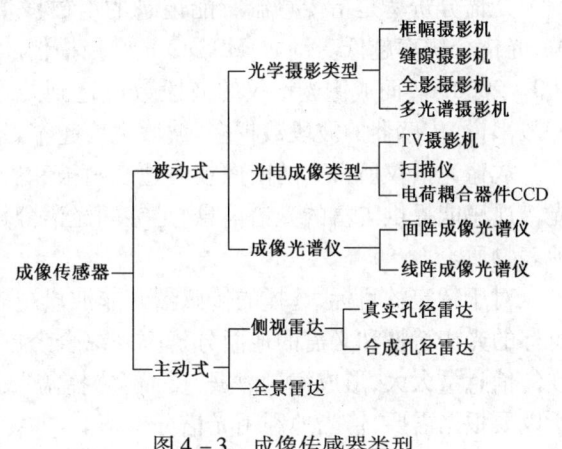

图 4-3 成像传感器类型

成像传感器是目前最常见的传感器类型,其分类如图 4-3 所示。

二、传感器的性能

传感器的性能表现在很多方面,其中最具实用意义的指标是传感器的分辨率。分辨率是遥感技术及其应用的一个重要概念,也是衡量遥感数据质量特征的一个重要指标。它包括空间分辨率、时间分辨率、光谱分辨率和温度分辨率。

(一)空间分辨率

空间分辨率是指遥感图像上能够详细区分最小单元的尺寸或大小,是用来表示影像分辨地面目标细节能力的指标。通常用像元、像解率和视场角来表示。

像元(pixel)是指将地面信息离散化而形成的网格单元,单位为米(图 4-4),图中正方形的每一个单元网格代表一个像元。像元大小与遥感影像空间分辨率高低密切

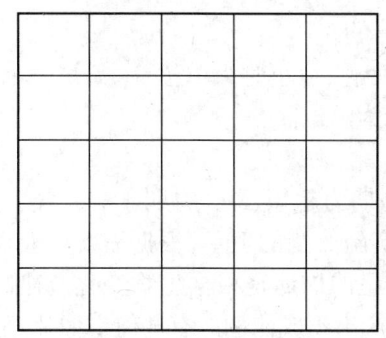

图 4-4 像元示意图

相关,像元越小空间分辨率越大。

像解率(photographic resolution)是用单位距离内能分辨的线宽或间隔相等的平行细线的条数来表示,单位为线/mm或线对/mm。

视场角(field of view,FOV)是指传感器的张角,即瞬时视域,又称为传感器的角分辨率。

对于现代的光电传感器图像,空间分辨率通常用地面分辨率和影像分辨率来表示,地面分辨率为影像能够详细区分的最小单元(像元)所代表的地面实际尺寸的大小。

对于某特定的传感器地面分辨率(R)是不变的定值。印制出来的遥感影像的比例尺可以放大或缩小,地面分辨率在不同的比例尺的具体影像上的反映,称为影像分辨率,它会随影像比例尺的变化而变化。只有当生成硬拷贝遥感像片时,才使用影像分辨率。计算机荧光屏上的影像没有影像分辨率之说。

例如,陆地卫星上的传感器 TM 的地面分辨率为 $30m \times 30m$,在 1:10 万的图像上,其影像分辨率则为 0.3mm。因此,影像分辨率随影像比例尺的不同而变化。

(二)光谱分辨率

光谱分辨率是指传感器所能记录的电磁波谱中,某一特定的波长范围值,波长范围值越宽,光谱分辨率越低。例如,MSS 多光谱扫描仪的波段数为 5(指有 5 个通道),波段宽度约为 100~2000nm;而成像光谱仪的波段数可达到几十甚至几百个波段,波段宽度则为 5~10nm。一般来说,传感器的波段数越多,波段宽度越窄,地面物体的信息越容易区分和识别,针对性越强。成像光谱仪所得到的图像在对地表植被和岩石的化学成分分析中具有重要意义,因为高光谱遥感能提供丰富的光谱信息,足够的光谱分辨率可以区分出那些具有诊断性光谱特征的地表物质。

对于特定的目标,选择的传感器并非波段越多,光谱分辨率越高,效果就越好,而是要根据目标的光谱特性和必需的地面分辨率来综合考虑。在某些情况下,波段太多,分辨率太高,接收的信息量太大,形成海量数据,反而会"掩盖"地物辐射特性,不利于快速探测和识别地物。所以要根据需要,恰当地利用光谱分辨率。

(三)时间分辨率

对同一目标进行重复探测时,相邻两次探测的时间间隔,称为遥感图像的时间分辨率,它能提供地物动态变化的信息,可用来对地物的变化进行监测,也可以为某些专题要素的精确分类提供附加信息。时间分辨率包括两种情况:一种是传感器本身设计的时间分辨率,受卫星运行规律影响,不能改变;另一种是根据应用要求,人为设计的时间分辨率,它一定等于或小于卫星传感器本身的时间分辨率。

根据回归周期的长短,时间分辨率可分为三种类型:

(1)超短(短)周期时间分辨率,可以观测到一天之内的变化,以小时为单位。

(2)中周期时间分辨率,可以观测到一年内的变化,以天为单位。

(3)长周期时间分辨率,一般以年为单位的变化。

气象卫星所需资料以小时单位,所以气象卫星的回归周期为超短(短)周期。对大气、海洋、物理变化进行监测的卫星,以及人为设计的对自然灾害实施监测的卫星,根据需要一般也是短周期或超短周期卫星。在观测植被动态变化规律时,卫星的周期是根据生物变化节律制定的,一般是中周期的。若周期变短,则投入过多,使投入与产出不成比例。有些航空像片、卫星影像用来研究自然界现象演化,数据资料以年为单位就可以满足要求,故为长周期。陆地卫星影像信息以天为单位向地面发送即可以满足人类对资源环境遥感信息的需求。Landsat 从

1972年到现在源源不断地向地面发回数据,人们可以相隔几年提取数据,研究自然界变化较缓慢的事物(比如土地利用变化等)。

时间分辨率在遥感中意义重大。利用时间分辨率可以进行动态监测和预报,如可以进行植被动态监测、土地利用动态监测,还可以通过预测发现地物运动规律,总结出模型或公式为实践服务。利用时间分辨率可以进行自然历史变迁和动力学分析,如可以观察到河口三角洲、城市变迁的趋势,并进一步研究为什么这样变化以及有什么动力学机制等问题。利用时间分辨率可以提高成像率和解像率,对历次获取的数据资料进行叠加分析,从而提高地物识别精度。

(四)温度分辨率

温度分辨率是指热红外传感器分辨地表热辐射(温度)最小差异的能力,它与探测器的响应率和传感器系统内的噪声有直接关系,一般为噪声等效温度的2~6倍。为了获得较好的温度鉴别力,红外系统的噪声等效温度限制在0.1~0.5K之间,而使系统的温度分辨率达到0.2~3.0K。目前,TM6图像温度分辨率可达到0.5K。

三、摄影类型的传感器

光学成像类型传感器主要包括框幅式摄影机、缝隙摄影机、全景摄影机以及多光谱摄影机几种类型。这些传感器的共同特点是由物镜收集电磁波,并聚焦到感光胶片上,通过感光材料的探测与记录,在感光胶片上留下目标的潜像,然后经过摄影处理,得到可见的影像。同时,其工作波段主要在可见光波段,而且较多地用于航空遥感探测。下面简要介绍四种光学摄影类型传感器的成像原理。

(一)框幅式摄影机

这种传感器主要由收集器、物镜和探测器、感光胶片组成,另外,还需要有暗盒、快门、光栏、机械传动装置等。曝光后的底片上只有一个潜像,须经摄影处理后才能显示出影像来。

这种传感器的成像原理是在某一个摄影瞬间获得一张完整的像片(18cm×18cm或23cm×23cm幅面),一张像片上的所有像点共用一个摄影中心和同一个像片面,亦即共用一组外方位元素。

测图用的航空摄影机,为了保证有较高的摄像质量,要求其透镜的像差小,整个摄影系统的分辨率高,底片需有压平装置。此外,为了实现连续摄影,需配有自动卷片、时间间隔控制器等装置。

用于航天平台的摄影机,如欧洲空间局在美国航天飞机STS 9航次的空间实验室-1上的RMKA30/23空间画幅式摄影机,其外形如图4-5所示。虽然这种摄影机与航空摄影机相仿,但已采取了适于太空工作的各项措施。摄影机的焦距为305.128mm,像幅为23cm×23cm,标称卫星高度为250km,影像比例尺为1:820000,每幅影像相应地面的范围为189×189km,物镜最大畸变差为6μm,分辨率为39线对/mm,每4~6s或8~12s曝一次光,摄影机姿态控制在±0.5°以内,可摄取到纵向重叠为60%~80%的立体像对。利用

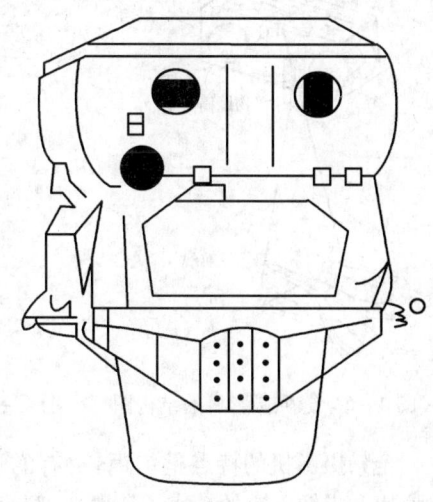

图4-5 RMKA30/23航天摄影机

这种像片可测绘1:50000和1:100000比例尺的地形图和影像图。

(二)缝隙摄影机

缝隙摄影机又称推扫式摄影机或航带摄影机。在飞机或卫星上,摄影瞬间所获取的影像,是与航线方向垂直且与缝隙等宽的一条线影像。这是由于在摄影机焦平面前方放置一开缝的挡板将缝隙外的影像全挡去的缘故(图4-6)。当飞机或卫星向前飞行时,摄影机焦平面上与飞行方向成垂直的狭缝中的影像也连续变化。如果摄影机内的胶片也不断地卷动,且其速度与地面在缝隙中的影像移动速度相同,则能得到连续的航带摄影像片。

这种摄影机不是一幅一幅地曝光,而是连续曝光,因此不需要快门。胶片卷动速度V与飞行速度v和相对航高H有关,以期得到清晰的影像。其关系式为:

$$V = v \times f/H \tag{4-1}$$

式中f为焦距。

对于这种摄影机,影像的投影性质为多中心投影。因为在某一瞬间获取的一条缝隙宽度的影像仍为中心投影(图4-7),但一幅影像是由若干条缝隙影像拼接而成的,不同缝隙对应的投影中心是不同的。

当飞机航速与胶片卷绕速度不匹配时,影像会产生仿射畸变。影像的投影性质,对于瞬间获取的一条缝隙宽度的影像,仍为中心投影。但对于条带影像,由于是在摄影机随飞行器移动的情况下连续获得,因此与框幅式影像的投影性质就不一样,其航迹线影像为正射投影。另外,飞行器的位移和姿态变化将使影像产生复杂的几何畸变。

(三)全景摄影机

全景摄影机又称为扫描摄影机或摇头摄影机(图4-8)。它是在物镜焦面上平行与飞行方向设置的一狭缝,并随物镜作垂直于航线方向扫描,得到一幅扫描成的图像,因此称扫描成像机,又由于物镜摆动的幅面很大,能将航线两边的地平线内的影像都摄入底片,因此又称它为全景摄影机。

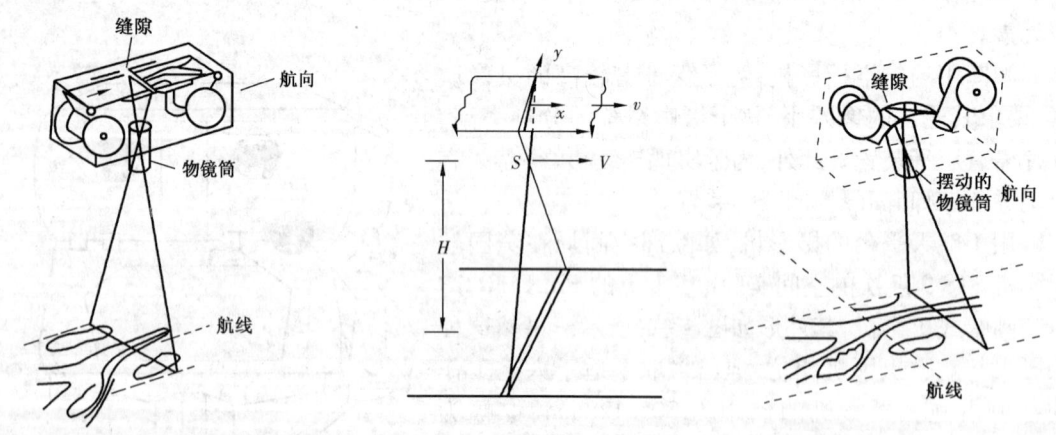

图4-6 缝隙摄影机的结构图　图4-7 缝隙摄影机成像原理图　图4-8 全景摄影机

全景摄影机的特点是焦距长,有的达600mm以上。其幅面大,可在长约23cm、宽达128cm的胶片上成像。它的精密透镜既小又轻,扫描视场很大,有时能达180°。这种摄影机是利用焦平面上一条平行于飞行方向的狭缝来限制瞬时视场,因此,在摄影瞬间得到的是地面上平行于航迹线的一条很窄的影像。当物镜沿垂直于航线方向摆动时,就得到一幅全景像片。这种摄影机的底片呈弧状放置,当物镜扫描一次后,底片旋进一幅。由于每个瞬间的影像都在物镜中心一个很小的视场内构像,因此,每一部分的影像都清晰,像幅两边的分辨率明显提高。但由于全景相机的像距保持不变,而物距随扫描角的增大而增大,因此出现两边比例尺逐渐缩小的现象,整个影像产生所谓全景畸变。再加上扫描的同时,飞机向前运动,以及扫描摆动的非线形等因素,使影像的畸变更为复杂。图4-9为地面上为正方形格网时,全景像片上畸变后的形状。图4-10是用全景摄影机拍摄的航空像片,能直观地看到这种全景畸变的实际现象。

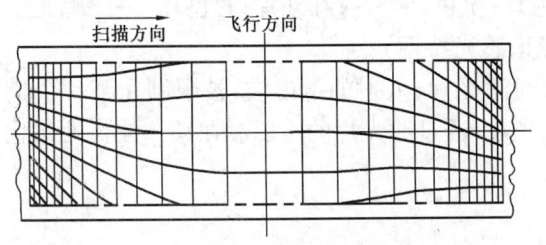

图4-9 全景像片的畸变

图4-10 全景摄影机拍摄的航空像片图

全景摄影机的成像几何关系如图4-11所示,它的每一幅图像是由一条曝光缝隙沿旁向扫描形成的,对于每条缝隙影像的形成,其几何关系等效于框幅摄影机沿旁向倾斜一个扫描角 θ 后,以中心线($Y=0$)成像的情况。因此,在任意时刻 T 获得的缝隙影像是中心投影。

(四)多光谱摄影机

对同一地区,在同一瞬间摄取多个波段影像的摄影机,称为多光谱摄影机。采用多光谱摄影的目的,是充分利用地物在不同光谱区有不同的反射这一特征,来增多获取目标的信息量,以便提高影像的判读和识别能力。

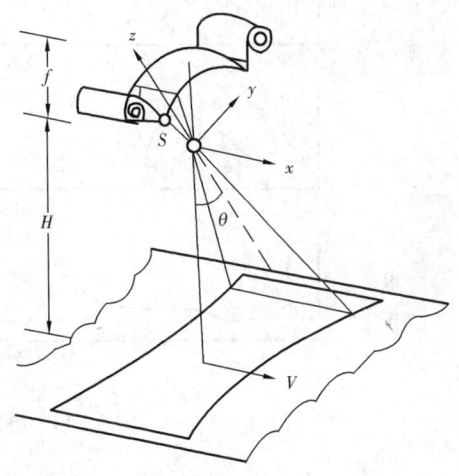

图4-11 全景摄影机的成像几何关系

在一般摄影方法的基础上,对摄影机和胶片加以改进,再选用合适的滤光片,既可实现多光谱摄影。根据其结构特点,可以分为三种基本类型:多镜头型、多摄影机型和光束分离型(图4-12)。

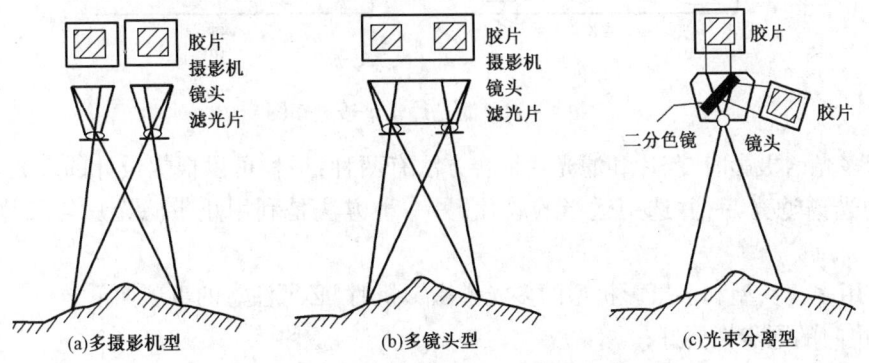

图4-12 多光谱摄影机工作方式示意图

1. 多摄影机型多光谱摄影机

这种多光谱摄影机是用几架普通的航空摄影机组装而成的,对各摄影机分别配以不同的滤光片和胶片的组合,采用同时曝光控制,以进行同时摄影。

2. 多镜头型光谱摄影机

多镜头型光谱摄影机是由多个物镜构成的摄影机。它是用普通航空摄影机改制而成的,在一架摄影机上配置多个镜头,如三镜头、六镜头和九镜头,同时必须选配相应的滤光片与不同光谱感光特性的胶片组合,使各镜头在底片上成像的光谱,限制在规定的各自波段区内。

胶片的种类共六种(图4-13):分色片;全色片;全色红外片;红外片;彩色片(具三感光层的光谱感光特性);红外片彩色(具三感光层的光谱感光特性)。

滤光片仅有两种:一种是光谱滤光片或称带通滤光片,入射的电磁波,被限制在某一个谱段透过滤光片[图4-14(a)]。另一种为止带滤光片,透过滤光片的电磁波在某一波长处截止[图4-14(b)]。

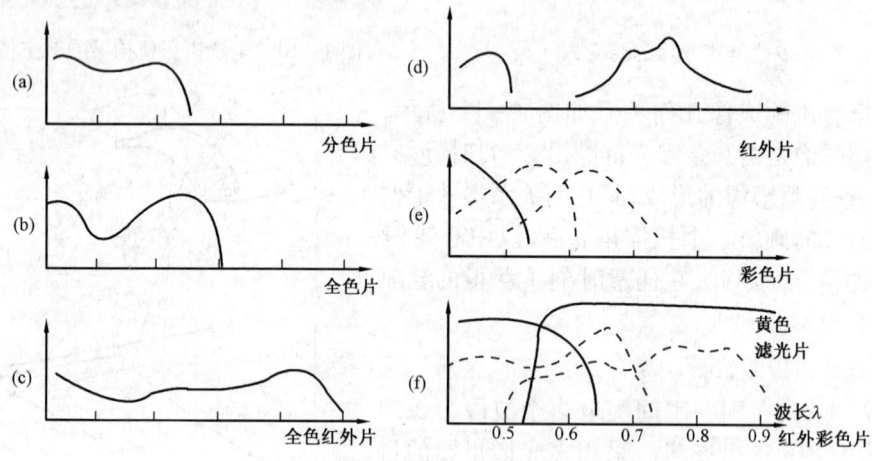

图4-13 各种感光材料的光谱感光特性

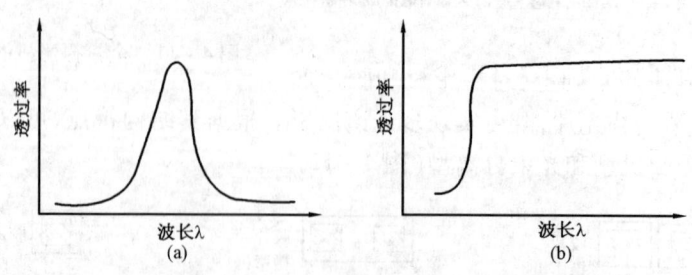

图4-14 滤光片光谱透过率图

进行多光谱摄影时,胶片和滤光片组合方法有两种:一种可以根据设计的多光谱波段,选用相应的光谱滤光片,并选用适当的胶片;另一种方法是利用止带滤光片与胶片组合来分波段。

在使用多镜头型和多摄影机型的多光谱摄影机时,必须注意的事项如下:

(1)快门的同步性要好;
(2)各物镜的光轴必须严格平行;

(3)不同波区的光照度不同,并且胶片的光谱感光度不同,因此应事先确定各波段的最佳曝光时间。

(4)由于不同波长的光在聚焦后的实际焦面位置不同,须校正摄象机使各成像面在成像最清晰的位置上。

3. 光束分离型多光谱摄影机

这种摄影机是利用单镜头进行多光谱摄影。在摄影时,光束通过一个镜头后,经分光装置分成几个光束,然后分别透过不同的滤光片,分成不同波段,在相应的感光胶片上成像,实现多光谱摄影。

光束分离型多光谱摄影机的摄影方式有两种:一是在物镜后面加一些分光装置,使光束分离(图4-15)。利用半透明的平面镜,将光线分解成三个光束,分别通过红、绿、蓝的三个滤光片,在底片上曝光成像。还可以分成五个、六个光束,分别称为五分光束摄影机、六分光束摄影机等。同时,需选取不同光谱段的滤光片和相应的摄影感光负片。二是利用响应不同波段的多感光层胶片进行多光谱摄影。经摄影处理的胶片,可以得到一张合成了的多光谱像片,即人们所熟悉的彩色摄影和彩红外摄影。

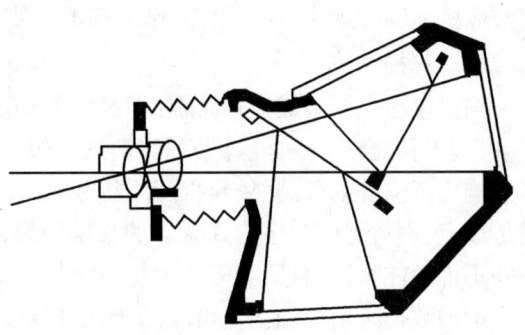

图4-15 单镜头分光束多光谱摄影机示意图

无论哪一种多光谱摄影机,都必须选配相应的滤光片和不同光谱感光特性的胶片组合,使在不同胶片上成像的光谱限制在规定的各自的波段区内。

从几何成像特性上看,无论哪一种多光谱摄影机,对某一个波段,在一个摄影瞬间获得的是一张框幅式中心投影像片。所以,在对多光谱摄影机像片进行几何处理时,可沿用普通航空摄影机像片处理的原理和方法。

四、光电成像类型的传感器

光电成像类型的传感器与前面所讲的光学摄影类型的传感器的差别很大。光学摄影类型的传感器是将收集到的地物反射光在感光胶片上直接曝光成像,而光电成像类型的传感器是通过仪器内的光敏或热敏元件(探测器)将收集到的电磁波能量转变成电能后再记录下来。光电成像类型传感器比光学摄影机更加实用,其优点有两个:一是扩大了探测的波段范围,二是便于数据的存储与传输,航天遥感探测多用这类传感器。

光电成像类型的传感器主要包括电视摄影机,扫描仪和CCD(电荷耦合器件)。其中,多光谱扫描仪和CCD应用最为广泛,尤其是长线阵大面阵CCD传感器,它的地面分辨率高达1m左右,为遥感图像的定量研究提供了保证。下面主要介绍这三种类型的传感器。

(一)电视摄像机

电视摄像机体积较小,重量较轻,影像是由电子记录的,即使在低照明的条件下也能工作。这类传感器是从空中观测地面或从空间观测地球的常用的传感器,并具有较高的分辨率。利用它能够比较容易地获得可靠的地面遥感数据。

电视摄像机的基本工作原理是:地面上的景物通过物镜在摄影管的光阴极上成像,并形成一定格式的电荷,用电子束扫描光阴极,通过光电转换,记录在胶片上,以影像方式输出,其分辨率大致取决于光阴极的尺寸及读出光阴极上的电荷格式所采用的电子束特征。

从几何成像原理上看,电视摄像机是一种面阵列式传感器,与面阵列 CCD 传感器的成像几何关系相同。

电视摄像机虽有许多优点,但每张像片的覆盖度和分辨率还是不如其他摄影机。早期的气象卫星采用了光导摄像机。要求在陆地卫星上的电视摄像机有较高的空间分辨率,又要求能在照明条件比气象卫星还要差的情况下工作。因此在陆地卫星上采用反束光导管摄像机,它是由光学透镜、快门、反束光导摄像管组成的。Landsat–1 与 Landsat–2 上装有三台反束光导摄像机,分别拍摄不同光谱通道的同一景物。Landsat–3 改用两台长焦距全色反束光导管摄像机。Landsat–4 之后的卫星上都不再使用反光束导管摄像机。

(二) 扫描仪

扫描仪也是一种成像传感器,但是它的输出信号不是直接的影像,而是电信号,便于传送、记录、分析和处理,并可经过处理转换成影像或磁带。由于摄影系统受到本身结构和感光胶片光谱响应范围等的限制,故与摄影系统相比,扫描仪的工作波谱范围比摄影胶片要宽得多,扫描是逐点、逐行地以时序方式获取的二维图像,其感测的过程是可逆的,即探测器在感测过程中并不消耗能量,而且所获得的数据是定量的辐射量数据,便于校正;可同时收集几个不同波段通道的数据资料。扫描仪可应用于红外波段的成像,也用于从近紫外到红外范围内的多波段扫描成像。

1. 红外扫描仪

红外扫描仪是对被测的目标物自身的红外辐射进行扫描成像或显示的一种仪器。它是把目标的热辐射变成探测器的一种电信号,然后用磁带记录这种电信号,并通过阴极射线管回收图像的一种扫描仪。

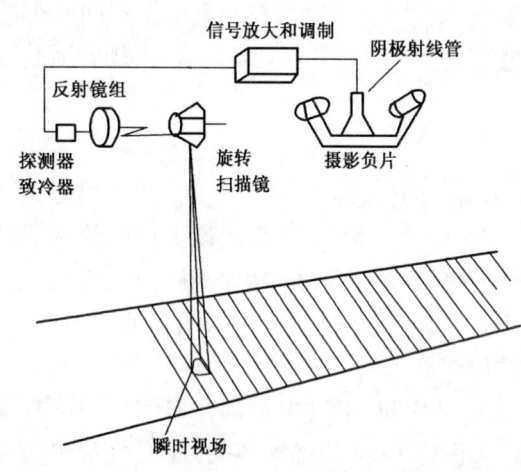

图 4–16 机载红外扫描仪结构原理图

在航空遥感中常用的红外扫描仪是利用光学系统的机械转动和飞行器向前飞行的两个方向相互垂直的运动,形成对地物目标的二维扫描,逐点将不同目标物的红外辐射功率会聚到能将其能量转变成电信号的光电转换器件——红外探测器上。电信号通过放大处理后记录下来,记录的方式或在显像管上显示或经过电光能转换器件把电信号在普通全色胶片上成像,也可记录在模拟磁带上,航空红外扫描仪对地物目标扫描过程如图 4–16 所示。

由于地面分辨率随扫描角发生变化,而使红外扫描影像产生畸变,这种畸变也称为全景畸变,其形成的原因与全景摄影机类似。同时,红外扫描仪还存在一个温度分辨率的问题,温度分辨率与探测器的响应率和传感器系统内的噪声有直接关系。为了获得较好的温度鉴别力,红外系统的噪声等效温度限制在 0.1 ~ 0.5K 之间。

热红外像片上的色调深浅与地物的温度、发射能力密切相关。地物发射电磁波的功率与地物温度的四次方成正比,因此图像上的色调也与这两个因素成相应关系。可以说,热红外扫描仪对温度比对发射本领的敏感性更高,因为它与温度的四次方成正比,温度的变化能产生较高的色调差别。

2. 多光谱扫描仪

在红外扫描仪的基础上发展起来的多光谱扫描仪,其波长范围已超出了红外波段,包括电磁波谱中的紫外、可见光和红外三个部分。多光谱扫描仪根据大气窗口和地物目标的波谱特性,用分光系统(棱镜或光栅等)把扫描仪的光学系统所接收的电磁辐射(从紫外、可见光到红外)分成若干波段,目前已有四个波段到二十四个波段的扫描仪。

多光谱扫描仪主要由两个部分组成:机械扫描装置和分光装置。它是由扫描镜收集地面目标的电磁辐射,通过聚光系统把收集到的电磁辐射会聚成光束,然后通过分光装置分成不同波长的电磁波,他们分别被一组探测器中的不同探测器所接收,经过信号放大,然后记录在磁带上,或通过电光转换后记录在胶片上(图4-17)。

用多光谱扫描仪可记录地物在不同波段的信息,因此不仅可根据扫描影像的形态和结构识别地物,而且可用不同波段的差别区分地物,为遥感数据的分析与识别提供了非常有利的条件。它常用于收集植被、土壤、地质、水文和环境监测等方面的遥感信息。

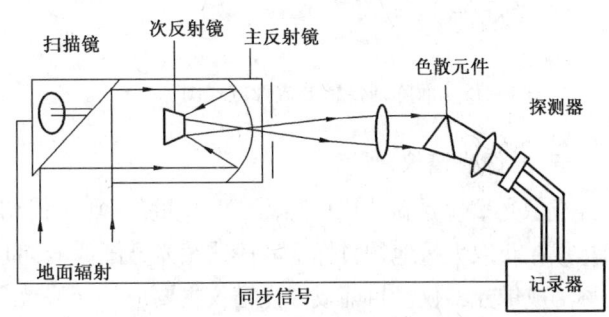

图4-17 多光谱扫描仪的构成示意图

多光谱扫描仪是卫星遥感技术中采用最多的传感器类型。Landsat-1与Landsat-2上携带的MSS多光谱扫描仪有四个波段,在Landsat-3上的MSS增加了一个10.4~12.6μm的热红外波段,Landsat-4和Landsat-5上携带的传感器是一个高级的多波段扫描型的地球资源敏感仪器—TM,与MSS多波段扫描仪的性能相比,它具有更高的空间分辨率,更好的波谱选择性及几何保真度,更高的辐射准确度和分辨率。Landsat-7上携带的传感器是ETM+,其性能得到进一步的改进。另外,气象卫星如NOAA的传感器AVHRR也属于多光谱扫描仪。

(三)CCD传感器

用电荷耦合器件CCD(charge coupled device)制成的传感器称为CCD传感器。这种探测器是由半导体材料制成的,在这种器件上,受光或电激作用产生的电荷靠电子或空穴运载,在固体内移动,以产生输出信号。将若干个CCD元器件排成一行,称为CCD线阵列传感器。

法国SPOT卫星使用的传感器HRV就是一种CCD线阵传感器,其中全色HRV用6000个CCD元器件组成一行。将若干个CCD元器件排列在一个矩形区域中,即可构成面阵列传感器,每个CCD元器件对应于一个像元素。目前,长线阵、大面阵CCD传感器已经问世,长线阵可达12000个像素,长为96mm;大面阵可达到5120×5120个像素,像幅为61.4mm×61.4mm。每个像素的地面分辨率可达到2~3m,甚至1m以内。

面列阵CCD传感器获取图像的方式(图4-18)与框幅式摄影机相似,某一瞬间获得一幅完整的影像,因而是一个单中心投影,其构像关系可直接使用框幅式中心投影的航空像片的构像关系式。

线阵列传感器获取图像的方式是线阵列方向与飞行方向垂直,在某一瞬间得到的是一条线影像,一幅影像由若干条线影像拼接而成,所以又称为推扫式扫描成像(图4-19)。这种成像方式在几何关系上与缝隙摄影机的情况相同。

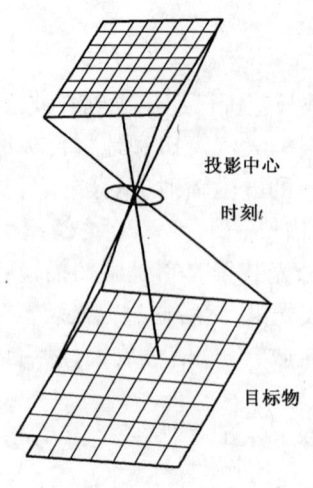 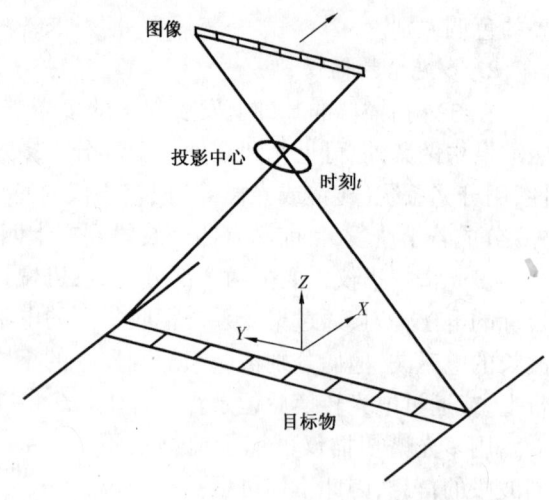

图 4-18 面阵列传感器成像方式图　　　图 4-19 线阵列传感器成像方式

五、成像光谱仪

成像光谱仪是新一代传感器,在 20 世纪 80 年代初正式开始研制。研制这类仪器的主要目的是想在获取大量地物目标窄波段连续光谱图像的同时,获得每个像元几乎连续的光谱数据,因而称为成像光谱仪。目前成像光谱仪主要应用于高光谱航空遥感,在航天遥感领域高光谱也开始应用。它的种类很多,工作原理各不相同。常见的一些成像光谱仪的主要性能见表 4-1。

表 4-1 主要成像光谱仪概览

传感器	波段数	光谱范围 nm	波段宽 nm	瞬时视场 nm	视场 MRAD	主要用途	工作期（年）
AIS 航空成像光谱仪 AIS-1 /AIS-2	128/128	990~2100, 1200~2400 /800~1600, 1200~2400	9.3 10.6	1.91 2.05	3.7 7.3	地球化学、矿物识别及变性岩石、植物受害识别	1983—1985 1986—1987
ASAS 先进的固态阵列光谱辐射仪/改进的 ASAS（美国）	29/62	455~873 400~1060	15 11.5	0.80 0.80	25 25	测量陆地目标物向性辐射值	1987—1991 /始于 1992
AVIRIS 航空可见光/红外光成像光谱仪（美国）	224	250~380	9.7~12.0	1	30	生态、海洋、地质、雪、水、云、大气	始于 1987
CIS 小型机载成像光谱仪（加拿大）	64 24 1 2	400~1040 2000~2480 3530~3940 10500~12500	10 20 410 1000	1.2×3.6 1.2×1.8 1.2×1.2 1.2×1.2	80	陆地表面观测	始于 1993
MAS MODIS 航空模拟仪器（美国）	50	547~14521	31~517	2.5	85.92	地球物理、大气、海洋、陆地表面	始于 1992
HYPERION 高光谱成像仪（美国）	220	400~2500	约 10	/	/	陆地生态系统成图和精确分类	始于 2000

注:中国研制的成像光谱仪有 1993 年的 CIS 中国成像光谱仪和 1997 年的 PHI 推扫式高光谱成像仪。

按其结构的不同,成像光谱仪可分为两种类型:一种是面阵探测器加推扫式扫描仪的成像光谱仪(图4-20),它利用线阵列探测器进行扫描,利用色散元件和面阵探测器完成光谱扫描,利用线阵列探测器及其沿轨道方向的运动完成空间扫描;另一种是用线阵列探测器加光机扫描仪的成像光谱仪(图4-21),它利用点探测器收集光谱信息,经色散元件后分成不同的波段,分别在线阵列探测器的不同元件上,通过点扫描镜在垂直于轨道方向的面内摆动以及沿轨道方向的运动完成空间扫描,而利用线探测器完成光谱扫描。

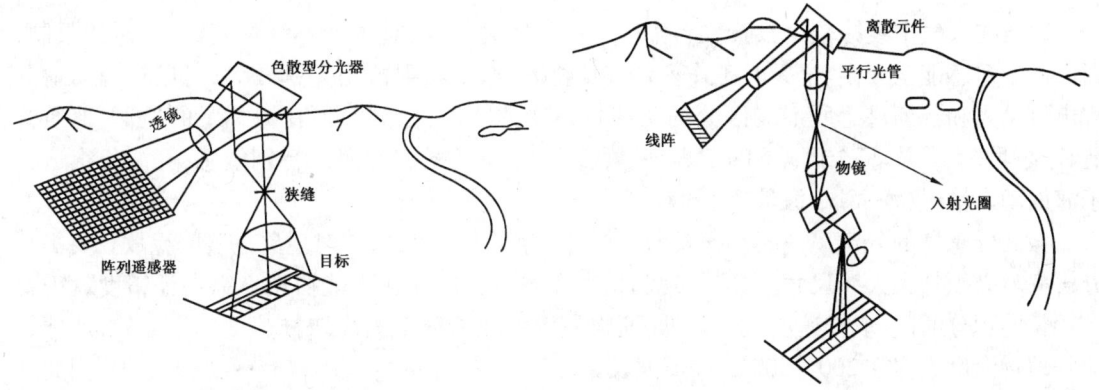

图4-20 带面阵的成像光谱仪图　　　　图4-21 带线阵的成像光谱仪

成像光谱仪数据具有光谱分辨率极高的优点,同时由于数据量巨大,难以进行存储、检索和分析。为解决这一问题,必须对数据进行压缩处理,而且不能沿用常规少量波段遥感图像二维结构表达方法。图像立方体就是适应成像光谱数据的表达而发展起来的一种新型的数据格式,它是类似扑克牌式的各光谱段图像的叠合。立方体正面的图像是一幅自己选择的三个波段图像合成,它是表示空间信息的二维图像,在其下面则是单波段图像叠合;位于立方体边缘的信息表达了各单波段图像最边缘各像元的地物辐射亮度的编码值或反射率,这种图像表示形式也称为影像立方体。

从几何角度来说,成像光谱仪的成像方式与多光谱扫描仪相同,或与CCD线阵列传感器相似,因此,在几何处理时,可采用与多光谱扫描仪和CCD线阵列传感器数据类似的方法。但目前,成像光谱仪只注重提高光谱分辨率,其空间分辨率却较低(几十甚至几百米)。正是因为成像光谱仪可以得到波段宽度很窄的多波段图像数据,所以它多用于地物的光谱分析与识别上。由于目前成像光谱仪的工作波段为可见光、近红外和短波红外,因此其对于特殊的矿产探测及海洋调查是非常有效的,尤其是矿化蚀变岩在短波段具有诊断性光谱特征。

与其他遥感数据一样,成像光谱数据也经受着大气、遥感平台姿态、地形因素的影响,产生横向、纵向、扭曲等几何畸变及边缘辐射效应。因此,在数据提供给用户使用之前必须进行预处理,预处理的内容主要包括平台姿态的校正、沿飞行方向和扫描方向的几何校正以及图像边缘辐射校正。

六、微波传感器

在电磁波谱中,波长在1mm~1m的波段范围称为微波。该范围内又可再分为毫米波、厘米波和分米波。在微波技术上,还可将厘米波分为更窄的波段范围,并用特定的字母表示(表4-2)。

表4–2　厘米波的谱带划分

谱带名称	波长范围,cm	谱带名称	波长范围,cm
K_a	0.75~1.13	C	3.75~7.5
K	1.13~1.67	S	7.5~15
K_u	1.67~2.42	L	15~30
X	2.42~3.75	P	30~100

微波在大气中衰减较少,对云层、雨区的穿透能力较强,基本上不受烟、云、雨、雾的限制,因而微波遥感能全天候、全天时工作。许多地物间,微波辐射能力差别较大,可以较容易地分辨出可见光和红外遥感所不能区分的某些目标物的特性,探测隐藏在树林下的地形、地质构造、军事目标,以及埋藏于地下的工程、矿藏、地下水等。微波对海水特别敏感,其波长很适合于海面动态情况(海面风、海浪等)的观测。

微波传感器的分辨率一般都比较低,这是因为其波长较长,衍射现象显著的缘故。要提高分辨率就必须加大天线尺寸。其次,观测精度和取样速度往往不能协调。欲保证精度就需要有较长的积分时间,取样速度就要降低,通常是以牺牲精度来提高取样速度的。此外,地球表面的地物温度大多在200~300K,峰值波长 λ_{max} 在 10~15μm 的范围,都落在红外波段,因此红外波段的辐射量要比微波大几个数量级。然而,由于微波的特殊物理性质,使红外测量精度远不及微波,也要差几个数量级。因此,总的来说,红外和微波遥感各有优缺点。微波遥感分为有源(主动)和无源(被动)两大类。

(一)主动微波遥感

主动微波遥感是指通过向目标地物发射微波并接收其后向散射信号来实现的对地观测遥感方式,其主要传感器是雷达,此外还有微波高度计和微波散射计。

1. 雷达

雷达(Radar,Radio Direction And Range)意为无线电测距和定位。其工作波段大都在微波范围,少数也利用其他波段,例如利用红外波段工作的红外雷达,还有利用激光器作发射波源的激光雷达。按照雷达的工作方式可分为成像雷达和非成像雷达。成像雷达中又可分为真实孔径侧视雷达和合成孔径侧视雷达。

雷达是由发射机通过天线在很短时间内,向目标地物发射一束很窄的大功率电磁波脉冲,然后用同一天线接收目标地物反射的回波信号而进行显示的一种传感器。不同物体,回波信号的振幅、位相不同,故接收处理后,可测出目标地物的方向、距离等数据。

地物对微波的反射能力取决于本身的性质和形状。一般来讲,金属和各种良导体的反射能力强,这是由于导体中具有自由电子,微波可迫使这些自由电子做强烈的振动,使导电物体表面产生与探测波同频率的交流电波,从而使地物获得了向周围空间再辐射的能力。而木质物体,如树木等反射能力则很微弱。云雾、尘埃及大气空间所包含的自由电子都很少,因此,微波在大气中很少散射而能很好地透过。地面上的各种物体由于介电常数不同,反射能力也就不一样。

由于微波具有极化特性,在垂直方向的反射强度是不同的。微波反射还与地物的形状、大小有很大关系。所发射的波长越短,反射能力越强。发射波长大于物体的长度时,会产生绕射。表面光滑的地物产生镜面反射,表面粗糙的则产生漫反射。微波反射的这些特性,是利用雷达成像和判别不同地物的基础。

2. 侧视雷达

侧视雷达(Side Looking Radar)的天线不是安装在遥感平台的正下方,而是与遥感平台的运动方向形成角度,朝向一侧或两侧倾斜安装,向侧下方发射微波,接收回波信号(包括振幅、位相、极化等)。这样,侧向发射范围可以设计得宽一些。有的机载侧视雷达两侧各可探测 100km,同时,波束向侧下方发射可使不同地形显示出更大的差别,使雷达图像更具有立体感。机载侧视雷达的工作原理如图 4-22 所示。

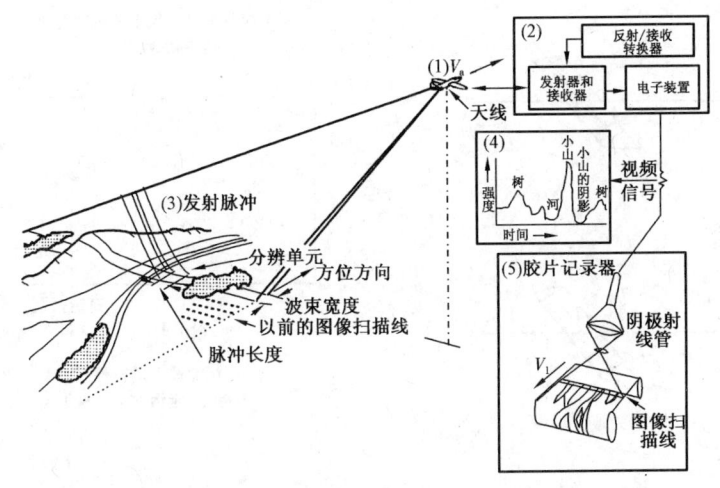

图 4-22　机载侧视雷达(SLAR)的工作原理

侧视雷达发射波长越短、天线孔径越大、距离目标地物越近,则方位分辨率越高。以实际孔径天线进行工作的侧视雷达,称真实孔径侧视雷达。要提高这种雷达的方位分辨率,只有加大天线孔径、缩短探测距离和工作波长。但实际这些要求在技术上有一定困难。例如:波长 $\lambda=3cm$ 的雷达,其天线孔径 $D=4m$,在 200km 高的卫星轨道上对地面进行探测,方位分辨率为 1.5km。若要求方位分辨率达到 3m,以便分辨出公路上的汽车,天线孔径就要求 2000m。这样长的天线,无论对机载和星载都不可能采用的。

3. 合成孔径侧视雷达

合成孔径侧视雷达是利用遥感平台的前进运动,将一个小孔径的天线安装在平台的侧方,以代替大孔径的天线,提高方位分辨率的雷达。

要用小孔径雷达天线代替大孔径雷达天线,在地面上通常采用若干小孔径天线组成阵列,即把一系列彼此相连、性能相同的天线,等距离地布设在一条直线上,利用它们接收窄脉冲信号(目标地物后向散射的相位、振幅等),以获得较高的方位分辨率。天线阵列的基线越长,方向性越好。

合成孔径侧视雷达的工作原理如图 4-23 所示。遥感平台在匀速前进运动中,以一定的时间间隔发射一个脉冲信号,天线在不同位置上接收回波信号,并纪录和储存下来。将这些在不同位置上接收的信号合成处理,得到与真实天线接收同一目标回波信号相同的结果。这样,就使一个小孔径天线,起到了大孔径天线的同样作用。由于合成孔径天线双程相移,所以方位分辨率还可以提高一倍。通常,合成孔径侧视雷达还结合利用脉冲压缩技术获得良好的距离分辨率。

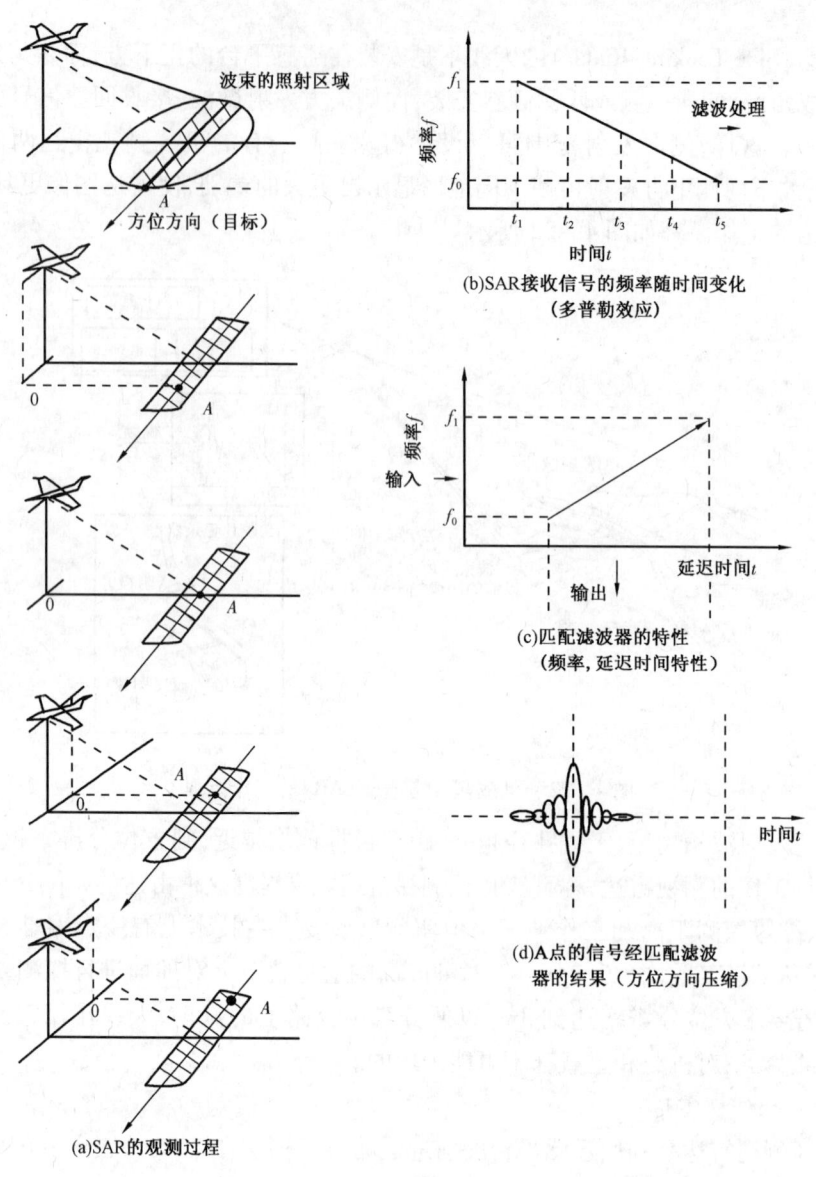

图 4-23 利用多普勒效应的合成孔径雷达成像原理

(二)被动微波遥感

通过传感器接收来自目标地物发射的微波,而达到探测目的的遥感方式,称为被动微波遥感。

被动接收目标地物微波辐射的传感器为微波辐射计;被动探测目标地物微波散射特性的传感器为微波散射计;这两种传感器均不成像。故在此不予讨论。

第三节 遥感信息的传输与处理

遥感信息主要是指由航空遥感和航天遥感所获取的感光胶卷或磁带。在胶卷和磁带上记录的信息数据,包括被测目标的信息数据和运载工具上设备环境的数据。如何将遥感信息适时地传输回地面,经过适当处理提供用户使用,这是整个遥感技术系统中的一个重要组成部分,它直接影响遥感信息应用的效果。

一、遥感信息的传输

遥感信息向地面传输有两种方式,即直接回收和视频传输。

(一) 直接回收

直接回收是指传感器将地物的反射或发射电磁波的信息记录在胶卷或磁带上,待运载工具返回地面时回收。属非实时传输方式,是航空遥感常用方式。

直接回收的优点是遥感信息回收比较方便;它不经过转换,信息量损失少;保密性比较强,军事侦察卫星多采用这种方式。但是,遥感信息不能适时回收,数据容量小、成本高、不能满足多种用途。

(二) 视频传输

视频传输是指传感器将接收到的地物的反射或发射电磁波的信息,经过光、电转换,通过无线电将数据传送到地面接收站,可分为实时传输和非实时传输。

实时传输是指传感器接收到信息后,立即通过无线电发送回地面接收站。

非实时传输(延时传输)是将信息暂时存储在磁带上,待卫星通过地面接收站接收范围时,再把数据发送到地面接收站。

视频传输的优点是克服了直接回收中不能适时回收的缺点,但是保密性较差。

二、遥感信息的处理

地面接收站接收到的遥感信息,受到多种因素的影响,如传感器的性能、平台的姿态不稳定性、地球曲率、大气的不均匀性和局部变化以及地形的差别等,使地物的几何特性与光谱特征可能发生一些变化。因此,必须通过适当的处理,经过一系列校正后才能提供使用。其遥感数据处理系统框图如4-24所示:

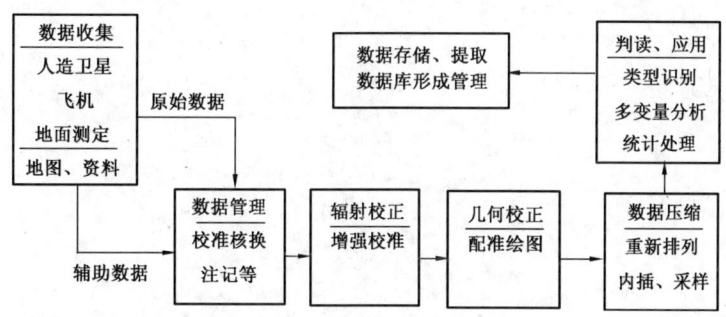

图4-24 遥感数据处理系统框图

数据收集:数据收集包括装载在人造地球卫星和飞机上的传感器所接收到的遥感数据和运载工具上设备环境的数据;在地面上用光度计和辐射计测定的地物光谱特征;收集地面实况调查的资料与数据。此外,还要收集地图及其他资料作为辅助数据。

数据管理:把传感器接收和记录的原始数据变换为容易使用的数据,称为数据管理。原始数据有胶片、模拟磁带和高密度数字磁带(HDDT)。这三种数据经过数据管理,变换为负片、正片和计算机使用的数字磁带(CCT)。

辐射校正:传感器所收集的遥感数据是一个综合的辐射量,它受到多种因素的影响,所以必须对辐射量进行校正,消除图像在灰度方面的失真和干扰。

几何校正:通过几何校正消除图像的几何畸变。进行投影变换绘制地图和不同波段的图像进行套合工作。

数据压缩:是为了有效利用现有的带宽、功率和设备,减少无用的多余的数据传输,将全部数据压缩,是其中真正有用的那一部分信息,在有限的带宽中传输。目的是把不必要的数据去掉,只保留能反映特征的数据,这样可以减少存储,缩短处理时间。

判读和应用:所谓判读就是对图像内容做出解释,因此,有些部门也称解译。判读是按预定目的要求进行的。

数据存储和提取:对所有遥感数据必须以一定形式存储,当用户需要使用时,能快速地检索所需要的数据。

思 考 题

1. 遥感平台按高度不同可以分为几种?卫星按高度不同可以分为几种类型?
2. 成影方式传感器和扫描方式传感器成像的方式有何不同?
3. 简述光谱分辨率与空间分辨率的关系。
4. 简述红外扫描仪的工作原理。
5. 固体扫描仪与多光谱扫描仪的工作特点是什么?
6. 简述微波遥感的工作原理。
7. 遥感数据处理系统主要包括几个部分?

第五章 航空遥感图像

【本章内容提要】
本章主要介绍航空遥感图像的有关内容,包括航空像片的投影原理、航空像片的几何特性与物理特性、航空像片的立体观察与量测。

【基本要求】
(1)了解航空像片的物理特性。
(2)掌握航空像片的投影性质。
(3)掌握航空像片的比例尺及像片比例尺的测定。
(4)理解像点位移及引起像点位移的原因。
(5)掌握航空像片的立体观察与量测。

航空遥感图像是航空遥感时用航摄仪拍摄的遥感图象资料。它用途广泛,在遥感地质工作中占据着重要地位。本章主要介绍有关航空遥感图像的主要特性及其立体观察与量测。

第一节 航空图像的物理特性

航空图像的影像,是由地物反射的光线进入航空摄影机镜头,使感光材料产生光化学反应而形成的。因此,地物的反射特征和感光材料的性能是影响像片影像的主要因素。

一、基本概念

(一)色调

色调是地物电磁波辐射能量在像片上的模拟记录,在黑白片上表现为不同的明暗程度——灰度;在彩色像片上表现为不同的颜色——色彩。这个概念与物理"色调"概念有所不同,不仅描写色彩,也描写灰度。

(二)色彩

彩色像片上某一部分的颜色称为此部分的色彩,它能反映物体反射或发射的辐射光谱特性。彩色航空像片以各种不同的色彩和由各种色彩组成的形态特征反映地物反射或发射的辐射信息。

(三)灰阶

灰度是定量地表示黑白像片上某一部分黑白深浅程度的特征量。一般以灰度等于0表示全黑,灰度等于1表示全白,0≤灰度≤1。为了方便起见可将灰度分成若干个等级,每一等级称为一级灰阶,每级灰阶的序号可取0,1,2,3,……,不能取小数或负数。

(四)亮度系数

航空像片上物体的色调主要取决于它对入射光线的反射率。地物的反射率可以用亮度系数来表示。亮度系数(γ)是指在相同照度条件下,某物体表面的亮度(B)与绝对白体理想表面的亮度(B_0)之比(见第二章)。

亮度系数是没有单位的。绝对白体是很难找到的,通常用硫酸钡纸或氧化镁纸作标准反射面,它的亮度系数是0.98,而绝对黑体的亮度系数为0。

二、影响航空图像色调的因素

(一)地物表面亮度

地物表面亮度取决于摄影时照度和地物的亮度系数。

1. 照度

摄影时太阳辐射到物体上的照度直接影响地物表面亮度,也就是影响像片上的灰度色调。摄影时照度越大,地物亮度也越大,像片的色调就越浅。为了让不同地物的影像色调深浅分明并有一定的阴影以显现地形特征,航空摄影一般选在晴天的上午9时至下午4时之间进行。

2. 地物的亮度系数

地物的亮度系数不同,反映像片上的色调就有差异。亮度系数大,像片上的色调浅;亮度系数小,其色调就深。亮度系数受到地物的类别、温度、糙度和颜色四个因素的制约。

地物的亮度系数是有方向性的,也就是说从不同方向去看地物,亮度系数是不一样的。亮度系数的方向性在具有镜面反射的物体中表现的最为明显。例如同一个湖面,在背向镜面反射的方向摄影时,亮度系数最小,像片上的色调深;若在湖面发生镜面反射的方向拍摄时,则亮度系数大,像片上的色调浅。但是,地面绝大多数的物体对入射光都是漫反射的,虽然它们各方向的亮度系数不同,却差别很小。通常在计算物体的亮度系数时,是以物体垂直方向的亮度系数作为该物体的亮度系数。进行像片判读时,不能仅依靠色调区别物体,还必须考虑其他条件。

(二)感光材料性能

感光材料(不论是感光片或印像纸)主要是由感光乳剂层和片基组成。感光乳剂层由卤化银、明胶和增感染料组成。普通摄影用的黑白胶片一般是全色片,它能感受全部可见光,但对绿光感受较差。黑白红外胶片的感光层中含有感受红外光的物质,能直接记录人眼看不见的近红外光。彩色胶片是由对蓝、绿、红三种波长分别敏感的三层乳剂组成,能感受全部可见光,经过曝光显影后,形成与地物颜色成互补色的负片,和彩色印像纸接触晒印后,还原成天然彩色像片。彩色红外胶片是由对绿、红和近红外感光的三层乳剂组成。实际上由于三层乳剂对蓝光也都感光,所以在摄影时采用黄色滤光片把它处理掉,经过曝光显影处理后形成彩色红外像片。

不同乳剂的感光片具有不同的感光度和反差。

1. 感光度

感光度是指感光材料感光快慢程度的数值,它是确定曝光时间的一个主要因素。在摄影条件相同时,感光材料的感光度越高,曝光时间可以越短。使用感光度低的负片,若摄影时不能延长曝光时间,则不能得到具有足够黑度的像片(感光片经过曝光、显影、定影后,其受光银盐还原为黑色的金属银像,这种银盐变黑的程度,称为感光片的黑度)。

2. 反差

反差是指黑白差,一张负片、正片(或某一景物)的反差,一般均指其全片(或全景)的最大黑度与最小黑度(最暗与最亮)之差,即最大的反差。两张性能不同的感光片,摄取同一景物,曝光、显影等情况均相同,但两相应部分的反差不一样,这是由于两张感光片的反差不同所造成。

反差为感光片制作上所具有的一个特性。反差大的感光片叫硬性片,影像的明暗差别特别明显,但表现景物的明暗层次少;反差小的感光片叫软性片,影像的明暗差别不太明显,但表现景物的明暗层次较多。

3. 感光乳剂的分辨率

感光乳剂对景物细微部分的表现能力,叫做乳剂的分辨率。分辨率的大小通常是用1mm的宽度内能够清楚地识别出来最细的平行线对数目来表示。例如分辨率为25线对/mm,表示在1mm的宽度内构成25对清晰线条(25线对就是黑色线25条和白色线25条)。乳剂分辨率的高低,决定于感光乳剂银盐颗粒的粗细,银盐颗粒细的分辨率高。

航空摄影时需要选择感光度高、反差适中、较高分辨率的感光材料。

(三) 像片分辨率

航空像片的分辨率主要取决于航空摄影机镜头分辨率和感光乳剂的分辨率,但还与其他许多因素有关,如景物的反差大,曝光正常和微粒显影可使影像具有较高的分辨率。而大气的光学条件、飞机的震动会使影像的分辨率降低。航空摄影机镜头分辨率和感光乳剂分辨率组成的系统分辨率,其变化范围一般内在 25~100 线对/mm 之间。

分辨率高的航空像片,影像清晰而且细致,反映的地物也丰富。分辨率低的像片,在相同比例尺条件下,很多细小地物不能分清,降低了像片质量。在同一张像片上,中心部分比边缘部分的分辨率高,因此中心部分的影像比边缘部分清晰。

(四) 摄影技术

摄影技术包括曝光量的选择、感光片的冲洗及印像、放大技术,它们对像片的色调也有相当大的影响。如果摄影时曝光量太大或冲洗感光片时显影过度,则冲出的感光负片色调太深,印成正片则色调太浅;如果摄影时曝光不足或冲洗时显影不足,则负片色调太浅,正片色调太深,这些影响色调的因素,对彩色像片的明度也同样有影响。

第二节 航空像片的几何特征

一、航空图像的投影原理

(一) 中心投影

所谓中心投影,就是空间任意直线均通过一固定点(投影中心)投射到同一平面(投影平面)上而形成的透视关系(图 5-1)。S 为投影中心,P 为投影平面,SA 为通过投影中心的直线(投影光线),SA 与 P 的交点 a 为空间点 A 的中心投影。投影平面 P,投影中心 S 和空间点 A 三者的关系位置是任意的。图 5-1 中的(a)、(b)、(c)均为中心投影。

航空像片之所以属于中心投影,是由于航空摄影时地面上每一物点所反射的光线,通过镜头中心后,都会聚在焦平面上而产生该物点的像,而摄影机是把感光胶片固定地安装在焦平面上;同时,每一物点所反射的许多光线中,有一条通过镜头中心而不改变其方向,这条光线称为中心光线,所以每一物点在像面上的像,可以视为中心光线与底片的交点,这样在底片上就构成负像,经过接触晒印所获得的航空相片成为正像。从投影上来说,航空像片(正片)的位置,等于以投影中心为圆心,以焦距 f 为半径,将 P 旋转至 P',P'即为正像的位置(图 5-2)。

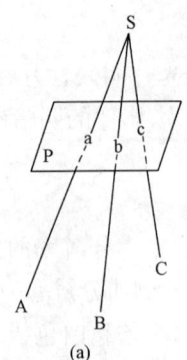 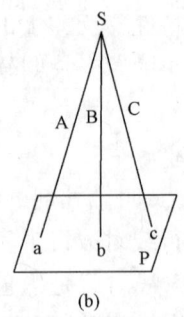 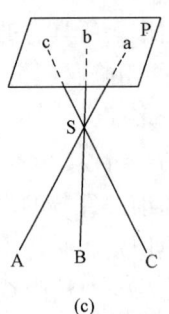

图 5-1 中心投影

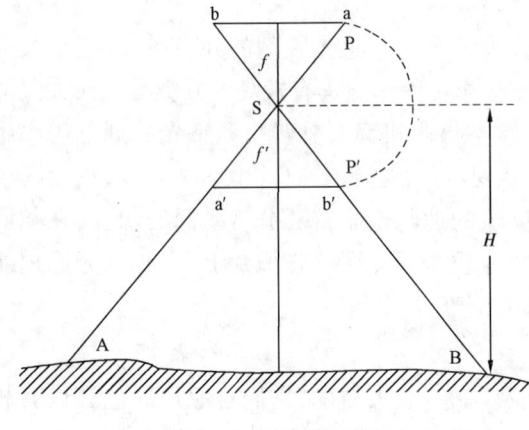

图 5-2 负像与正像

(二) 中心投影成像特征

在中心投影上,点的像还是点。直线的像一般还是直线,但是如果直线的延长线通过投影中心时,则该直线的像就是一个点。空间曲线的像一般仍为曲线,但若空间曲线在一个平面上,而该平面又通过投影中心时,它的像则成为直线。掌握这些特征,对认识像片上的地物是有帮助的。

(三) 中心投影和垂直投影的区别

航空像片是中心投影,地形图是垂直投影。中心投影与垂直投影的差别,主要表现在三个方面。

1. 投影距离变化

对于垂直投影,构像比例尺和投影距离无关。如图 5-3(a),在 p_1 和 p_2 两投影面上 A、O、B 三点的位置不变。对于中心投影,则随投影距离(航高)的变化,A、O、B 三点在两投影面上的位置就有不同[图 5-3(b)],即比例尺不一样。航空像片的比例尺取决于航高(物距)和焦距(像距)的几何关系。

$$\frac{1}{M} = \frac{f}{H} \qquad (5-1)$$

式中 M 为航空像片比例尺的分母;f 为焦距;H 为航高。

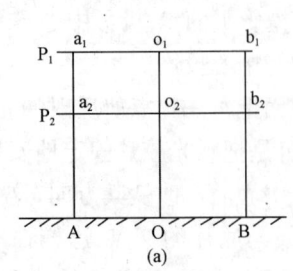 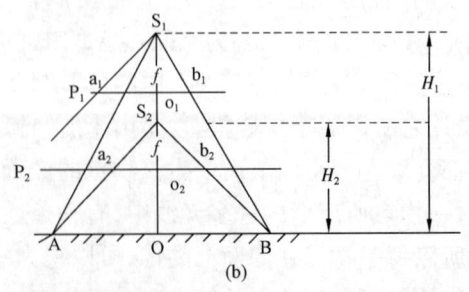

图 5-3 投影距离变化的影响

航空摄影机选定以后,焦距就固定了,由于航高的变化,像片比例尺随之改变。航高就是投影距离,故航空像片比例尺与航高有关。

2. 投影面倾斜

对于垂直投影,投影面总是水平的,图上各部分的比例尺是统一的。对于中心投影,若投影面倾斜时,像片各部分的比例尺就不一样,如图 5-4 所示。地面上 A、O、B 三点距离相等,在倾斜的投影面上,ao 不等于 ob。

3. 地形起伏

地形起伏对垂直投影没有影响,如图 5-5(a)所示。A 与 A_0 虽位于不同高度,但其投影均为 a;而对中心投影则有影响,在图 5-5(b)中 A 与 A_0 是位于同一铅垂面上高度不同的点,A 投影为 a,A_0 投影为 a_0,aa_0 是由中心投影所引起的投影差。地形起伏越大,这种投影差越大。

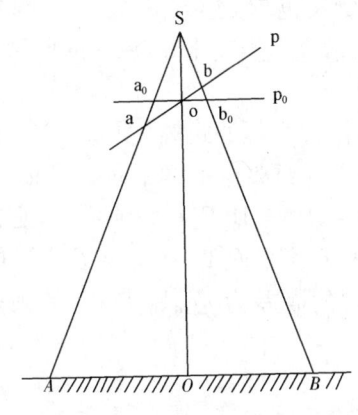

图 5-4 投影面倾斜的影响

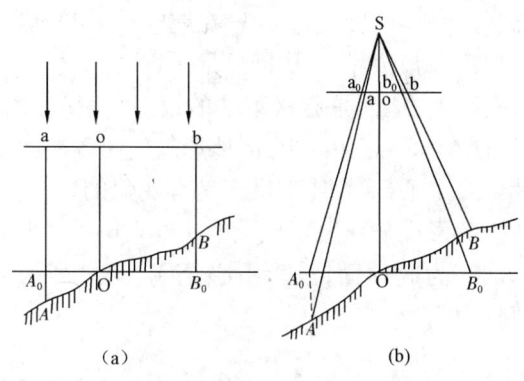

图 5-5 地形起伏的影响

根据上述可知,将中心投影变为垂直投影必须统一像片比例尺,纠正因像片倾斜和地形起伏所引起的误差,这是用航空像片绘制地形图必须解决的问题。

中心投影和垂直投影虽然存在着投影性质的差别,但当像片水平、地面平坦时,中心投影和垂直投影的成果是相同的,这种航空像片与平面图一样。

(四)航空像片的主要点和线

在目前条件下,绝对水平的像片是很少的,一般航空像片都是会有一定倾斜角的。在倾斜像片上有一些具有特殊性质的点和线,它们对于研究误差规律和像片某些数学特征是有用的(图 5-6)。

像主点(o):航空摄影机主光轴 SO 与像平面垂直的交点,称为像主点,地面上的相应点为地主点 O。

像底点(n):通过镜头中心 S 的铅垂线(主垂线)与像面的交点,称为像底点,地面上的相应点为地底点 N。

等角点(c):主光轴与主垂线的夹角是

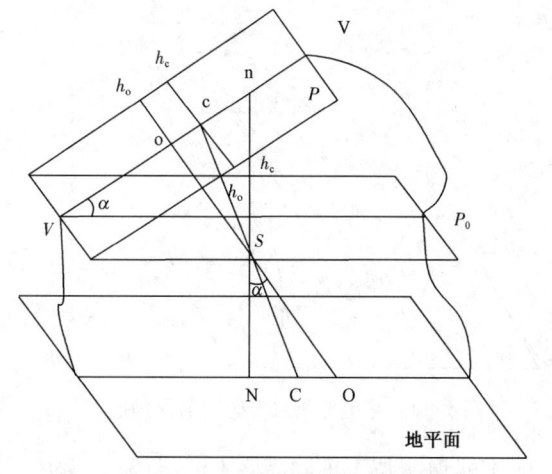

图 5-6 航空像片的主要点和线

P—倾斜像面;S—镜头中心;P_0—过 S 的水平面;α—像片倾斜角

像片倾斜角 α，像片倾斜角的分角线与像面的交点称为等角点。当地面平坦时，只有以等角点为顶点的方向角，才是地面与像片上对应相等的角度。

主纵线与主横线：包含垂线与主光轴的平面称为主垂面，主垂面与像面的交线 VV 称为主纵线，它在像片上是通过像主点和像底点的直线。与主纵线垂直且通过像主点的直线 h_oh_o，称为主横线。主纵线与主横线构成像片上的直角坐标轴。

等比线：通过等角点且垂直于主纵线的直线 h_ch_c 称为等比线。在等比线上比例尺不变。

在垂直像片上，像主点、像底点和等角点重合，主横线和等比线重合。

二、像片比例尺

航空像片上某一线段长度与地面相应线段长度之比，称为像片比例尺。

在平坦地区，摄影时，像片又处于水平位置，则像片的比例尺处处一致（图5-7）。像片比例尺等于焦距(f)与航高(H)之比，它与线段的方向和长短无关。例如，$f=70mm$，$H=3500m$，像片比例尺为 1:50000。如航高一定，则焦距越大，像片比例尺也越大。当焦距一定时，航高越高，像片比例尺越小。一般在航空摄影时，焦距是固定的，航高发生变化时，像片的比例尺不同。但同一张像片上，比例尺是一致的。

实际上，地面是起伏不平的，在每次摄影时，地面至航摄机物镜的距离（真航高）各不相同，即使在同一张像片上，因地形起伏使各地面点至投影中心的距离也不尽相同。因此，即使像片绝对水平，像片比例尺还是有变化的（图5-8）。图中 A、B、C、D、E、F 为地面点，它们在像片上的影像分别为 a、b、c、d、e、f，A、B 在水平面 T_2 上，C、D 在水平面 T_0 上，E、F 在水平面 T_1 上，以 T_0 为起始面，投影中心至 T_0 的航高为 H_0，T_0 与 T_1 的高差为 h_1，T_0 与 T_2 的高差为 h_2，则：

$$\frac{cd}{CD} = \frac{1}{M_0} = \frac{f}{H_0}$$

$$\frac{ab}{AB} = \frac{1}{M_2} = \frac{1}{H_0 + h_2}$$

$$\frac{ef}{EF} = \frac{1}{M_1} = \frac{f}{H_0 - h_1}$$

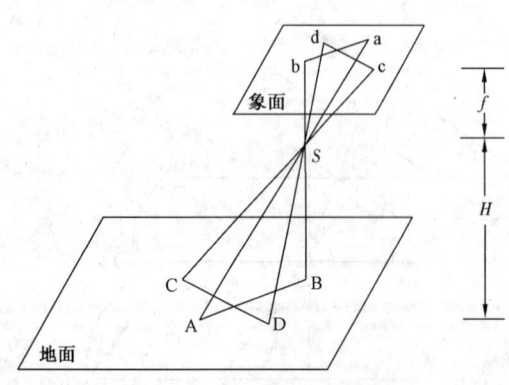
图5-7 平坦地区水平像片的比例尺

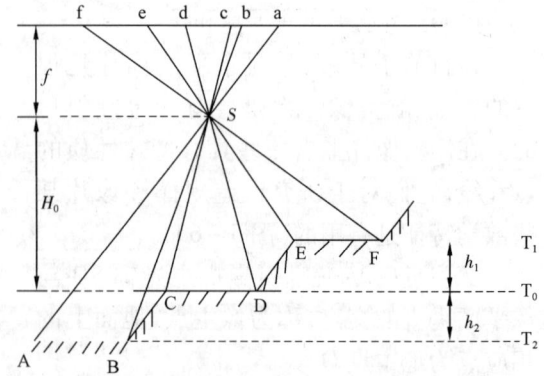
图5-8 地形起伏对像片比例尺的影响

上式说明位于不同高度上的线段，比例尺是不一样的，只有位于同一水平面上的线段在像片上才具有同一的比例尺。因此，水平像片比例尺的一般公式为：

$$\frac{1}{M} = \frac{f}{H_0 \pm h} \tag{5-2}$$

选择各点的平均高程面作为起始面,根据这个起始面计算出来的像片比例尺,称为水平像片的平均比例尺。

像片比例尺可根据焦距和航高计算。焦距,一般标明在像片角隅;航高,可向航测单位索取。航测部门提供的航高记录,是用航测高差仪记录的像主点航高,用它计算出来的像片比例尺称为"主比例尺",它只可以概略地代表该张像片的比例尺。

当像片倾斜时,影像发生倾斜误差,不仅在像片上各部分的比例尺不相同,而且在各点周围不同方向上也不相同。因此,倾斜像片的比例尺应理解为像片上无穷小线段与地面上相应线段之比。

三、像点位移

物体成像的位置不在原来应有的位置而产生偏离,称为像点位移。

(一)因地形起伏引起的像点位移(又称投影差)

水平像片的比例尺因地形起伏的影响而有变化,这是因为航空像片是地面的中心投影所致。在垂直摄影的航空像片上,高出或低于起始面的地面点在像片上的像点位置,和在平面图上的位置比较,产生了移动,这就是因地形起伏引起的像点位移。

在图5-9中,T_0 为选定的起始面;A 点高出于起始面,其高差为 h_a;B 点低于起始面,其高差为 h_b;A、B 在起始面上的垂直投影点为 A_0、B_0;A、B 在像片上的影像为 a、b,而 A_0、B_0 在像片上的影像为 a_0、b_0;像片上线段 aa_0 与 bb_0 就是因地形起伏引起的像点位移。

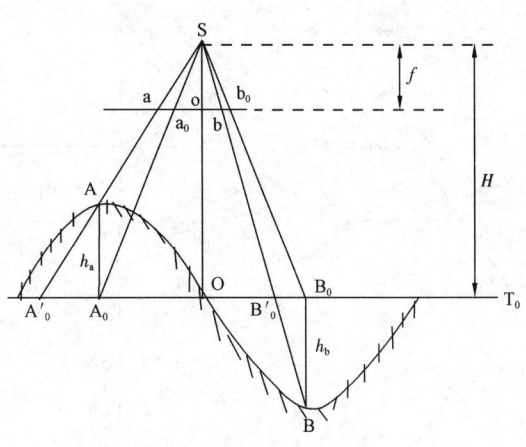

图5-9 因地形起伏引起的像点位移

因为 $\triangle Saa_0 \backsim \triangle SA_0'A_0$

所以 $\overline{aa_0} = \frac{f}{H} \overline{A_0'A_0}$

因为 $\triangle Sao \backsim \triangle AA_0'A_0$

所以 $\overline{A_0'A_0} = \frac{h_a}{f} \overline{ao}$

因此 $\overline{aa_0} = \frac{h_a}{H} \overline{ao}$ (5-3)

同理: $\overline{bb_0} = \frac{f}{H} \overline{B_0'B_0}$

$\overline{B_0'B_0} = \frac{h_b}{f} \overline{bo}$

所以
$$\overline{bb_0} = \frac{h_b}{H}\overline{bo} \tag{5-4}$$

分析式(5-3)、式(5-4)，aa_0、bb_0为像点位移，以δ_h表示，a_0、b_0为像点距像主点的距离，以r表示。h_a、h_b为高差，以h表示，则可写出投影差的一般公式：

$$\delta_h = \frac{h}{H}r \tag{5-5}$$

根据上式可总结出投影差的几点规律：

(1)投影差大小与像点距离像主点的距离成正比，即距像主点越远，投影差越大。像片中心部分投影差小，像主点是唯一不因高差而引起投影差的点。

(2)投影差大小与高差成正比，高差越大，投影差也越大。高差为正时，投影差为正，即影像离开中心点向外移动；高差为负时，投影差为负，即影像向着中心点移动。

(3)投影差与航高成反比，即航高越高，投影差越小。

（二）因像片倾斜引起的像点位移

若航空摄影时，像面未能保持水平，则将因投影面倾斜，而使像片上影像的位置发生变化，这称为因像片倾斜引起的像点位移（又称倾斜误差）。当倾斜角很小时，这种误差是不容易观察出来的。

图5-10中，P_0与P为同一摄影站的水平像片和倾斜像片，地面上任意点A在水平像片和倾斜像片的像点分别为a_0和a，c为等角点，h_ch_c为等比线，为研究像点a的位移，假设将像面P_0以等比线为轴旋转α角，使之与P重合，便可看出a与a_0不重合，假设$aa_0 = \delta_a$，$ca = r_c$，因像片倾斜

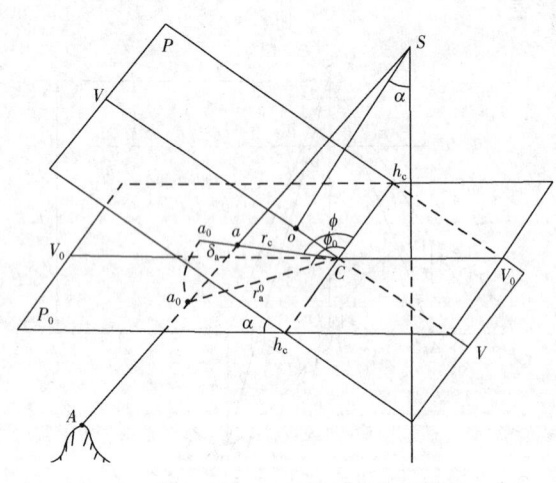

图5-10 像片倾斜引起的像点位移

所产生的像点位移δ_a可用下式表示：

$$\delta_a = \pm \frac{r_c^2}{f}\sin\phi\sin\alpha \tag{5-6}$$

式中　r_c（向径）——倾斜像片上像点到等角点的距离；

　　　ϕ——等比线与像点向径之间的夹角；

　　　α——像片倾斜角；

　　　f——航摄机焦距。

根据上述，可得出倾斜误差的几点规律：

(1)倾斜误差的方向是在像点与等角点的连线上。

(2)倾斜误差与像点距离等角点的平方成正比。

(3)当$\phi = 0°$或$\phi = 180°$时，$\delta_a = 0$，即在等比线上的像点不因像片倾斜而产生位移。

(4)当$\phi = 90°$或$\phi = 270°$时，$|\sin\phi| = 1$，即在主纵线上像点倾斜误差最大：

$$\delta_{a(最大)} = \pm \frac{r_c^2}{f}\sin\alpha \tag{5-7}$$

一般情况下，α 均小于 $3°$，$\sin\alpha$ 用弧度值表示，则：

$$\delta_{a(最大)} = \pm \frac{r_c^2 a_0}{f\rho_0} \quad (\rho° = 57.3°)$$

设 $f = 70\text{mm}$，$\alpha = 3°$，$r_c = 100\text{mm}$，则有 $\delta_{a(最大)} = \pm \frac{100^2 \times 3}{70 \times 57.3} = \pm 7.5(\text{mm})$。

由计算结果可以看出，像片边缘的倾斜误差是相当大的，因此应尽可能地使用像片中心部分。

（5）δ_a 的符号依 $\sin\phi$ 而定，如图 5-11 所示。当 ϕ 角在 $0° \sim 180°$ 之间，则 δ_a 为负，即像点向着等角点方向移动；当 ϕ 角在 $180° \sim 360°$ 之间，则 δ_a 为正，即像点背着等角点方向移动。因此，水平像片上的矩形图形，在倾斜像片上则变为梯形。它以等比线为界，包含像主点部分，图形变小；包含像底点部分，图形变大。

（6）因 $\sin(180° + \phi) = -\sin\phi$，若 r_c 为定值，则对称于等角点的像点，其倾斜误差的大小相等，方向相反。这一点对于计算像片比例尺及航高有重要意义。

通常使用的垂直像片，误差主要来源于地形起伏，像片边缘部分误差大。工作中只使用像片的中间部分，这部分称为航空像片的使用面积。一张像片的使用面积由航向重叠和旁向重叠部分的中线（或距离中线不超过 1cm 的线）所围成（图 5-12）。

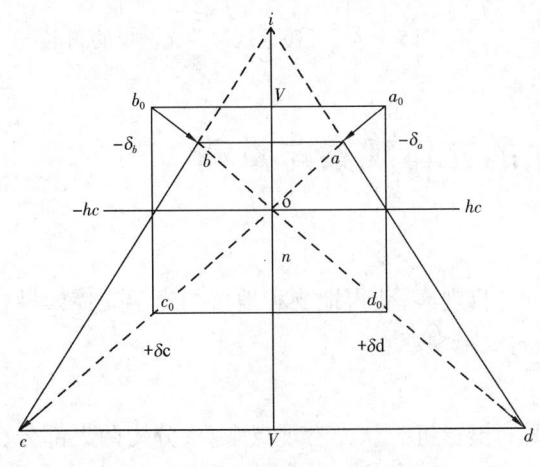

图 5-11　像片倾斜误差的规律

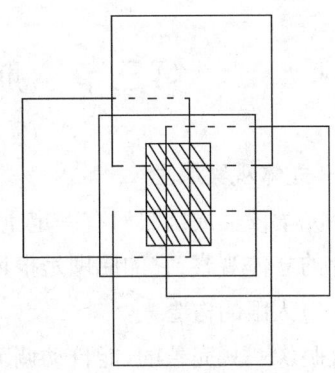

图 5-12　航空像片的使用面积

四、像片比例尺的测定

（一）平坦地区

当平坦地区的像片倾斜角小于 $1°$ 时，由于地形起伏和像片倾斜所引起的误差是很小的，像片上各处比例尺的变化也很小，故可用像片的平均比例尺作为像片的比例尺。

测定平坦地区像片比例尺时，通常是在像片的四个角上，选择四个明显的地物点 N_1、N_2、N_3、N_4（图 5-13），连接两对角线，并量出它们在像片上的长度 d_1、d_2，其相应的地面长度为 D_1、D_2，可由地形图上量得，也可在实地测量，则对像片比例尺有以下关系。

$$\frac{1}{M} = \frac{1}{2}\left(\frac{d_1}{D_1} + \frac{d_2}{D_2}\right) \tag{5-8}$$

(二)丘陵地区

由于丘陵地区地形起伏引起投影差,使像片各处的比例尺不一致,所以不能采用上述求像片平均比例尺的方法,而必须按测站求各点的平均比例尺。如图 5-14 所示,在测站 i 附近选择两个与测站点大致同高且与测站点的连线近于正交的明显地物点 N_1、N_2,在像片上量出测站 i 至地物点 N_1、N_2 的长度 d_1、d_2,并测出它们的实地长度 D_1、D_2,则该测站附近的平均比例尺为:

$$\frac{1}{M_i} = \frac{1}{2}\left(\frac{d_1}{D_1} + \frac{d_2}{D_2}\right) \qquad (5-9)$$

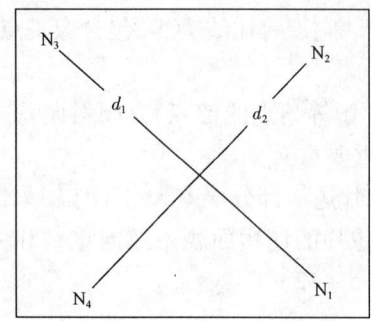
图 5-13 平坦地区像片比例尺的测定

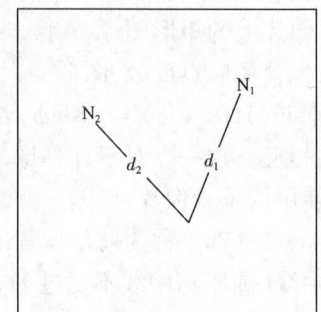
图 5-14 丘陵地区像片比例尺的测定

第三节 航空像片的立体观察与量测

一、立体观察原理

用光学仪器或肉眼对有一定重叠率的像对进行观察,获得地物和地形的光学立体模型,称为像片的立体观察,它的原理是根据人对物体的双眼观察。

(一)人眼的构造

人眼像一只完善的、能自动调节焦距、光圈的摄影机。从光学观点来看,分为两大部分:水晶体和网膜。水晶体的作用等于摄影机的物镜,水晶体四周韧带起伸缩作用,以改变水晶体的表面曲率,亦即能自动改变焦距以获得清晰的影像。瞳孔好似光圈,能自动调节光量。网膜相当于底片,能够感光。网膜中部对着水晶体光心中有黄斑,黄斑中有直径 0.4mm 的网膜窝,它是网膜中感光最强的部分。通过网膜窝中心和水晶体光心的连线称为视轴。当人们注视某点时,视轴能自动转向某点。

一般观察物体时,能看清物体的细节,而眼又不感觉紧张疲劳,水晶体的焦距为 22.79mm,相应的物距为 250mm。250mm 称为正常视力的明视距离。

所谓眼的视力,又称眼的分辨率,是眼睛能够辨认最小物体的能力,通常用所能判别的最小物体对眼睛张开的角度来表示。人眼的分辨率一般是 $1'$。就是说,假如有两个点,它们之间的距离在人眼中所形成的夹角若小于 $1'$,就会把它们看成是一个点,因而称 $1'$ 是人眼的分辨率。

眼的视力与许多条件有关,主要是照度的变更。在精密测量中,往往用加大照度来增强视力。人眼对辨认线状物体的视力比辨认点状物体的视力要强。例如有一个圆球的直径与一根电线断面的直径相等,人眼能看见电线的最远距离,比看见圆球的最远距离要大好多倍。

(二) 单眼观察

单眼观察物体时,只有一个眼睛的视轴指向所观察的物体,不能分辨物体的远近,也就是不能分辨出物体的景深(图5-15)。当观察点由 A_1 移到 A_2 时,物体在视网膜上的影像由 a_1 移到 a_2,表现为平面上的移动。如果 A_2 沿 SA_2 的方向移到 A_3,仅引起眼睛的调节现象,而点在视网膜上的位置不变。因此用单眼观察物体,就不能分辨出物体的远近,而只能凭经验判断,例如黑板把墙壁遮盖了一部分,就知道黑板比墙壁近。

(三) 双眼观察

用双眼观察空间物体时,可以判定物体的远近,这种现象叫做天然立体观察。双眼观察时(图5-16),两视轴交会于地物点上,其交角称为交会角(又称为视差角),地物点越远,交会角越小;地物点越近,交会角越大。交会角 ν 可用下式计算:

$$\tan \frac{\nu}{2} = \frac{b}{2D} \tag{5-10}$$

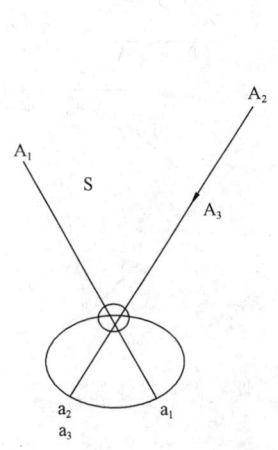

图 5-15 单眼观察

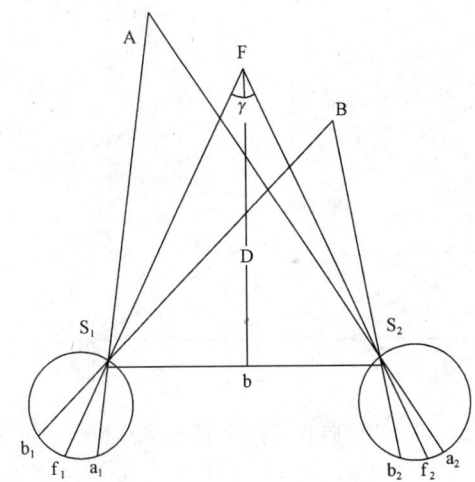

图 5-16 双眼观察

式中 b 为眼基线,D 为地物点至眼睛的距离。

若取 $b=65\text{mm}$,$D=250\text{mm}$,则有

$$\tan \frac{\nu}{2} = \frac{65}{2 \times 250} = 0.13$$

$\nu = 15°$,即明视距离的交会角为 15°。

若取 $D=120\text{mm}$,$b=58\text{mm}$ 或 72mm,可得最大交会角为 27°~33°。

由图5-16还可以看出双眼观察的另一个特点是:地物点的空间位置不同,它们在两眼视网膜上的像点分布情况就不同,这种差别称为生理视差。它是因为地物点对每只眼睛的相对位置不同所引起的。所以生理视差是产生立体感觉的原因。

当视轴向旁偏斜时,被观察的物点至两眼的距离不等,因而在两网膜上产生的影像比例尺就有差别(图5-17)。当视轴偏斜45°(根据实验两眼的旁向最大偏斜为±45°),而且所观察

的物点在明视距离处,网膜上影像比例尺之差约为13.5%,此时立体感仍然存在,如果网膜上影像比例尺之差达到16%时,立体效应就开始被破坏了。

如果所观察的物点,其在两眼的影像不位于一个视平面上,就会产生双影。正常人眼在天然立体观察中不会发生双影现象,但在像片立体观察中如果没有满足一定的条件,则会产生双影。

二、像对立体观察

像对立体观察,是用双眼把从相邻摄影站对同一地区摄取的两张像片,看成空间的光学立体模型。

假设安置两个焦距相等的摄影机,使两镜头中心的距离约等于眼基线,两摄影机光轴互相平行,摄取两张像片(图5-18)。S_1和S_2表示两摄影机的镜头中心,P_1和P_2为两张像片,物点A、B在两张像片上的像点分别为a_1'、b_1'和a_2'、b_2'。现用两眼来看像片,观察时两眼处于S_1和S_2的位置,并使左右两眼分别看左右两张像片。各像点在网膜上成像为a_1、b_1和a_2、b_2,其相应视线$\overline{S_1 a_1'}$和$\overline{S_2 a_2'}$、$\overline{S_1 b_1'}$和$\overline{S_2 b_2'}$必在空间相交,其交点为物点A、B的原有位置,B点浮于A点之上。同样其他各相应视线的交点也表示相应的物点,这样构成了立体模型。

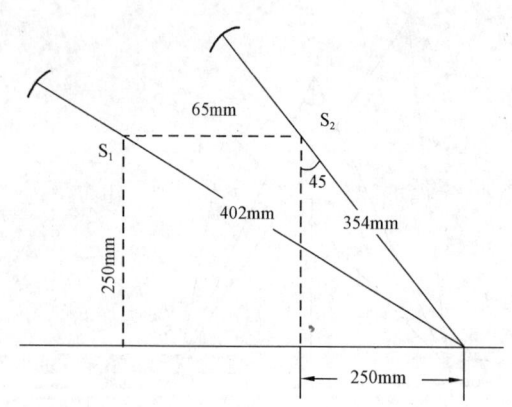

图5-17 视轴向旁倾斜时,两眼网膜上成像比例尺不一致

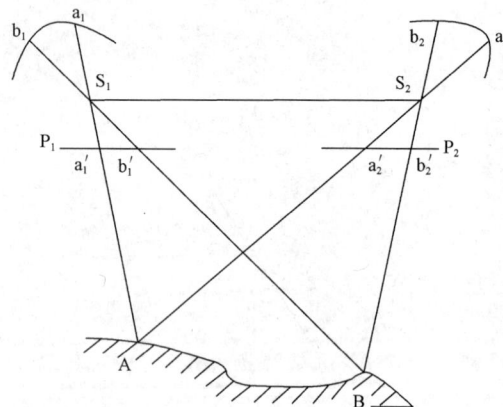

图5-18 像对立体观察

根据天然立体观察的性质,必须满足下列条件,才能将像对构成光学立体模型:

(1)必须是不同的摄影站对同一地区所摄取的两张像片。

(2)两张像片的比例尺相差不得超过16%。

(3)两眼必须分别各看两张像片上的相应影像,即左眼看左像,右眼看右像。

(4)像片所安放的位置,必须能够使相应视线成对相交,相应点的连线与眼基线平行。

三、用立体镜进行像对立体观察

分析上述像对立体观察的四个条件,可以发现有三个条件是摄影和安置像片时比较容易做到的,而其中左眼看左像、右眼看右像这个条件,若用肉眼直接观察还是比较困难的。因为像片位于明视距离处,而要控制视轴平行是很不容易的,如用立体镜观察,则很容易做到。

(一)立体镜的构造

立体镜有桥式立体镜和反光立体镜两种:

1. 桥式立体镜(图 5-19)

桥式立体镜是在镜架上装两个凸透镜构成,两透镜中心的距离等于眼基线。这种透镜具有放大作用,使影像更加清晰。仪器的支架使像片正好在焦平面上,影像的光线经过透镜后,平行进入眼中,而观察的物体好像位于无穷远处一样。仪器的镜框可以左右调节,使眼基线与透镜基线相等,这样眼睛感觉较为舒适而不容易疲劳。这种立体镜能观察像片重叠部分的一半,便于在野外使用。

2. 反光立体镜(图 5-20)

反光立体镜除了有放大镜外,还有四片两两互相平行的反光镜,在适合眼基线长度范围内装两小块倾斜45°的反光镜,再在适当位置,装两块与其平行的大块反光镜,凸透镜竖直装在两块反光镜之间,或水平装在小块反光镜之上。它的焦距等于凸透镜沿光路至像平面的距离。这样可以观察 23~30cm 边长的大像幅立体像对。反光立体镜常配有视差杆,可用来测定像点间的高差。

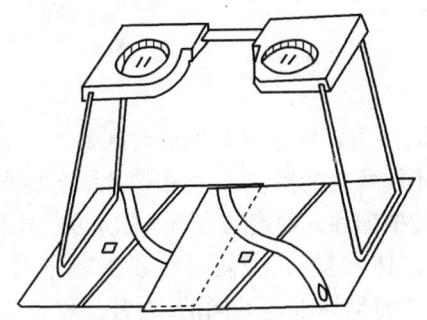

图 5-19 桥式立体镜

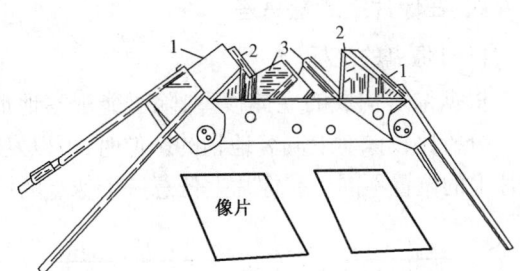

图 5-20 反光立体镜
1—大反光镜片;2—放大镜;3—小反光镜

(二)用立体镜观察像片的方法

用立体镜进行像对立体观察时,首先是像片定向。像片定向是用针刺出每张像片的像主点 o_1、o_2,并将其转刺于相邻像片上为 o_1'、o_2',在像片上画出像片基线 o_1o_2' 和 $o_1'o_2$,再在图纸上画一条直线,使两张像片上基线 o_1o_2' 和 $o_1'o_2$ 与直线重合(图 5-21),并使基线上的任意一对相应像点间的距离略小于立体镜的观察基线。然后将立体镜放在像对上,使立体镜观察基线与像片基线平行。同时用左眼看左像,右眼看右像。

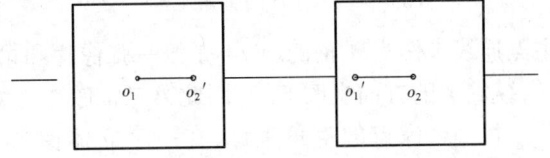

图 5-21 像片定向

开始观察时,可能会有三个相同的影像(左、中、右)出现,这时要凝视中间清晰的目标(如道路、田地),如该目标在中间的影像出现双影,可适当转动像片使影像重合,即可看出立体。

(三)用立体镜观察立体像对时应注意的事项

用立体镜观察像对时,必须尽可能地适合天然观察的情况,如果能达到这一点则所得到的立体就会很清晰,观察也不容易感到疲劳。

在天然立体观察时,两眼视轴经常是与眼基线在一个平面上的。各相应视线也同样与眼基线在一个平面上,当用立体镜观察时,就可能会破坏这种情况。例如:两张像片基线不在一条直线上,就会增加眼睛的疲劳,而且超过一定的限度后,就会完全破坏立体效应,即所观察的影像在垂直于眼基线的方向出现双影。反光立体镜内所装置的平面镜,如果不与通过眼基线而垂直于像平面的平面垂直时,也会发生这种现象。

进行立体观察时,像片必须按照摄影时的相应位置放置,即重叠部分在中央,此时产生的是正立体。如果左右两张像片对调,则产生反立体,即观察得到的立体感与实际情况相反,高山看起来变成深谷。

(四)光学立体模型的变形

在立体镜下看到的光学立体模型比实际地形起伏有所夸大,这是因为光学立体模型的垂直比例尺大于水平比例尺的缘故。光学立体模型的变形量可用变形系数 K 来表示,当眼基线与两张像片像主点的距离大致相等时,K 值的近似公式为

$$K = \frac{d}{f} \tag{5-11}$$

式中 d 为立体镜焦距,f 为航摄机焦距。

例如:航摄机焦距为 100mm,立体镜焦距为 250mm,则 $K=2.5$,即地形起伏被近似夸大了 2.5 倍。

四、在像片上测量高差

(一)像点的坐标

根据像对构成的立体模型,除了能观察地形起伏外,还可以用来量测地形的高差。

分析比较像对上同名地物的影像时,可以发现由于不同角度的摄影,是两张像片同名像点在像片上的位置不同。在像片上任意一个像点的位置,都是根据预先规定的直角坐标系来决定的。

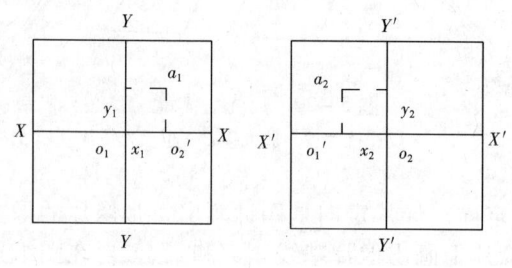

图 5-22 像片的直角坐标

在立体测量时,像对是测量的基本对象。两张像片的坐标轴是共同的,通常是将像主点作为这个坐标系的原点,X 轴是两张像片上像主点的连线,Y 轴是通过像主点垂直于 X 轴的直线,因此在每一个立体像对中,具有一个横坐标轴 X 和两个纵坐标轴 Y 和 Y'(图 5-22)。

在测第二个像对时,X 轴的方向就改变了,因为它是以第二张像片和第三张像片的像主点连线来作为 X 轴的(而不是第一张像片和第二张像片的像主点连线作为 X 轴)。由于这样,纵轴 Y 的方向也改变了,因此第二张像片上可以有两个不同的坐标轴线。

每一个像点的直角坐标,在一个立体像对中为 x_1、x_2 和 y_1、y_2(图 5-22),其中坐标值 x_1 和 y_1 表示左像片上某一点 a_1 的位置,而坐标值 x_2 和 y_2 是右像片上同名点 a_2 的位置。x 值在像主点右边为正,左边为负;y 值在像主点上边为正,下边为负。

(二)像点的高差与横视差的关系

像对上同名地物点的横坐标差称为横视差(左右视差),如图 5-23 所示。地面点 A 在左右两张像片上的影像分别为 a_1、a_2,A 点在左像片上的横坐标为 x_{a_1},在右像片上的横坐标为 x_{a_2},a 点的横视差 $P_a = x_{a_1} - x_{a_2}$。同

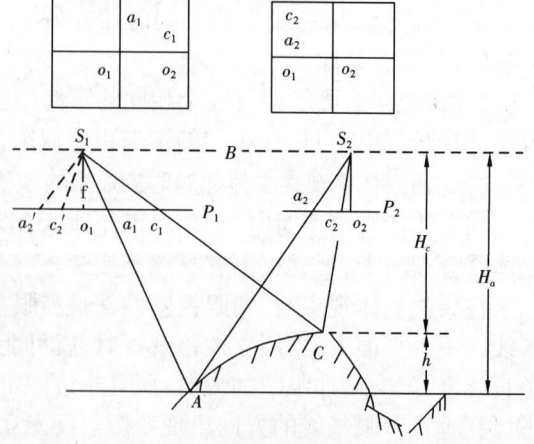

图 5-23 横视差与高差的关系

样，C 点的横视差 $P_c = x_{c_1} - x_{c_2}$。下面我们来研究根据像点横视差求算像点间高差的公式。

在图 5-23 中，地面 A、C 两点的高差为 $h = H_a - H_c$，$S_1 S_2$ 为摄影基线，令 $\overline{S_1 S_2} = B$，作 $S_1 a_2' \parallel S_2 a_2$，因为

$$\triangle S_1 a_2' a_1 \backsim \triangle S_2 A S_1$$

所以

$$a_2' a_1 = \frac{Bf}{H_a} \qquad (5-12)$$

$$a_2' a_1 = a_2' o_1 + o_1 a_1$$

$o_1 a_1$ 为像点在左像片上的横坐标，以 x_{a_1} 表示。

$a_2 o_1 = -o_2 a_2$，$-o_2 a_2$ 为像点在右像片上的横坐标，以 x_{a_2} 表示。则 $a_2' a_1 = x_{a_1} - x_{a_2}$。$x_{a_1} - x_{a_2}$ 是像对上相应像点 a 横坐标之差，即左右视差，以 P_a 表示，即 $P_a = x_{a_1} - x_{a_2}$。代入式(5-12)可得：

$$P_a = \frac{Bf}{H_a} \qquad (5-13)$$

同理可得：

$$c_2' c_1 = \frac{Bf}{H_c} \qquad (5-14)$$

$$c_2' c_1 = c_2' o_1 + o_1 c_1 = -o_2 c_2 + o_1 c_1 = -x_{c_2} + x_{c_1} = x_{c_1} - x_{c_2}$$

$x_{c_1} - x_{c_2}$ 为 C 点在像对上的横坐标之差，以 P_c 表示，即 $P_c = x_{c_1} - x_{c_2}$，代入式(5-14)得

$$P_c = \frac{Bf}{H_c}$$

而

$$H_c = H_a - h$$

有

$$P_c = \frac{Bf}{H_a - h} \qquad (5-15)$$

由式(5-15)和式(5-13)可得：

$$P_c - P_a = \frac{Bfh}{H_a(H_a - h)} \qquad (5-16)$$

式(5-16)中，$P_c - P_a$ 为 c、a 两像点在像对上的横视差的差数，称为左右视差较，以 ΔP 表示。$B \cdot \dfrac{f}{H_a} = B \cdot \dfrac{1}{M}$ 为像片基线长，以 b 表示。则式(5-16)可写成：

$$\Delta P = \frac{bh}{H_a - h}$$

$$h = \frac{\Delta P \cdot H_a}{b + \Delta P} \qquad (5-17)$$

式(5-17)表明：只要知道航高、像片基线长和两点间的左右视差较，就可以算出两点间的高差。

在一个像对上，可用下列简便方法，求出各点的近似高差。首先确定两张像片像主点的位置 o_1 和 o_2，并将其转刺于相邻的像片上，根据两像片求出像片的平均基线长。再用两脚规和带有毫米刻画的直尺，结合精度达到 0.1mm 的放大镜测量，在两张像片上量测各点的横坐标。根据各点的横坐标，计算左右视差较，即可求得各点间的高差。

例如：在两张像片上都有地面点 A 和 C 的影像，它们在左像片的位置为 a_1 和 c_1，在右像片上为 a_2 和 c_2。已知 $H_A = 3500$m，量出 $b = 61.3$mm，$x_{a_1} = 19.0$mm，$x_{a_2} = -41.3$mm；$x_{c_1} = +51.3$mm，$x_{c_2} = -12.0$mm。求 A、C 两点间的高差。

A 点的横视差　　　$P_a = x_{a_1} - x_{a_2} = 19.0 + 41.3 = 60.3 (\text{mm})$

C 点的横视差　　　$P_c = x_{c_1} - x_{c_2} = 51.3 + 12.0 = 63.3 (\text{mm})$

两点的左右视差较　　$\Delta P = P_c - P_a = 63.3 - 60.3 = 3.0 (\text{mm})$

两点间的高差　　　$h = \dfrac{\Delta P \cdot H}{b + \Delta P} = \dfrac{3.0 \times 3500}{61.3 + 3.0} = 163.3 (\text{m})$

即 C 点比 A 点高 163.3m。

用直尺量测横坐标，从而计算横视差和左右视差较，以求出高差的方法是比较繁琐的。一般在实际工作中，常采用仪器量测左右视差较。

（三）用视差杆量测左右视差较

视差杆是反光立体镜的主要部件，也叫做视差测微尺，其构造如图 5-24 所示。

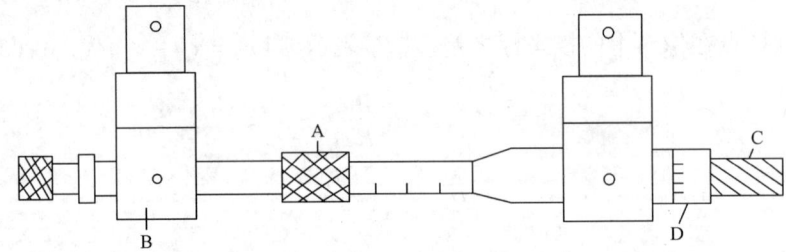

图 5-24　视差杆

视差杆的左右两端装有两块玻璃（称为视差板），在玻璃的中央刻有红色的小圆或十字线标志，作为测量左右视差时立体观测的两个测标，左边的视差板可以沿视差杆左右移动到所需要的位置，再用螺旋 B 固定。右边的视差板固定在视差杆的套筒上，当旋转视差螺旋 C 时，可以使它沿视差杆左右移动，改变两个测标之间的距离，其改变的毫米数值可以在视差杆上读出，小于毫米的数值可以在测微鼓 D 上读出。测微鼓上刻画为 100 格，每转一周（100 格）相当于 1mm，读数可读到 0.01mm。右测标移动范围为 0~4cm，超过这个范围时，则须预先移动左测标。

使用视差杆可按下列步骤进行：

（1）在立体镜下固定像对：首先把像片构成光学立体模型，然后固定像片。

（2）安置视差杆：在立体镜下将视差杆安置在像片上，使视差板上十字测标的间距约等于像对上同名像点的间距，杆身和基线平行。

（3）量测像点的左右视差较：使左方测标对准像片上某一像点，转动视差螺旋移动右方测标（视差螺旋顺时针时，两视差板间距扩大，测标在立体观察中下降；视差螺旋逆时针旋转时，测标上升),使空间测标刚好与地面某点相切时读数。然后,移至另一像点上,同法读出读数。这两次读数之差即为左右视差较。

最后应该指出的是:利用左右视差量测高差,会产生一定的误差。因为高差公式是根据航空摄影机光轴垂直、像面水平以及摄影基线位于同一水平线的情况下推算出来的。而实际摄影过程中,完全保持上述条件是很困难的,因此根据左右视差量测的高差,只是两点间高差的近似值。

思 考 题

1. 什么叫像片分辨率?它主要受哪些因素的影响?
2. 一般地物的反射能力有什么特性?它们对像片色调有什么影响?
3. 中心投影有哪些特征?
4. 航空像片和地形图有什么区别?
5. 在航空像片上因地形起伏引起的投影差有什么规律?
6. 利用像对进行立体观察,必须具备哪些条件?
7. 说明利用像对测定高差的原理。

第六章 航天遥感与图像

【本章内容提要】

航天遥感是现代遥感技术的重要组成部分。本章首先介绍有关航天遥感平台的姿态与轨道特征方面的基础知识;然后介绍目前常用的航天遥感系统,包括陆地卫星 Landsat 系列、SPOT 系列、气象卫星系列、海洋卫星系列等(这些遥感系统获取的信息是资源调查、环境监测、灾害评价诸方面应用的主要数据源);最后以陆地卫星(Landsat)为例,介绍其图像特征。

【基本要求】

(1) 了解遥感卫星的姿态与轨道参数。
(2) 掌握 Landsat 系列卫星的传感器和数据参数。
(3) 掌握 SPOT 系列卫星的轨道特征和传感器。
(4) 了解气象卫星系列和其他卫星系列。
(5) 掌握陆地卫星图像的几何特征形态和光学物理性质。
(6) 熟练掌握陆地卫星不同波段图像的特征和主要区别。
(7) 熟练掌握陆地卫星的符号与注记。

航天遥感是利用搭载在人造地球卫星、探测火箭、宇宙飞船和航天飞机等航天平台上的传感器对地表进行的遥感。与航空遥感相比,航天遥感具有以下特点:由于航天平台高得多,航天遥感的视野比航空遥感开阔,观察的地面范围大,可以发现地表大面积内宏观的、整体的特征;在同样长的时间内,航天遥感的观察范围远远大于航空遥感,因此航天遥感的效率比航空遥感高得多;人造地球卫星是最常用的航天平台,它发射上天后,可在空间轨道上自动运转数年,不需供给燃料和其他物资,因此,对于获取同样数量的遥感资料来说,航天遥感的费用要比航空遥感低廉;航天遥感可以对地球进行周期性的、重复性的观察,这极有利于对地球表面的资源、环境、灾害等实行动态监测;由于航天遥感平台远远大于航空遥感平台的航高,通常航天遥感的地面分辨率小于航空遥感的地面分辨率,航天遥感数据对地面细部的表现力逊于航空遥感数据,但随着新一代高分辨率传感器的研制成功,航天遥感数据的地面分辨率将有很大的提高。

第一节 遥感卫星的姿态与轨道参数

遥感卫星也称为地球观测卫星,是航天遥感平台的一种主要类型,目前所应用的航天遥感资料多数是遥感卫星搭载的传感器获取的。本节以遥感卫星为例,介绍其飞行姿态与轨道参数等知识,这些对于了解卫星遥感数据的特征及应用是非常重要的。

一、遥感卫星的姿态

遥感卫星在太空中飞行时由于受各种因素的影响,其姿态是不断变化的,这使得它所搭载的传感器在获取地表数据时不能始终保持设定的理想状态,从而对所获取的数据质量有很大的影响。为了修正这些影响,在获取地表数据的同时,必须测量、记录遥感卫星的姿态数据。一般来说,遥感卫星的姿态变化可以从下述两方面来描述:

(一) 三轴倾斜

三轴倾斜是指遥感卫星在飞行的过程中发生的滚动、俯仰与偏航现象(图6-1)。滚动是一种横向摇摆,俯仰是一种纵向摇摆,偏航则是指遥感卫星在飞行过程中偏移运行轨道。

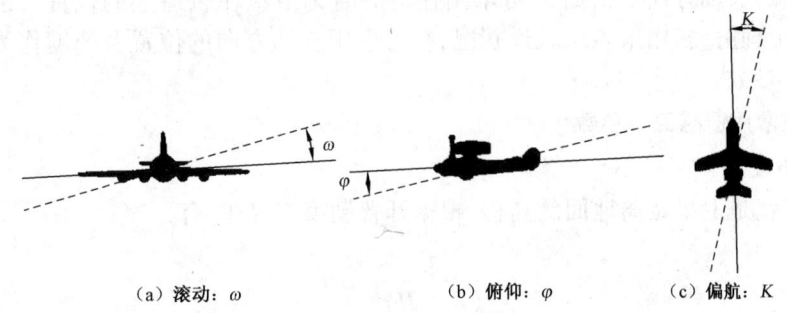

(a) 滚动:ω　　　(b) 俯仰:φ　　　(c) 偏航:K

图6-1　遥感平台飞行中出现的三轴倾斜

(二) 振动

振动是指遥感卫星运行过程中除滚动、俯仰与偏航以外的非系统性的不稳定振动。

遥感卫星运行中的姿态变化对其所获取的数据有很大影响。扫描成图所获取的数据随时间序列而变化,因此卫星的位置和倾斜的时间性变化干扰扫描图像质量,所以必须在平台上装载姿态测量传感器和记录仪,并在使用数据前做几何校正。

二、遥感卫星的轨道参数

(一) 开普勒的六个参数

用于表示遥感卫星轨道特征的数值组叫轨道参数。遥感卫星在太空中的运行,是一种受到地球以及月球和太阳引力的规律性运动,它所在的包含地球在内的平面叫轨道面。轨道参数各式各样,但对于遥感卫星来说,独立的轨道参数有六个,即开普勒的六个参数(图6-2)。

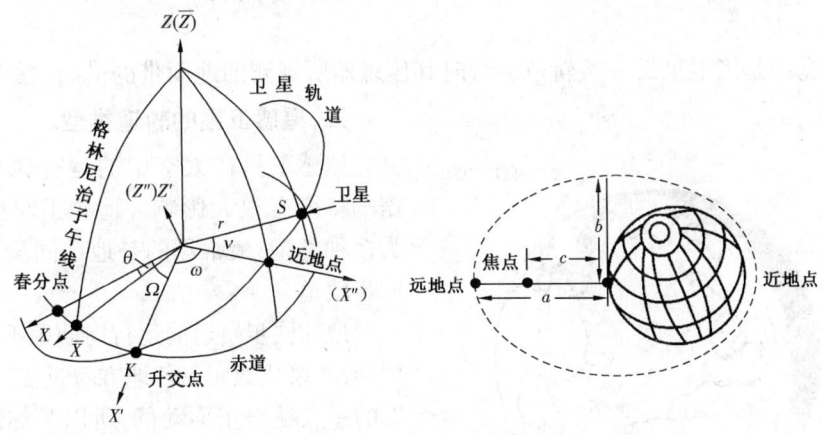

图6-2　卫星的空间轨道

轨道长半轴(a):卫星轨道远地点到椭圆轨道中心的距离。
轨道偏心率(e):椭圆轨道焦距c与长半轴之比,又称扁率,$e=c/a$。
轨道倾角(i):轨道面与赤道面的交角,即从升交点一侧的轨道量至赤道面。
升交点赤经(Ω):轨道上由南向北自春分点到升交点的弧长。
近地点角距(ω):轨道面内近地点与升交点之间的地心角。

过近地点时刻(t_p)：是卫星经过近地点的时刻，以年、月、日、时、分、秒表示，是运动时间的起量点，即以近地点为基准表示轨道面内卫星位置的量。

根据 a 和 e 可以确定轨道的形状和大小，根据 i 和 Ω 可确定轨道面的方向，根据 ω 可确定轨道面中轨道的长轴方向。根据 t_p 可求出任何一时刻卫星在轨道上的位置。以上参数由于比较直观、易于理解，多用来表示轨道状况；有时也用三轴方向的位置及速度作为轨道参数来代替上述六个参数。

（二）其他常用遥感卫星参数

1. 卫星高度

卫星高度就是卫星距离地面的高程，根据开普勒第三定律，有：

$$\frac{T^2}{(R+H)^3} = C \tag{6-1}$$

上式可以计算卫星的平均高度 H，即：

$$H = 3\sqrt{\frac{T^2}{C}} - R$$

2. 运行周期

卫星运行周期是指卫星绕地一圈所需的时间，即从升交点开始运行到下一次过升交点时的时间间隔，它与卫星的平均高度呈正相关。

3. 重复周期

卫星重复周期是指卫星从某地上空开始运行，经过若干时间的运行后，回到该地上空时所需的天数。

4. 降交点时刻

降交点时刻是指卫星经过降交点时的地方太阳时的平均值。

5. 扫描带宽度

扫描带宽度是当卫星沿一条轨道运行时其传感器所观测的地面带的横向（舷向）宽度。

三、遥感卫星的轨道类型

遥感卫星在太空中的运行轨道对遥感数据的特征有很大影响。遥感卫星的轨道可分为多种类型，最常见的是地球同步轨道和太阳同步轨道。

地球同步轨道的运行周期等于地球的自转周期，如果从地面上各地方看过去，卫星在赤道上的一点是静止不动的，所以又称静止轨道卫星。静止轨道卫星能够长期观测特定的地区，卫星高度高，能将大范围的区域同时收入视野，因此被广泛应用于气象和通讯领域中。

太阳同步轨道是指卫星的轨道面以与地球的公转方向相同方向而同时旋转的近圆形轨道（图6-3）。卫星轨道倾角很大，绕过地

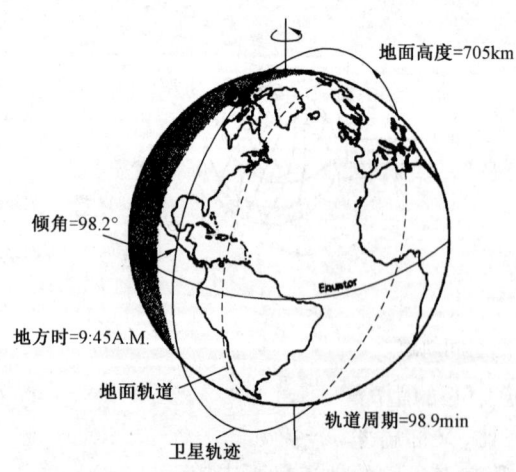

图6-3 陆地卫星4与陆地卫星5的太阳同步运行轨道

球极地地区,因此又称极轨卫星。在太阳同步轨道上,卫星于同一纬度的地点,每天在同一地方时同一方向上通过,即卫星轨道面永远与当时的"地心—日心连线"保持恒定角度。因此,太阳光的入射角几乎是固定的,这对于利用太阳反射光的被动式传感器来说,具有很大的优点,使得卫星在不同时间相对同一地区遥感时,太阳高度角大致相等。

第二节 航天遥感卫星系列

由上节可知,遥感卫星类型可以有很多种,而不同类型的卫星又具有不同的工作任务。按用途可分为军事侦察、气象观测、资源调查等卫星;按运行轨道高度分为高、中、低轨道卫星;按轨道特征分为极地轨道和近极地轨道,地球同步、太阳同步轨道等几种卫星。本节介绍几种常见的航天遥感卫星系列。

一、陆地卫星(Landsat)系列

美国国家航空航天局(NASA)在1967年制订了一个地球资源技术卫星计划(ERTS计划),预定发射六颗地球资源技术卫星,并分别命名为ERTS-1、ERTS-2、ERTS-3等。1972年7月NASA成功地发射了第一颗地球资源技术卫星ERTS-1。1975年,在发射ERTS-2之前,NASA将这一计划改名为陆地卫星计划(Landsat计划),将六颗卫星(不论是否发射)都改名为"陆地卫星"(Landsat),分别称为Landsat-1、Landsat-2、Landsat-3等。此后陆续成功发射了Landsat-3,Landsat-4,Landsat-5。1993年发射Landsat-6卫星,以替代Landsat-4与Landsat-5的工作,由于卫星上天后发生故障而陨落,实际上Landsat-6没有成功。1999年Landsat-7成功发射。在美国的Landsat-7计划中,以建立并定期更新全球陆地卫星存档数据库为目的,设计了长期数据获取计划(Long Term Acquisition Plan,即LTAP计划),计划在五年之内定期地获取每一景无云的陆地图像数据。为保证对地面数据的正常获取及对数据的充分利用,Landsat-7对ETM+传感器的信号处理部分进行了重新设计,使其可以在两种状态下工作,即高增益状态和低增益状态。发射成功的六颗卫星记录了地球表面的大量数据,扩大了人类的视野,现已成为环境与资源调查、评价与监测的重要信息源。表6-1介绍了七颗卫星的具体情况。

表6-1 Landsat系列卫星简况

卫星名称	发射时间	传感器	分辨率,m
Landsat-1	07/12/1972	RBV,MSS	80
Landsat-2	01/22/1975	RBV,MSS	80
Landsat-3	03/05/1978	RBV,MSS	80
Landsat-4	07/16/1982	MSS,TM	30,120 LW IR
Landsat-5	03/01/1984	MSS,TM	30,120 LW IR
Landsat-6	10/05/1993	ETM	(失败)
Landsat-7	04/23/1999	ETM+	30,60 LWIR,15 PAN

(一)Landsat卫星系列轨道特征

陆地卫星在太空中的运行路线称为空中轨道(简称轨道)。卫星正下方的地面点叫做它的星下点(又称天底点)。星下点的集合称为星下点轨迹(又叫地面轨迹或地面轨道)。

在向阳面，卫星从北向南运行，此时卫星处于白天；在背阳面，卫星从南向北运行，此时卫星处于夜晚。当卫星在白天从北向南运行时星下点轨迹与赤道的交点称为降交点；当卫星在夜晚从南向北运行时星下点轨迹与赤道的交点叫做升交点。卫星绕地球一圈的时间称为旋转周期；卫星每日绕地球的圈数称日绕圈数；卫星从某地上空开始运行直到又回到该地上空所经历的天数称为回归周期或覆盖周期；卫星通过降交点时的地方太阳时的平均值称为降交点时刻。此时刻一般在上午九时至十时之间或稍前稍后一些。扫描带宽度指的是当卫星沿一条轨道运行时其传感器所感测的地面带的横向宽度。表6-2提供了陆地卫星Landsat主要轨道参数。

表6-2 陆地卫星Landsat主要轨道参数

卫星编号	1	2	3	4、5	7
卫星高度,km	905.5/918	905.5/918	906/918	705.3	705
轨道面倾角(°)	99.906	99.210	99.117	98.220	98.2
旋转周期,min	103.267	103.155	103.150	98.9	98.9
日绕圈数	14	14	14	14.5	14.5
回归周期,d	18	18	18	16	16
覆盖全球圈数	251	251	251	233	233
降交点时刻	8:50	9:08	9:31	9:45	
扫描带宽度,km	185	185	185	185	185
降交点西退,km	2857	2857	2857	2752	
相邻降交点距离,km	159.38	159.38	159.38	172	

从表6-2中可以看出，陆地卫星在地面上空700多千米或900多千米高处运行，这种轨道属于中等高度轨道。若飞行太低，卫星受稠密大气摩擦，损耗增大，降低卫星工作寿命，且运行周期延长；若飞行过高，分辨率又难以达到要求。所以，中等高度是最适宜的。陆地卫星运行轨道偏心率不大，接近于圆形，轨道趋于圆形的主要目的是使在不同地区获取的图像比例尺基本一致。此外，近圆形轨道使得卫星的运行速度也近于匀速，便于扫描仪用固定扫描频率对地面扫描成像，避免造成扫描行之间不衔接的现象。陆地卫星轨道距两极上空较近，故称为"近极地轨道"。该轨道与赤道基本垂直，以保证尽可能覆盖整个地球表面，视野广阔。这种轨道保证了当卫星先后穿过同一纬度、不同经度的若干个地面点上空时，各地面点的地方太阳时大致相同。因此，星载传感器对同一纬度、不同经度的地区所成的图像是在大致相同的太阳高度角和太阳方位角的情况下获得的，这便于对同一纬度、不同经度地区的陆地卫星图像进行比较分析。

陆地卫星轨道是可重复轨道，重复周期为18天(1,2,3号)或16天(4,5,7号)。时间分辨率的高低与回归周期呈负相关，即回归周期越长，时间分辨率越低；回归周期越短，时间分辨率越高。

综上所述，陆地卫星的轨道特征可归纳为：中等高度、近圆形、近极地、太阳同步、可重复轨道。

(二) Landsat 系列卫星的传感器和数据参数

Landsat 系列卫星搭载的传感器共三种：反束光导摄像机（RBV）、多光谱扫描仪（MSS）、专题制图仪（TM）。Landsat – 1、Landsat – 2、Landsat – 3 上载有 RBV 和 MSS，Landsat – 4、Landsat – 5 装载 TM 和 MSS，Landsat – 7 上装有 ETM +。目前，对于 Landsat 系列卫星来说，已经不再使用 RBV 数据，应用最多的数据是多光谱扫描仪（MSS）和专题制图仪（TM）。

1. 多光谱扫描仪

多光谱扫描仪（Multispectral Scanner，MSS）是陆地卫星 Landsat 上装载的一种多光谱段光学—机械扫描仪，由扫描反射镜、校正器、聚光系统、旋转快门、成像板、光学纤维、滤光器、探测器等组成。当卫星在向阳面从北向南飞行时，MSS 以星下点为中心自西向东在地面上扫描 185km，此时为有效扫描，可得到地面 185km × 475km 的一个窄条的信息；接着 MSS 进行自东向西的回扫，此时为无效扫描，不获取信息。这样，卫星在向阳面自北向南飞行时，共获得以星下点轨迹为中轴、东西宽 185km，南北长约 20000km 的一个地面长带的信息。

Landsat – 1,2 上各有一台 MSS，其 4 个通道（光谱段）分别称为 MSS4、MSS5、MSS6、MSS7，光谱段颜色分别为绿（$0.5 \sim 0.6\mu m$）、红（$0.6 \sim 0.7\mu m$）、深红—近红外（$0.7 \sim 0.8\mu m$）、和近红外（$0.8 \sim 1.1\mu m$）。Landsat – 3 上装载的 MSS 在这 4 个波段的基础上又增加了一个热红外通道 MSS8，波长范围 $10.4 \sim 12.6\mu m$。Landsat – 4,5 搭载的 MSS 为 4 个波谱段，即保留了 MSS4,5,6,7 通道，并将其改名为 MSS1,2,3,4。Landsat – 7 没有装载 MSS。MSS 所有的光谱段中，只有 MSS8 通道地面分辨率为 240m，其他 4 个通道的地面分辨率均为 80m。

2. 专题制图仪

专题制图仪（Thematic Mapper，TM）是在 MSS 基础上改进发展而成，是第二代多光谱段光学—机械扫描仪。TM 采取双向扫描，正扫和回扫都有效，提高了扫描效率，缩短了停顿时间，提高了检测器的接收灵敏度。

在 Landsat – 4,5 上各有一台 TM，有 7 个通道，波段情况如下：

TM1　蓝通道，波长范围为 $0.45\mu m \sim 0.52\mu m$；

TM2　绿通道，波长范围为 $0.52\mu m \sim 0.60\mu m$；

TM3　红通道，波长范围为 $0.63\mu m \sim 0.69\mu m$；

TM4　近红外短波通道，波长范围为 $0.76\mu m \sim 0.90\mu m$；

TM5　近红外中波通道，波长范围为 $1.55\mu m \sim 1.75\mu m$；

TM6　近红外（热红外）通道，波长范围为 $10.40\mu m \sim 12.50\mu m$；

TM7　近红外长波通道，波长范围为 $2.08\mu m \sim 2.35\mu m$。

TM1,2,3,4,5,7 的地面分辨率均为 $30 \times 30m$，TM6 地面分辨率为 $120 \times 120m$。

Landsat – 7 搭载增强型专题成像传感器 ETM +（Enhanced Thematic Mapper Plus），增加了分辨率为 15m 的全色波段（PAN）；热红外波段的探测器阵列从过去的 4 个增加到 8 个，对应地面的分辨率从 120m 提高到 60m；ETM + 数据绝对辐射精度为 5%，波段间配准精度为 0.3 个像元。在不使用地面控制点的情况下，地理定位精度为 250m。

Landsat 系列卫星的传感器和数据参数见表 6 – 3。

表6-3 Landsat 系列卫星传感器简表

卫星名称	传感器	通道号	波长范围,km	空间分辨率,m×m
Landsat-1,2	RBV	1	0.475~0.575	80×80
		2	0.580~0.680	
		3	0.690~0.830	
	MSS	4	0.5~0.6	80×80
		5	0.6~0.7	
		6	0.7~0.8	
		7	0.8~1.1	
Landsat-3	RBV	全色	0.505~0.750	38×38
	MSS	4,5,6,7	同 Landsat-1 和 Landsat-2	80×80
		8	10.4~12.6	240×240
Landsat-4,5	MSS	1,2,3,4	同 Landsat-1 和 Landsat-2 的 4、5、6、7 通道	80×80
	TM	1	0.45~0.52	30×30
		2	0.52~0.60	
		3	0.63~0.69	
		4	0.76~0.90	
		5	1.55~1.75	
		6	10.40~12.50	120×120
		7	2.08~2.35	30×30
Landsat-7	ETM+	1	0.450~0.515	30×30
		2	0.525~0.605	
		3	0.630~0.690	
		4	0.775~0.900	
		5	1.550~1.750	
		6	10.40~12.50	60×60
		7	2.090~2.35	30×30
		8	0.520~0.900	15×15

(三) Landsat 系列卫星的数据产品

Landsat 系列卫星的数据产品多种多样,包括像片、胶片、数字盘和数字磁带四类。

1. 像片

用户可获取 MSS、TM 和 ETM+ 的像片资料。每幅像片所表示的地面区域大约为 185km×185km(Landsat-7 为 185km×170km)。南北相接的两幅图像之间有一定的航向重叠,东西相邻的两幅图像之间有一定的旁向重叠。

2. 胶片

胶片按片基的不同,可分为透明胶片(有负片和正片两种)和像纸片(只有正片)两类。按波段的不同,可分为各个单波段的黑白片和由几个波段合成的彩色合成片(有真、假彩色片之分)。胶片尺寸有70mm×70mm(2.75英寸)和240mm×240mm(9.50英寸)两种。TM 胶片有未校正片和已校正片两种。中国卫星遥感地面接收站提供240mm 的彩色和黑白的胶片和像纸片,放大片的最大尺寸可达1.2m。

3. 数字盘和数字磁带

数字盘是以1.44MB 软盘为介质的 Landsat 单波段数据,遥感地面站可提供 512×512 子区和 1024×1024 子区两种产品。

数字磁带有 HDDT、CCT、8mm 磁带、CD – ROM 等不同记录介质。高密度数字磁带(HDDT)能快速记录大量遥感信息,每英寸记录 1 万位以上的二进制数据。但 HDDT 不能直接进入通用计算机,必须经过一个磁带转换机才能把它转换为计算机兼容磁带。计算机兼容磁带(CCT)一般采用半英寸宽的标准磁带,可以直接进入通用计算机。HDDT 和 CCT 必须经过数/模转换(D/A)后才能进入普通计算机进行各种数据处理,从而再现图像。目前 CD – ROM 产品最为常见。

二、SPOT 系列

自 1978 年起,以法国为主,联合比利时、瑞典等一些欧共体国家,设计、研制了一颗名为"地球观测实验系统"(SPOT)的卫星,又称地球观测实验卫星。1986 年 2 月 22 日送入太空,代号 SPOT—1。SPOT—2 与 SPOT—3 已分别于 1990 年 1 月 22 日和 1993 年 9 月 26 日发射上天。SPOT—3 在运转了三年多以后,由于卫星定位系统失灵,太阳能电池板位置不正常,电能耗尽,于 1996 年 11 月 14 日与地面的联系中断。SPOT—4 于 1998 年 3 月 24 日成功发射,SPOT—4 增加了一个中红外(MIR)谱段,地面分辨率也有一定提高;同时加载一个植被探测仪(VEGATATION),有蓝、红、红外和短波红外 4 个谱段。SPOT—5 卫星于 2002 年 4 月发射,它是目前国际上最优秀的对地观测卫星之一,它实现了在不减少视场范围的条件下成倍提高图像的分辨率,全色黑白图像分辨率将达到 2.5m,彩色图像分辨率将提高到 10m,最大视场仍然保持在 120km。星上搭载了立体成像仪,能够在 180 秒内获 72000km^2 范围的可测定地形高度的立体图像数据,SPOT—5 卫星是集合了多重分辨率、多种传感器的新一代地球资源空间遥感平台。SPOT 的性能不断提高,但其产品保持了一致性和系列性。SPOT 系列卫星提供立体像对,数据具有地学立体判读分析和测图(包括制图和地图修测)兼容的优点,所以其产品广泛应用于制图、陆地表面的资源与环境监测、构建 DTM 和城市规划等研究领域。

(一)SPOT 系列卫星的轨道特征

SPOT – 1 的主要轨道参数见表 6 – 4。SPOT—2、SPOT—3、SPOT—4、SPOT—5 的轨道特征和主要轨道参数与 SPOT—1 基本相同。

表 6 – 4 SPOT—1 主要轨道参数

标称轨道高度,km	832
轨道倾角,(°)	98.7
旋转周期,min	101.46
日绕圈数	14 + 5/26
回归周期,d	26
覆盖全球圈数	369
降交点地方太阳时	10:30 ± 15(min)
相邻降交点距离,km	108.4
北纬 45°可感测模式,d ❶	1,4,1,4,1,4,1,4,1,4,1

---

❶ 以北纬 45°为例,如果在某一天 SPOT 对 A 地区作垂直观察(垂直观测),而在 1,5,6,10,11,15,16,20,21,25 天后分别在不同轨道上以不同倾角对 A 地区作倾斜观察(即倾斜观测),即在一个回归周期 26 天中,可对北纬 45°上任何一个地区作 11 次观察,相邻两次观察的间隔仅为 1 天或 4 天。不仅大大增加了在一个回归周期中对同一地区的观察次数,而且获得了许多立体像对。

与 Landsat 系列卫星的轨道特征相同,SPOT 系列卫星的轨道是中等高度、圆形、近极地、太阳同步、可重复轨道。白天卫星自北向南(略偏西)航行,夜晚自南向北(略偏西)航行。

(二)SPOT 系列卫星的传感器

SPOT—1、SPOT—2、SPOT—3 的主要成像传感器为高分辨率可见光扫描仪(High Resolution Visible range instrument,HRV)。SPOT—2 除了载有两台 HRV 外,还有一台固体测高仪(DORIS,即卫星集成的多普勒成像与无线电定位仪)。SPOT—3 除两台改进型 HRV 和一台 DORIS 外,还有一台极地臭氧和气溶胶测量仪(POAM - Ⅱ)。SPOT—4 对先前使用的传感器做出改进:在 HRV 中增加了一个 1.5~1.7μm、地面分辨率为 20m 的短波红外谱段;原 10m 分辨率的全色通道改为 0.61~0.68μm 的红色通道。同时,SPOT—4 加载植被探测仪(VEGATATION)、微波辐射计等传感器。

这里简要介绍 HRV 的波谱段,高分辨率可见光扫描仪(HRV)有三个多谱段通道:0.5~0.59μm(绿 XS1);0.61~0.68μm(红 XS2);0.79~0.89μm(近红外 XS3)。HRV 的地面分辨率是 20m×20m。HRV 的全色光谱段是 0.51~0.73μm(绿—深红),其地面分辨率是 10m×10m。全色谱段包括绿、黄、橙、红直至深红,但不包括青、蓝、紫光。多谱段的 XS1,XS2,XS3 相当于 TM2,TM3,TM4。HRV 缺少 MSS6(MSS3),TM1,TM5,TM6,TM7 相应的谱段。

HRV 的图像具有以下特点:

(1)垂直图像每幅为近于正方形的菱形,各边对应地面长度为 60km,倾斜图像横向宽度对应于地面舷向宽度 60~80km。

(2)在正常情况下以垂直观测图像覆盖全球;在有某些特殊要求时,也可以调整瞄准轴而获得一些倾斜观测图像。

(3)相邻轨道垂直图像间的旁向重叠,在赤道上是 4.3km 左右,越向两极走这种重叠越大,在垂直观测时两台 HRV 图像之间重叠 3km(固定不变)。

(4)SPOT 处在不同轨道上时,可对同一地区从不同角度观测成像,得到立体像对,这有利于摄影测量、地学及水文等方面的研究。

(5)地面几何分辨率较高,多谱段为 20m,全色为 10m(均指在天底点附近)。

(三)SPOT 系列卫星的数据产品

SPOT 图像数据处理质量标准分为四级五等,即 1A,1B,2,3,4。其中 1A 处理精度最低,4 级处理精度最高。此外,还有一种 S 级产品,是各时期均可以重叠处理的图像。无论哪一级产品,都有胶片和 CCT 磁带两类产品,图像基本比例尺为 1:40 万。

1. 图像产品

图像产品分为胶片和像片,多谱段胶片有黑白和彩色两种(表 6-5)。多谱段像片也有黑白和彩色两种(表 6-6)。

表 6-5 SPOT 胶片产品属性

精度级别	比 例 尺	胶片规格,cm×cm
1A,1B	1:40 万	24×24
1B	1:25 万~1:20 万	48×48
2,S	1:40 万	36×35
2,S	1:25 万~1:20 万	60×70

表 6-6 SPOT 像片产品属性

精度级别	比 例 尺	胶片规格,cm×cm
1,B	1:25万~1:20万	48×48
1,B	1:12.5万~1:10万	96×96
2,S	1:25万~1:20万	60×60
2,S	1:12.5万~1:10万	120×120

2. CCT 磁带

CCT 采用陆地卫星地面站规定格式。1A,1B,2级,S级的全色磁带(CCTS)和多谱段磁带(CCT)都有两种规格,即 6250 字节/in 或 1600 字节/in。在多光谱记录中,6250 字节/in 为谱段逐行交替记录,1600 字节/in 有谱段顺行记录和谱段逐行交替记录两种格式。

SPOT 的地面接收站较少,主要有两个:法国南部的图卢兹站和瑞典的基律纳站。此外,还有加拿大的艾伯特王子城站和温哥华附近的纳奈莫站、孟加拉的达卡站、印度的海德拉巴站。我国北京的遥感卫星地面站可兼容接收 Landsat 和 SPOT 的数据。

三、气象卫星系列

气象卫星广泛应用于国民经济各部门和军事领域,是太空中的自动化高级气象站,它能连续、快速、大面积地探测全球大气变化情况。气象卫星主要用于云移、云顶高度、云分布、海洋表面温度、对流上部水蒸气分布以及辐射平衡等方面的测定和研究。气象卫星数据对于资源遥感也有很大的参考价值,有时可直接用于环境方面的分析。

从 1960 年 4 月 1 日美国发射第一颗试验气象卫星起,目前世界已发射了 100 多颗气象卫星,组成了一个气象卫星观测网,观测范围覆盖了全球,对任一固定地区,每天将进行 4 次定时观测,使人们能够获得全球范围内连续的大气运动规律,这对台风、暴雨等灾害性天气预报、数值预报、洪水预报、海洋表层水温与海水预报、海区水系配置乃至渔业生产等都具有重要意义。

(一)气象卫星系列轨道类型

气象卫星的轨道有低轨道和高轨道两种。目前多数气象卫星属于低轨道卫星,也叫近极地太阳同步轨道气象卫星,它们每天一般只能获得两次观测资料,其飞行高度为 800~1500km,它的优点是:① 可获得全球观测资料并有利于使用;② 提高了图像的空间分辨率与探测资料的精度;③ 每天拍摄时得到了必需的照明条件,保证了图像质量;④ 卫星上的太阳能电池可得到足够的太阳照射,供给星内设备使用。

高轨道卫星飞行时高度近 36000km,轨道圆形,周期为 24h,其轨道平面一般与赤道平面重合,有些也存在倾角,但始终与地球转动同步。其优点是:① 卫星能连续进行不间断的观测,按照现有水平,每隔 20 多分钟就可获得一次观测资料(对小范围可缩短为 3~5min);② 星载仪器能观测到地球面积的 1/4,纬度在南北 60°以内,经度横跨 140°左右。如果有 4~5 颗这种卫星,就能对全球的中、低纬度地区进行观测。但是在极地区获取的数据不如低轨道卫星理想,所以高、低轨道卫星的组合观测是一种理想的方式。

气象卫星均采用圆形轨道,由此获取的资料处理时不需要对高度的变化进行纠正,并且图像具有相同的面积尺寸,星下点能等速地在地面上运动,这就使图像定位大为简化,同时便于轨道预报。

(二) 低轨气象卫星

1. 美国的泰罗斯卫星系列

泰罗斯(Television and Infrared Observation Satellite,TIROS)卫星系列是第一代实验气象卫星,1960年4月1日到1965年7月2日,共发射了10颗TIROS卫星,并做了多次改进。泰罗斯卫星系列轨道为非太阳同步椭圆轨道,轨道高度为680~2967km,轨道倾角为48°~60°。主要传感器有窄角、中角、广角电视摄像机以及高级甚高分辨率辐射计(Advanced Very High Resolution Radiometer,AVHRR)。

2. 美国的雨云卫星系列

1964年8月28日至1978年10月24日,美国发射了7颗雨云(NIMBUS)卫星。雨云卫星与Landsat系列卫星的形状、运行轨道都十分相似(实际上Landsat-1、2、3号即由雨云卫星改装而成)。雨云卫星为椭圆形或近圆形太阳同步轨道,轨道倾角为98.6°~104.9°,近地点在487~1248km之间,远地点在955~1354km之间。雨云卫星能获取地球局部的、大范围地区的可见光和红外卫星云图,NIMBUS-7还搭载海岸带水色扫描仪(Coastal Zone Color Scanner,CZCS),可进行海洋光学遥感。

3. 美国的艾萨卫星系列

1966年2月3日至1969年2月26日,美国共发射艾萨(Environmental Science Service Administration Satellites,ESSA)卫星9颗。艾萨卫星轨道为近圆形太阳同步轨道,近地点在800~1662km之间,远地点在965~1730km之间,轨道倾角在97.9°~102°之间,轨道上同时保持两颗卫星,地面站每隔6min收到一张云图,云图星下点分辨率为4km。

上述三种卫星系列的旋转周期在98~120min之间。

4. 美国的诺阿卫星系列

美国从1970年1月到1994年12月相继发射了16颗诺阿(NOAA)卫星。诺阿卫星为近圆形太阳同步轨道,轨道高度为833~870km,轨道倾角为99.092°,运行周期为102min,重复周期为9天,上午7:00和下午2:00经过赤道。诺阿卫星除了在气象领域的应用外,还能广泛用于非气象领域,如海洋油污监测、探测火山喷发、测定森林火灾和田野禾草燃烧状况,以及测定海洋涌流、探测植被生产力、确定蝗虫孳生地范围、农作物长势监测与作物估产、探测湖面水位变化等。由两颗诺阿卫星组成的双星系统,每天可对同一地区获得4次观测数据。

诺阿卫星上搭载的主要传感器有甚高分辨率扫描辐射计(AVHRR)和泰罗斯垂直分布探测仪(TIROS Rational Vertical Sounder,TOVS)。

诺阿卫星所载甚高分辨率扫描辐射计(AVHRR)(表6-7)是一种旋转平面镜式光学—机械扫描仪。全视场角为±56°,地面扫描宽度为2700km。

表6-7 AVHRR简况

通道	波长,μm	主要应用(1.1km分辨率)
1	0.58~0.68	天气预报、云边景图、冰雪探测
2	0.75~1.10	水体位置、冰雪荣华、植被和作物评价及草场调查
3	3.55~3.93	海面温度、夜间云覆盖、水陆边界、森林火灾、禾草燃烧探测
4	10.30~11.30	海面温度、昼夜云量、土壤湿度
5	11.50~12.50	海面温度、昼夜云量、土壤湿度

AVHRR 的通道 1 为黄—红谱段,通道 2 为深红—近红外短波谱段,通道 3 为中红外谱段,通道 4 和 5 为远红外谱段。

从 NOAA—K 开始,高级甚高分辨率辐射计(AVHRR)通道从 5 个增加到 6 个,谱段的情况也有所改变。由表 6-8 可见,2 通道变窄,消除水汽吸收,使植物指数更精确;3 通道的 A 用于白天,B 用于夜间;提高 1 和 2 通道低反照度地面的亮度分辨率,以增强对气溶胶的探测能力。白天可提供云覆盖和冰雪覆盖图像,夜晚可提供云覆盖和海面温度等的图像,它的高分辨率图像传输系统(HRPT)有 1.1km 的星下点分辨率,自动图像传输系统(APT)有 4km 的无畸变分辨率。

表 6-8 AVHRR 谱段的改变

谱 段	NOAA(E~J), μm	NOAA(K~H), μm
1	0.58~0.68	0.58~0.68
2	0.725~1.1	0.82~0.87
3	3.55~3.93	(A)1.57~1.78 (B)3.55~3.93
4	10.3~11.3	10.3~11.3
5	11.5~12.4	11.5~12.4

AVHRR 的一个像元的面积相当于 200 个 MSS 像元之和或 1340 个 TM 像元的面积之和,因此,在地面处理时可大大节约时间。这样,在对大范围资源环境作宏观监测预报时,AVHRR 既经济实惠又节省时间。

泰罗斯垂直分布探测仪(TOVS)是 HRIS(High Resolution IR Sounder)高分辨率红外测深仪、SSU(Stratospheric Sounding Unit)平流层垂直测深仪、MSU(Microwave Sounding Unit)微波垂直测深仪的总称,是测量大气中气温及湿度垂直分布的多通道分光计。另外,诺阿卫星装备的其他仪器还有 DCS(Data Collection System)数据收集系统、SEM(Space Environment Monitor)空间环境监测仪、SBUV(Solar Backscatter UV Experiment)太阳紫外背向散射仪、ERB(Earth Radiation Budget)地球辐射预测仪、AMSU(Advanced Microwave Sounder)高级微波测深仪和 ACZCS(Advanced Coastal Zone Color Scanner)高级海岸带彩色扫描仪等。

5. 风云一号卫星系列

1988 年 9 月 7 日,我国在太原发射中心,用自制长征—4 运载火箭成功地发射了"风云一号"(FY—1A)气象卫星。作为中国发射的第一颗环境遥感卫星,FY—1 气象卫星的主要任务是获取全球云图资料并进行空间海洋水色遥感实验。1990 年 9 月 24 日第二颗风云一号(FY—1B)气象卫星成功发射。FY—1A 和 FY—1B 均采用近圆形、近极地、太阳同步轨道,高度 900km,倾角约 99°,偏心率小于 0.005°,旋转周期约 102min,卫星一天绕地球飞行 14 圈,卫星姿态为 3 轴稳定对地定向,各轴指向精度均控制在 1°以内。

风云—1C 卫星(简称 FY—1C)于 1999 年 5 月 10 日由长征—4 乙运载火箭从太原卫星发射中心发射升空,是我国第一颗三轴稳定太阳同步极地轨道业务气象卫星,轨道高度 870km,倾角 98.85°偏心率小于 0.005°,轨道周期 102.3 分钟。主要功能是用于天气预报、气候研究及环境监测。我国各地地面站通过接收 FY—1C 的 CHRPT 数据,可以每天两次获取当地的观测资料。资料处理中心通过接收星上存储的数据,可以每天获取一次全球资料。FY—1C 的高分辨率实时广播资料 CHRPT 免费向全球开放。

— 113 —

FY—1(A、B)上装有2台甚高分辨率扫描辐射计,其性能与美国NOAA卫星上的AVHRR很相似,这两台仪器在轨道上可以通过遥控指令切换工作,互为备份。甚高分辨率扫描辐射计共有五个通道,其光谱覆盖范围为 $0.58\sim12.5\mu m$,波段宽为 $50\sim2000nm$(表6-9)。其中1,2,5波段用于拍摄可见光和红外云图,以供天气预报之用。1通道和2通道的测量数可提供植被指数,区分云和雪。3通道和4通道用于海洋水色观测,获取中、高浓度海洋叶绿素的分布图。扫描辐射计的红外探测通道,具有飞行中辐射响应校正能力,能定量测量目标(如海洋、云顶等)的等效黑体温度,其图像数据还可用于监测积雪、海冰、大面积的洪涝灾害等。

表6-9 FY—1(A,B)扫描辐射计各谱段特征

通道	波长,μm	主要用途
1	0.58~0.68	白天云图、地表图像
2	0.725~1.1	白天云图、水、冰雪和植被
3	0.48~0.53	海洋水色
4	0.53~0.58	海洋水色
5	10.5~12.5	昼夜云图、地表和海面温度

扫描辐射计随同卫星运行时,仪器扫描镜以360rad/min的速率沿地球扫描,每条扫描线采样2084个扫描点,地面覆盖的宽度约3200km。辐射计5个通道的瞬时视场都是1.2毫弧度,对应的星下点地面分辨率为1.1km。

FY—1C的主要探测仪器为多通道可见红外扫描计(MVIRS),其通道数由FY—1A的5个增加到10个(表6-10)。多通道可见光红外扫描辐射计的视场范围为1.2微弧度,星下点分辨率为1.1km,扫描速度为每秒6条扫描线,每条线有2048个像素点。

表6-10 FY-1C可见红外扫描辐射计各谱段特性

通道	波长,μm	主要用途
1	0.58~0.68	白天云层、冰、雪、植被
2	0.84~0.89	白天云层、植被、水
3	3.55~3.93	火点热源、夜间云层
4	10.3~11.3	洋面温度、白天/夜间云层
5	11.5~12.5	洋面温度、白天/夜间云层
6	1.58~1.64	土壤湿度、冰雪识别
7	0.43~0.48	海洋水色
8	0.48~0.53	海洋水色
9	0.53~0.58	海洋水色
10	0.90~0.965	水汽

风云卫星的主要产品多种多样(表6-11)。其中第6~8项应用了热红外通道。另外3通道、4通道可制作海洋水色图。

表6-11 风云一号气象卫星的主要产品

序号	产品名称	范围	分辨率,km	处理时次,次/d	输出方式
1	极射赤面投影拼图	0°~85°N 60°~150°E	3.7(赤道地区) 7.4(极区)	2(红外) 1(可见)	图像
2	多通道合成图(1,2,5)	中国	3.7(赤道地区) 7.4(极区)	1	图像
3	多时次亮度合成图	25°~65°N 60°~125°E	3.7(赤道地区) 7.4(极区)	1	图像
4	局地增强叠加云图	局部	1~4	根据需要	图像
5	单轨展宽云图	单轨探测区	1~4	2	图像
6	海面温度	0°~50°N 105°~155°E	0.5°×0.5°（经、纬）	1	电码字符
		0°~50°N 105°~155°E	0.5°×0.5°或2.5°×2.5°（经、纬）	日、候、旬、月平均	电码字符
7	射出长波辐射	0°~50°N 75°~150°E	0.5°×0.5°（经、纬）	日、候、旬、月平均	电码字符
8	云参数（云顶温度和云量）	15°~55°N 70°~155°E	5或50	2	字符
9	植被指数图	中国及邻国	6	1、旬	图像
		小范围另选	1~2	不定	图像字符
10	海冰分布图	36°~41°N 117.5°~122.5°E	0.02°×0.02°（经、纬）	1	图像字符

(三)高轨静止气象卫星

高轨静止气象卫星与地球自转同步运转,因此与地面保持相对静止状态,又称地球同步气象卫星。只有美国、日本、俄罗斯、欧洲空间局、中国和印度发射过这类卫星,其中美国研制和发射最早、数量最多。

1. 美国的地球同步气象卫星系列——SMS/GOES系列

该系列有三代:第一代为SMS/GOES,第二代为GOES—D、E、F、G、H,第三代为GOES—I、J、I、K、L、M。其中第三代为三轴稳定型卫星,有五通道成像仪和大气垂直分布探测器,目前正在天空工作。此系列用于天气预报、气象学研究、温湿度剖面提取及暴雨和热带飓风的监测等。表6-12为GOES—D~H与GOES—I~M两代GOES卫星的性能比较。

表6-12 两代GOES卫星性能比较

性能		GOES—D~H(4~8)	GOES—I~M(9~13)
卫星	稳定方式	自旋稳定	三轴星体稳定
	仪器构型	成像仪和探测仪器并用型	成像仪和探测器分离型
仪器扫描系统	扫描	自旋扫描	二轴换向扫描
	帧范围	20°(东西)×20°(南北)	19.2°(东西)×19°(南北)
	扫描方向	南北可选择,只能自西到东	南北和东西均可选择

续表

性能		GOES—D~H(4~8)	GOES—I~M(9~13)
成像	南北步进	0.192 毫弧度	0.224 毫弧度
	东西步进	像元数固定	像元数可选
	红外元件	双元敏感元件	多元敏感元件
	红外谱区	12 个带,滤光轮可选	4 个带,固定
	红外分辨率	7 或 13km 可选	4 和 8km 固定
	信号量化	8 或 10 比特	10 比特
	可见光分辨率	0.89km	1km
	信号量化	6 比特	10 比特
	地球定位	由地面系统进行	由仪器进行,精确到 2km
探测	扫描	多重自旋线扫描	步进和固定体积采样
	南北步进	0.192 毫弧度	1.120 毫弧度,能空跳步进
	东西步进	采样数固定	0.280 毫弧度采样点可变采样数
	红外元件	双元敏感元件	多元敏感元件
	谱区	12 个带,滤光轮可选	18 个红外带,1 个可见光带
	红外分辨率	13km	8km
	信号量化	10 比特	13 比特
	校准	帧前黑体、空间、电子校准	由命令或定时器进行黑体、空间校准,每 3min 空间校准一次
	地球定位	由地面系统进行	由仪器进行,精确到 4km

2. 日本的葵花气象卫星系列

葵花气象卫星系列(GMS 系列)自 1977 年 7 月到 1995 年 3 月,共发射了 5 颗卫星。GMS 系列卫星定位于东经 140°上空,高约 3580km,倾角为 0,每分钟自旋 100 周,每天绕地球一圈。GMS 系列卫星上载有可见光—红外自旋扫描辐射计(成像)和空间环境监测仪。GMS 系列可提供以下图像:全景圆形图像、日本邻区局部放大图像、分割圆形为 7 个扇形图像、极地立体投影图像、墨卡托图像。各种图像均有可见光、红外的等温、分层等图像。地面站还可以提供放大、缩小、数字图像处理、附加及投影变换。

3. 俄罗斯的 ELECTRO GOMS N1 静止气象卫星

该卫星成功发射于 1994 年 11 月,主要用于气象、水文、冰雪、陆地表面、灾害预警、云与地表的连续观测。轨道高 36000km,绕地球旋转周期为 24h。

4. 我国的风云—2 卫星

1997 年 6 月 10 日,我国在西昌发射中心用长征—3 运载火箭发射了第二代气象卫星风云—2(FY—2),并于 6 月 17 日最后定点于东经 105°赤道上空 35800km 处,成为一颗地球静止轨道气象卫星,卫星设计寿命为三年。FY—2 卫星经过 160 多天的测试和试用后,性能良好,达到了 20 世纪 90 年代国际同类卫星的水平,于 1997 年 12 月 1 日正式交付国家气象卫星中心使用。

FY—2 载有三通道可见光、红外和水汽自旋扫描辐射计、云图广播和数据收集转发器等仪器。辐射计的可见光通道(0.55~1.05μm)可得到白天云和地表反射的可见光信息,热红外通道(10.5~12.5μm)可得到昼夜的云和地表发射的热红外信息,水汽通道(0.62~0.76μm)可得到对流层中上部水汽分布信息。

FY—2辐射计覆盖视场角大,可达20°×20°,能够覆盖以我国为中心的约 $1 \times 10^8 km^2$ 的地球表面,即亚洲、大洋洲及非洲和欧洲的一部分;FY—2每隔30min可出一幅云图,可连续监测我国及周边地区的云、温度、水气、风场等气象要素的动态变化,较大地提高了对影响我国的多尺度天气系统的监测能力。其所获云图资料可填补我国西部和西亚、印度洋上的大范围气象资料的空白,为进行中长期天气预报和灾害预报起重要作用。

四、其他卫星系列

(一)海洋卫星

海洋卫星主要用于对海洋温度场,海流的位置、界限、流向、流速,海浪的周期、速度、波高,水团的温度、盐度、颜色、叶绿素含量,海水的类型、密集度、数量、范围以及水下信息、海洋环境等方面的动态监测。

1. 美国的海洋卫星系列(SEASAT)

1978年6月,美国发射了第一颗海洋卫星SEASAT—1。SEASAT卫星轨道是近极地、近圆形、太阳同步轨道,轨道高790km,轨道倾角为108°。绕地球周期是100分钟左右。一次扫描覆盖海面宽度是1900km。卫星能探测南北纬72°之间的地区,占全球面积的95%。

SEASAT卫星装载五种传感器,其中三种是成像传感器。这三种成像传感器是合成孔径测视雷达(SAR-A)、多通道微波扫描辐射计(SNMR)和可见光—红外辐射计(VIR)。

美国航空航天局(NASA)、国家海洋大气局(NOAA)和海军共同提出了一个带探索性质的实用业务计划国家海洋卫星系统。它包括海军海洋遥感卫星(NROSS)、海洋拓扑实验卫星(TOPEX)、海洋水色成像仪卫星(OCI)等同步观测海洋的专用卫星。其传感器性能在SEASAT—1的传感器基础上有所提高,可为天气与气候、海冰、海浪、海风、海面起伏、叶绿素含量等的研究以及海洋声传播预报提供实时资料。

2. 日本的海洋观测卫星系列

海洋观测卫星一号(MOS—1)于1987年2月19日发射上天,进入极轨道。该卫星发射后改名为桃花—1(MOMO—1)。海洋观测卫星一号B于1990年2月7日发射成功,后改名为桃花—1B(MOMO—1B)。两星的星体相同,主要参数基本相同。桃花—1卫星为近圆形近极地太阳同步轨道,轨道高907.8km,倾角99.1°;绕地球周期6190.5秒,每天绕地球13.958圈;回归周期17天,在一个回归周期中绕地球237圈;降交点时刻为上午10:05;相邻轨迹在赤道的间距为159km。

桃花—1卫星载有三种遥感器:多谱段电子自扫描辐射计(MESSR)、可见光—热红外辐射计(VTIR)和微波辐射计(MSR)。MESSR是由CCD构成的自扫描推帚式多谱段扫描仪,简称CCD相机。其地面分辨率为50m,可获立体图像。舷向总探测带宽为185km(两台MESSR综合起来的总带宽)。VTIR有一个可见光谱段和三个热红外谱段。其用途是监测海洋水色和海洋表面温度。地面分辨率为900m(可见光)或2700m,地面扫描带的宽度为1500km。MSR是工作在K频段的双频微波辐射计,主要用于水蒸气量、冰量、雪量、雨量、气温、锋面、油污等的观察。MOMO—1应用于陆地遥感时,其性能优于Landsat的MSS。

3. 欧洲遥感卫星系列

欧洲遥感卫星(ERS)系列主要用于海洋学、冰川学、海冰制图、海洋污染监测、船舶定位、导航、水准面测量、海洋岩石圈的地球物理及地球固体潮和土地利用制图等领域。1991年7月17日发射了ERS—1,1995年4月21日又发射了ERS—2,继承ERS—1的工作。ERS—1和ERS—2使用能全天候的测量和成像的微波技术,提供全球重复性的观测数据,并且他们能覆盖目前还未有或不足的观测领域,包括海况、洋面风、海洋环流及海洋/冰层等。ERS观测数据对于正确理解海洋—大气间相互作用、海洋环流及能量传输,估计南北极冰盖质量平衡,监测海岸动态过程和污染以及改善土地利用变化的探测和管理有重要意义。

欧洲遥感卫星(ERS)系列轨道为圆形极地太阳同步轨道,轨道倾角为98.5°,高度为782~785km。回归周期为3天,绕地球周期为100min,3天内绕地球43圈。ERS系列卫星上载有7种仪器:主动微波仪、雷达高度计、沿迹向扫描辐射计和微波探测器、精密测距测速仪、测风散射计、激光反射器、星载处理系统。

4. 加拿大的雷达卫星

由加拿大及美、德、英四国合作研制的第一颗加拿大遥感卫星(RADARSAT)是一颗微波遥感卫星,于1995年11月28日发射,1996年4月宣布正式开始服务工作。为保证数据的连续性,加拿大已计划制造基本同RADARSAT—1一样的RADARSAT—2。同时加拿大空间局和法国空间研究中心开始研究RADARSAT—2后的卫星发展计划,主要目的是通过对遥感卫星的应用和市场发展的分析,确定未来卫星计划的合成孔径雷达类型,以及能同SPOT卫星数据配合使用的雷达数据形式。雷达卫星应用于农业、海洋、冰雪、水文、资源管理、渔业、航海业、环境监控、北极和近海勘测等。

该卫星的轨道特点与一般的极轨卫星类似,是太阳同步卫星,中高度,轨道倾角98.6°,因此可以覆盖几乎南北纬81°之间的广大地区,其重复观察周期是24天。虽然轨道重复周期是24天,但通过选择工作模式,控制成像幅宽,可每天覆盖北极地区(73°以北),约3天可覆盖整个加拿大,也可为某些用户提供7天的重复观测。卫星的合成孔径雷达有很强的工作能力和数据处理能力,在每一轨道期间(约101min)最多观测时间是28min,一般是连续观测15min。合成孔径雷达有五种工作模式,用户可根据不同需要提出要求,通过地面控制指令改变扫描幅宽和分辨率来满足用户要求。它与一般可见光和近红外传感器的不同之处在于雷达可以全天候工作,因此无论升段和降段都可以接收数据。由于天线是侧视方向发射微波,所以当在卫星升段时间向东观察接收数据,而卫星降段时间则是向西观察同样可以接收数据(表6-13)。研究表明,双频多极化的合成孔径雷达数据应用范围很广,例如C频段和X频段有很好的相关特性,而C频段和L频段能提供很好的信息组合。许多应用需要双频雷达数据(如陆地观测)、交叉极化数据和光学与雷达合成数据,尤其是农作物估产与生长监测、海岸带监测、海冰监测以及测绘和其他调查工作等。

表6-13 RADARDAT的轨道与传感器常用参数

参　　数	RADARSAT
轨道	与太阳同步
高度	798km
轨道倾角	98.6°
轨道周期	100.7min

续表

参　数	RADARSAT
重复周期	24 天
观察方向	升段向东
	降段向西
重复覆盖	1 天(极圈附近)
	3 天(中纬度区)
波段	C 段(5.6cm)
极化	HH

RADARSAT 携带的成像传感器有合成孔径雷达(SAR)、多谱段扫描仪、先进甚高分辨率辐射计(AVHRR),非成像传感器有散射计。

SAR 是一套多波束合成孔径雷达,工作频率为 5.3GHz,属 C 频段,HH 极化。SAR 有五种工作模式(略)。

多谱段扫描仪(MSS)是多线列式传感器,有四个波段($0.45\sim0.50\mu m$,$0.52\sim0.59\mu m$,$0.62\sim0.68\mu m$,$0.84\sim0.88\mu m$),地面覆盖宽度为 417km,地面分辨率为 30m。

AVHRR 有五个波段($0.58\sim0.68\mu m$,$0.725\sim1.1\mu m$,$3.55\sim3.93\mu m$,$10.3\sim11.3\mu m$,$11.5\sim12.5\mu m$),地面宽度 300km,地面分辨率为 1300m。散射计用于测量海洋表面风速、风向。测量风带精度约 ±10%,风向精度 20°,向卫星两侧各覆盖 600km。

(二)地球资源卫星

1. IKONOS 卫星

美国在 1999 年 9 月 24 日发射了高精度的 IKONOS 卫星,这是世界上第一颗商用 1m 分辨率的遥感卫星。

IKONOS 卫星为太阳同步轨道。轨道高度为 680km,轨道倾角为 98.2°。卫星每日环绕地球飞行 14 圈,即每 98min 一圈,重复周期为 3 天。IKONOS 卫星装载的传感器有四个通道,其中通道 1 是 $0.45\sim0.52\mu m$ 蓝光波段;通道 2 是 $0.52\sim0.60\mu m$ 绿光波段;通道 3 是 $0.63\sim0.69\mu m$ 红光波段;通道 4 是 $0.76\sim0.90\mu m$ 近红外波段。

IKONOS 卫星图像像幅宽度为 11km,扫描面积有 11km × 11km,130km × 56km,37km × 100km,11km × 100km,11km × 1000km 等规格,镶嵌图面积最大可达 10000km^2。该卫星的分辨率有 1m 和 4m 两种,其具体情况如下:

1m 分辨率　　　全色　　　波长范围是 $0.45\sim0.90\mu m$

4m 分辨率　　　多光谱　　波长范围与 Landsat TM1~4 相同

IKONOS 提供具有航片效果的卫星数据"照片",能直观清楚地分辨出道路上的交通标志线,所以其图像广泛应用于精度相对较高的城市内部的绿化、交通、污染、建筑密度、土地、地籍等的现状调查、规划、测绘地图、大型工程选址、勘察、测图和已有工程受损监测等,还可应用于农业、林业等领域内的详细调查和监测。

2. 中巴地球资源卫星(CBERS)

中国与巴西合作研制的资源—1 卫星于 1997 年 10 月 14 日用中国的长征—4 火箭发射成功,这是我国第一颗数字传输型资源卫星,是我国在当时卫星技术的基础之上与巴西之间的国际合作,其目标是在互利和各负其责的基础上发展空间技术。

资源—1卫星整体系统包括5个部分：星体、测控、数据接收和处理系统、运载工具、发射场。卫星上有效载荷包括：三台成像传感器、一台数据收集系统(DCS)、一台检测空间高能辐射的空间环境监测仪(SEM)、一台实验性高密度磁带机(HDDR)。三台成像传感器为广角成像仪(WFI)、高分辨率CCD相机(CCD)、红外多光谱扫描仪(IR—MSS)，其中WFI为巴西的产品。

资源—1卫星的轨道倾角是98.5°，高度是778km，地面相邻轨道间隔时间3天，属于太阳同步轨道，回归周期26天，卫星设计寿命为2年。资源—1卫星搭载的传感器(表6-14)包括CCD相机、广角成像仪(WFI)和红外多谱段扫描仪(IR—MSS)。

表6-14 资源—1卫星传感器表

传感器	波长范围,μm	地面分辨率,m×m	地面覆盖宽度,km
CCD相机	0.45~0.521 0.52~0.59 0.63~0.691 0.77~0.891 0.51~0.731	19.5	113
红外多光谱扫描仪(IR—MSS)	0.50~1.10 1.55~1.75 2.08~2.35 10.4~12.5	77.8 156	119.5
广角成像仪(WFI)	0.63~0.69 0.77~0.80	256	885

CCD相机是资源—1卫星的主要传感器，分五个波段：0.45~0.521μm，0.52~0.59μm，0.63~0.691μm，0.77~0.891μm，0.51~0.731μm。其地面覆盖宽度为113km，天底点空间分辨率为19.5km。

IR—MSS分五个波段：0.50~1.10μm，1.55~1.75μm，2.08~2.35μm，10.4~12.5μm。其地面覆盖宽度为119.5km，空间分辨率在波段0.50~1.10μm和2.08~2.35μm时为77.8m，在波段10.4~12.5μm时为156m。

广角成像仪(WFI)的波段为：0.63~0.69μm，0.77~0.89μm。其地面覆盖宽度为885km，分辨率为256m。

资源—1卫星的数据将由北京站、西北站和华南站接收处理。其主要产品及分级如下：0级提供CCT磁带、胶片、像片。1A级经像元辐射纠正、去除条带、传递函数校正。1B级经辐射纠正与几何校正，也可与任何标准地图投影匹配，定位精度优于2km，内畸变误差不超过3个像元。2A级经过面控制点精纠正。2B级经地形补偿纠正，可满足测制地形图的要求。

3. 地球观测卫星

美国NASA于2000年11月21日发射了一颗崭新的卫星—地球观测—1(EO—1)卫星，EO—1是进行卫星本体和传感器等新技术验证的试验性卫星，展示了21世纪地球观测卫星的新概念和新技术。EO—1卫星为太阳同步圆形轨道，其高度为705km，轨道倾角为98.7°，降交点经过赤道时为10：00，及GPS测轨(Landsat-7无)，轨道特征与Landsat-7基本相同，这样可以使EO—1和Landsat-7两颗星的图像每天至少有1~4景重叠，方便进行对比。

EO—1 装载 3 台传感器(表 6 – 15),即高级陆地成像仪(ALI)、LEISA 大气校正仪(ALC)和高光谱成像仪(HYPERION)。

表 6 – 15　EO – 1 传感器简况

	光谱范围,μm	光谱分辨率,nm	地面分辨率,m	刈幅,km	质量,kg	功耗,W
ALI	0.4 ~ 2.4	30 ~ 270	10(Panl),30(Ms2)	37	106	118
LAC	0.8 ~ 1.65	1.0 ~ 2.5	250	185	8	40
HYPERION	0.4 ~ 2.5	10	30	7.5	49	78

ALI 的性能与 Landsat – 7 上的 ETM + 基本相当。ALI 共有 10 个波段,覆盖 400 ~ 2400nm 的范围。其中 443nm、867.5nm 和 1250nm 3 个波段是 ETM + 所不具备的。443nm 可进行大气气溶胶测量,867.5nm 和 1250nm 可测量大气水汽。但 ETM + 有一个 ALI 没有的热红外波段(11.45μm)。ALI 的地面分辨率为 30m,视场角(FOV)与 Landsat – 7 相同,但 ALI 使用的焦平面元件数仅占 1/5 的 FOV,所以 ALI 的刈幅仅是 ETM + 的 1/5,即 37km。ALI 的信噪比(SNR)为 100 ~ 200,比 ETM + 的 SNR ≤ 50。所以,ALI 图像质量要比 ETM + 好。

LAC 是一台高光谱大气成像仪,也是目前世界上唯一的大气校正仪。LAC 在水汽吸收带和 O_2 吸收带设置了很多个波段,光谱范围为 0.85 ~ 1.6μm 和 0.76μm,可以获得大气水汽和气溶胶的图像和光谱曲线。地物的定量辐射特性受传感器的辐射精度和大气路径散射等因素干扰。大气路径散射来自气体分子、水汽和气溶胶散射,其影响程度又受地物的辐射通量和反射比影响。对于陆地表面,反射比相对较高,大气影响相对较轻;对于海洋表面,海水辐射率低,约为陆地表面的 1/10,大气影响显得严重。

HYPERION 是美国研制的星载图谱测量仪,既可以用于测量目标的波谱特性,又可对目标成像。HYPERION 能提供高质量的地球观测数据,HYPERION 有 30m 的空间分辨率,获取 400 ~ 2500nm 光谱范围内 20 个连续光谱通道观测数据。每幅 HYPERION 图像覆盖地面 7.5 × 100km^2,能提供 220 个波段上的详细成像光谱信息。HYPERION 图像数据可广泛应用于采矿、地质、农牧业和环境保护等领域,可用于复杂的陆地生态系统成图和精确分类。

HYPERION 与多光谱成像仪的主要差别是:光谱分辨率高、谱段多。到目前为止除了这一台以外,世界上还有两台类似这样的仪器:① MODIS(中分辨率成像光谱仪),装在 EOS Terra 卫星上;② FTHSI(傅里叶转换超光谱成像仪),装在美国空军的 MightySat—2.1 卫星上。MODIS 波段数为 36 个,波段范围 0.4 ~ 15μm,波段不连续,地面分辨率为 250 ~ 1100m,与 HYPERION 相比还有差距;FTHSI 波段数为 200 多个,波段范围 0.35 ~ 1.05μm,波段连续,与 HYPERION 相同,地面分辨率也是 30m。

第三节　陆地卫星图像特征

陆地卫星图象是通过陆地卫星所获取的遥感资料之一,它是由反束光导摄像机(RBV)、多光谱扫描仪(MSS)和专题制图仪(TM)等仪器,在陆地卫星上采取扫描方式所获得的遥感图像。目前对于陆地卫星(Landsat)系列来说,RBV 数据已经不再使用,应用最多的数据是多光谱扫描仪(MSS)和专题制图仪(TM)数据,因此,本节以多光谱扫描仪(MSS)图像为例,说明陆地卫星图像的特征。

一、陆地卫星图像的几何形态特征

(一) MSS 图像的成像过程及特点

多波段扫描仪（MSS）作业时扫描镜以 15.2 次/s 的频率摆动，摆幅 ±2.89°，扫描横过卫星运行轨迹方向，向下张开形成 11.56° 的视场角，在 910km 的标称轨道高度上构成对应地面宽 185km 的扫描带。扫描镜每摆动一次有 6 条扫描线同时扫过地面，6 条扫描线的地面覆盖宽度为 474m，这个宽度由一扫描缝隙来保持。摆动一次即对地面 185km×474m 面积上的地物进行四个波段的同时扫描。扫描镜反复摆动，但有效扫描均由西向东。一幅 $185 \times 185 km^2$ 的 MSS 图像需要进行 390 次有效扫描，既每幅图像应有 2340 条扫描线。每条扫描线又由 3240 个像元（或称像素）组成，则每幅图由 2340×3240 个像元所组成。扫描仪在有效扫描期间内，以 9.95μs 的时间间隔，对地面 $79 \times 79 m^2$ 面积内反射来的电磁辐射进行采样，这个采样的数值就是一个像元。沿扫描的方向上，由于采样时的瞬时视场间略有重叠，所以实际上每个像元所对应的地面面积是 $79 \times 57 m^2$。

扫描成像的 MSS 图像每一次有效扫描，都存在一个投影中心，而且投影中心位置还会随扫描镜的转动而移动，即 MSS 图像是多中心投影图像。中心投影的图像，其中心与边缘处比例尺实际上微有不同，MSS 图像每一扫描行各部位的图像存在微小的出入。只是由于比例尺小，由中心投影引起的像点位移和边缘部分的歪曲，对图像解译影响不大。

由于陆地卫星与太阳同步，MSS 图像能在相同地方、基本相同的光照条件下成像，这样的图像有利于对同一地区、不同季节的图像进行对比解译。

(二) MSS 图像几何特征

1. 几何形态

MSS 图像为菱形，这是卫星成像系统的空间上和时间上的运动关系在几何形态上的反映。以卫星在地球赤道上空为例：地球每秒钟自转的速度是 27.83km/min≈0.46km/s，一幅扫描图成像大约需要 25.6s 的时间，地球自转的距离是 0.46km/s×25.6s≈11.8km。故此，有 11.8km 的偏差。

2. 地理坐标

MSS 图像边框处的经纬度，是根据成像的精确时间、卫星的姿态数据、前进方向等因素，先计算求得每幅图的像主点（注记上的"C"）的经纬度，再以此为基础扩展而得出。经纬网格在中纬度区以半度为一注记，高纬度区以一度为一注记。经纬度以度数旁边一段垂直于图像边框的短线的靠近边框一侧的端点为准（图 6-4）。北半球分别以 N、E 代表北纬和东经。有时一幅图像一边同时 N 和 E 的度数注记，由于一幅图像面积很大（185km×185km），中、高纬度区的纬线实际上应当是微微弯曲的弧线。

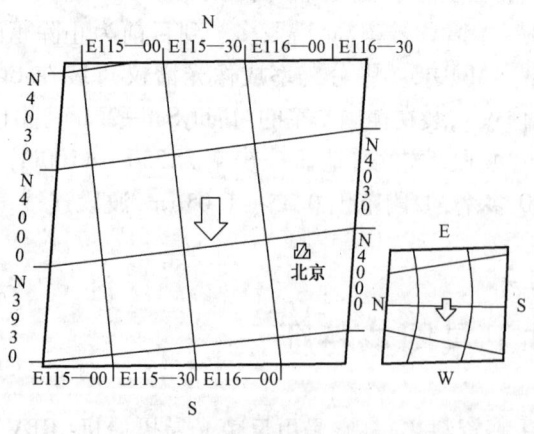

图 6-4 卫星图像的经纬度网格注记

3. 图像的重叠

多光谱扫描图像有纵向重叠和横向重叠。与航空像片相似，但并不相同。

(1)横向重叠(旁向重叠)。

MSS 图像的旁向重叠,是由卫星运行轨道决定的,以 Landsat-1 号陆地卫星为例,从表 6-2 中可以看出,Landsat-1 号陆地卫星每天运行 14 圈,重复周期为 18 天,旋转周期为 103.267 分钟,扫描带宽度为 185km。在赤道附近,卫星从 M 天的 N 圈运行到 $M+1$ 天的 N 圈时,共需要 $103.267 \times 14 = 1445.738$ min(一天等于 $24 \times 60 = 1440$ min)。在这个时间内,地球已自转 361.43°,即卫星轨道赤道地面的投影线每过一天将向西移动 1.43°,即西移 159km(赤道周长 40075.036km)。因此赤道 M 天与 $M+1$ 天任何轨道的相邻图像,都有 26(=185-159)km 的旁向重叠,重叠率为 14%(图 6-5)。Landsat-4 和 Landsat-5 号多光谱扫描图像,在赤道地区轨道间距为 170km,成像宽度为 185km,有 15km 的重叠,重叠率为 8%。

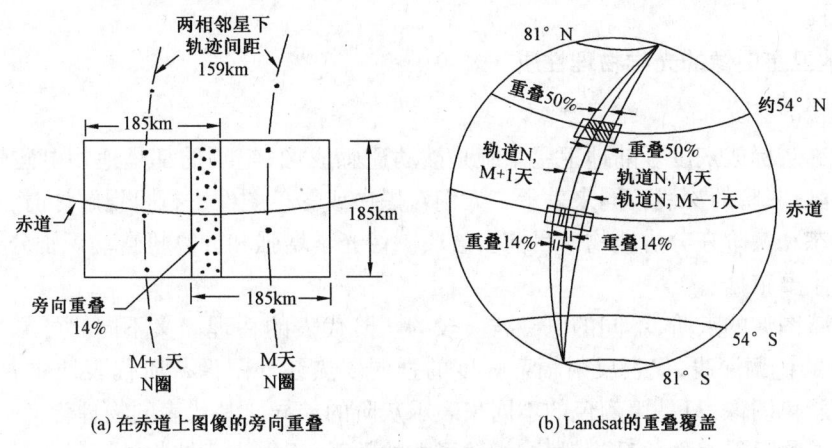

(a)在赤道上图像的旁向重叠　　(b)Landsat 的重叠覆盖

图 6-5　陆地卫星图像的旁向重叠

不同纬度的旁向重叠率不同。因为卫星轨道平面与赤道平面的夹角是 99.906°,所以赤道地区重叠率最低,而向两极增加(表 6-16),至纬度 81°时,重叠率达 85%。

表 6-16　陆地卫星 1 号多光谱扫描图像的旁向重叠

纬度	0	10	20	30	40	50	60	70	80
旁向重叠率,%	14	15.4	19.1	25.6	34.1	44.8	57.0	70.6	85.0

MSS 图像由于比例尺小,立体观察时地形起伏就不大,在 N55°～S55°间,旁向重叠率低于 50%,也不能看到全幅立体图像,所以 MSS 图像的立体观察效果是较低的。

(2)纵向重叠。

MSS 图像的纵向重叠,是人为地把同一轨道上的上一幅图像的下段再一次扫描加入在下一幅图像的顶端,重叠地段相当于地面 18km,重叠率 10%,固定不变。

4. 比例尺

卫星图像的比例尺可以分为底片比例尺和卫片比例尺。

(1)底片比例尺。

底片分为粗制底片和精制底片。粗制底片:无地面控制点,只对卫星运行过程、遥感仪器、地表状况等引起的系统几何误差进行纠正。精制底片:经精制处理,是利用地面控制点测量、校正 MSS 图像几何畸变引起的误差,精制图像相当于图像地图。目前,陆地卫星系统在我国境内无地面控制点,所以我国境内的 MSS 图像都为粗制图像。粗制底片为美国地面接收站或其他接收站出售,其比例尺一般为1:336.9万,相当于底片尺寸70mm×70mm。

(2)卫片比例尺。

可以根据工作性质做不同的比例尺,常见的有:1:100万、1:50万、1:25万、1:20万、1:10万。

5. 编号

陆地卫星图像编号是采用遍及全世界的参考系统(WRS)的方法。该方法是由两个数字组成,前面一个数字为卫星轨道号数,后面一个数字为行数。第1—3号陆地卫星轨道号数是从美国东海岸纽芬兰岛的东部起算,我国领土大约位于122—163号轨道之间,行数是从高纬向低纬计算,我国领土大约位于23—58号之间。例如,133—32(北京幅),就是指第133号轨道的第32行。

二、陆地卫星图像的光学物理性质

(一)图像的灰阶

灰阶又称灰标或灰度。陆地卫星系统是被动遥感成像,纪录的都是地物电磁辐射的反射波谱特性,并以灰阶的深浅不同来表示。人们对黑白或彩色图像进行目视解译时,主要依据地物的图像形态和灰阶来分辨地物。目前多波段图像光学增强和计算机自动识别分类是以图像的灰阶作为主要依据。

黑白遥感图像的灰阶,不同的电磁波波段的灰阶代表的物理涵义不同。可见光波段黑白像片(正片)的色调深浅,代表反射辐射强度的强弱。热红外图像灰阶代表地物温度的差别。而它们的假彩色图像,只是用颜色的不同来表示灰阶的差异。其代表的物理含义不变。

灰阶与地物反射率的关系为对数、指数函数的关系,用以表示地物的反射能量的级差。对可见光波段来说,地物的反射能量大,地物的亮度值就大,图像上的色调就浅;反之,反射能量小,亮度值低,色调较暗。

(二)灰阶的划分

每张MSS图像下方都有一条灰阶尺,它是划分地物反射光谱特征的尺度。MSS像片的灰阶尺为15级,只有在Landsat-3上新增加MSS$_8$的灰阶分为8级。

MSS图像的灰阶,是以各通道的最大辐射值为灰阶的第1级,在正片上为白色;最低辐射值(0亮度)为第15级,在正片上表现为黑色。灰阶各等级之间的差值,恰好相当于最大辐射强度的$\frac{1}{14}$,每级代表一定的辐射亮度,即差值为$\frac{1}{14}$最大辐射强度。因此,在卫片上较光亮的部分,代表地表反射光谱的能量较大;反之,较暗色的部分表示地面反射光谱的能量较小。一般卫片上的灰阶能达到12级,最低要达到7级:依次为黑、灰黑、深灰、灰、浅灰、灰白、白色。

由于每幅图像的最大亮度是不等值的(表6-17),所以各个波段图像上的灰阶的级差,其亮度值实际上不相同。两幅图像上的同一地物,尽管灰阶相同,但却具有不同的反射强度。不同波段(MSS—4、MSS—5、MSS—6、MSS—7)的灰阶就更不能相比了。

表6-17 MSS各波段的最大亮度(mW/cm^2 立体角)

波段	MSS—4	MSS—5	MSS—6	MSS—7
高增益①	0.83	0.76	—	—
低增益	2.00	2.00	1.76	4.6

① 增益:指电信号放大倍数的对数,高(低)增益放大倍数大(小)。

(三) 图像的分辨率(力)

图像的分辨率是指1mm范围内,在图像上能分辨出多少根线条,也就是人的视觉能力内在图像上能分辨出来的最小间隔或间距,可分为:像片上每一毫米(1mm)长度内能分出的线条数(线条数/mm);地面上相邻地物能清晰分辨的间距(m)。

三、各波段图像的解像力

在不同波段的遥感图像上,同一地物可以具有不同的色调,甚至其影像轮廓特征也不同,这是由于同一地物对不同波段的波谱效应是不同的。在遥感解译时,应当熟悉各波段遥感图像的解像力。

(一) MSS 系列

MSS4 波长 $0.5 \sim 0.6 \mu m$,属可见光的绿黄光(蓝绿光)波段。

此波段图像最有利于观察滨海和浅水下的地形及含泥沙量。这是由于太阳蓝绿光能透入水中深度较大,在清洁水体内最深可达数十米,一般也能透入 $10 \sim 20m$。此波段图像也有利于观察与植被有关的各种现象,植被一般表现为色调较深,能较好地显示植被的分布范围和生长密度。对于陆地上颜色较深的地层岩性和第四系松散沉积物(地物的颜色较深)的性质和分类也有明显的反映。另外,由于浮在水面的油污和金属化合物能妨碍蓝绿光的透过,所以也能显示水体的污染情况。但 MSS4 图像易受大气和天空散射的影响,使得图像上各种地物的边缘轮廓有些模糊不清。

MSS5 波长 $0.6 \sim 0.7 \mu m$,属可见光的黄红光(橙黄)波段。

此波段图像对水体也有一定的透视深度,特别对水体的浑浊程度反映敏感。在水域内能反映含沙量的多少,对研究沿岸的泥沙流、大河中悬移质、水底地形有帮助。对陆地的地貌特征也反映明显,因此常用此波段图像,根据宏观和微观地貌特征和色调的差别,进行岩性与构造地质解译。例如含铁质较多的浅黄、棕黄、红褐色与含炭质稍多的岩层或中酸性岩石,在图像上其形态和色调都有明显的差异;断层、褶皱以及基岩与第四纪松散沉积物的分界,也可从水系特征和色调、轮廓的不同而较易辨别;对第四纪松散堆积物的粗细颗粒分布规律,土壤类型划分,也都有一定的效果。对地貌本身的研究,如冰川、海岸沙漠、河流地貌等效果也较好。对植被研究有特殊的作用,活的树木在这个波段内反射率低,具有较深色的影像,而被砍伐的树木、病树、枯树等,具有较高的反射率,所以一般具有较浅色调。

MSS6 波长 $0.7 \sim 0.8 \mu m$,属可见光的红光和近红外波段。

对水体与湿地反映特别清楚,图像上水体呈黑色,可用来确定海陆界线、水系。浅层地下水丰富的地段或土壤湿度大的地段,一般都具有较深的色调。由于含水丰富,植被相对就繁茂,因此有利于研究植被的分布和生长特点。同时,植被对近红外波段具有较高的反射率,所以在图像上具有明亮的浅色调。有病害的植被近红外波段的反射率低,所以具有较暗的色调。此外,通过水分—植被的分布发育特点,可以反映某些被掩盖的岩性、地层或隐伏构造。

MSS7 波长 $0.8 \sim 1.1 \mu m$,属近红外波段。

这个波段与MSS6有相近的光谱效应。这个波段图像的特点是:① 立体感较强,能清晰显示各种地形细节,如微水系,微地貌,人工建筑物(道路、村庄、运河、灌渠、铁路、机场以及水泥的建筑物等)都能较好反映;② 由于水体具有较强烈的吸收红外光的能力,水体呈黑色(全吸收),水陆界线分明,可以确定海陆界线、水库、湖泊、水系等。湿地和浅层地下水也具有较深的色调;③ 对植被的红外辐射有相当灵敏的响应曲线,能通过色调的深浅和图形的结构特征,识别植被的地理分布,生长的疏密和生态是否旺盛,植被是树林、作物、还是草地。生长茂盛的阔叶树具有很强的反射率,而具有明亮的浅色调,针叶树的色调略深一些,而病树则具有较深的色调。④ 对解译那些与水、植被以及含水丰度有关的地质体具有明显效果。所以常利用此波段研究平原区的石油构造、山区及平原区的充水断层与隐伏断层、第四纪沉积物的类型、新老洪积扇的划分等。另外,该波段图像对于海水的研究,海水温度分布的调查都有一定的效果。

表 6-18 概略表明 MSS 图像不同波段对一般地物的显示特征。

表 6-18 一般地物在 MSS 图像不同波段特征表

地物 \ 波段	MSS4	MSS5	MSS6	MSS7
大气透射	差	差—中等	好	极好
河流、湖泊及海陆边界确定	差	差—中等	好	极好
水体混浊度(含泥沙量)	好	极好	差—中等	差
土壤湿度	差	中等	好	最好
植物及其变化	差—中等	中等	好	好
地形、地貌	中等	最好	好	中等
地质构造	中等	中等	好	好

注:在地质解译中常使用 MSS5 和 MSS7。

(二) TM 系列

TM 是一种改进型的多光谱扫描仪。其空间、光谱、辐射性能比 MSS 均有明显提高,使数据量与信息量大大增加。TM 有 7 个较窄的、更适宜的光谱波段,其特征如下:

TM1 波长 $0.45 \sim 0.52 \mu m$,属可见光的蓝波段,对水体穿透力强,对叶绿素与叶色素浓度反映敏感,有助于判别水深、水中叶绿素分布、沿岸水和进行近海水域制图等。

TM2 波长 $0.52 \sim 0.60 \mu m$,属可见光的绿波段(与 MSS4 相关性大),对健康茂盛植物绿色反射敏感,对水的穿透力较强。用于探测健康植物绿色反射率,按"绿峰"反射评价植物生活力,区分林型、树种和反映水下特征等。

TM3 波长 $0.63 \sim 0.69 \mu m$,属可见光的红波段(与 MSS5 相关性大),为叶绿素的主要吸收波段,反映不同植物的叶绿素吸收、植物健康状况,用于区分植物种类与植物覆盖度。其信息量大,为可见光最佳波段。广泛用于地貌、岩性、土壤、植被、水中泥沙流等方面研究。

TM4 波长 $0.76 \sim 0.90 \mu m$,属近红外波段(与 MSS6、MSS7 相关性大),对绿色植物类别差异最敏感(受植物细胞结构控制),为植物通用波段。用于生物量调查、作物长势测定、水域判别等。

TM5 波长 $1.55 \sim 1.75 \mu m$,属中红外波段,处于水的吸收带($1.4 \sim 1.9 \mu m$)内,反映含水量敏感,用于土壤湿度、植物含水量调查、水分布状况的研究、作物长势分析等,从而提高了区分不同作物类型的能力。易于区分云与雪。

TM6 波长 $10.4 \sim 12.5 \mu m$,属热红外波段,可以根据辐射响应的差别,区分农、林覆盖类型,辨别表面湿度、水体、岩石、以及监测与人类活动有关的热特征,进行热制图。

TM7 波长 $2.08 \sim 2.35 \mu m$,属中红外波段,此波段为地质家追加的波段。处于水的强吸收带,水体呈黑色。可用于区分主要岩石类型、岩石的水热蚀变,探测与交代岩石有关的黏土矿物等。

由于 TM 信息的光谱分辨率较高,频道增加、波带变窄,其针对性较强,因而可以根据不同应用目的,进行多种组合处理和专题提取,大大扩大了它在生物学、地质学等方面的应用。

四、不同季节成像对图像的影响

卫星可以对一个地区周期地重复成像,取得多时相的遥感图像。同一地区,同一波段的图像,随着成像季节的变化,陆地表面的植被、降水、冰雪覆盖、太阳高度角等均有较大的变化,图像特征也有较大的差异。一般来讲,在冬季获得的图像上,地物的色调特征和形态特征信息都比较丰富;而夏季成像的图像上,地形缺乏阴影,立体感不好,色调特征由于茂盛植被的干扰而加深,许多线性特征也被掩盖。造成这种差别的基本原因,主要是下述三个因素引起地物电磁波特征产生差别所致:

1. 植被的影响

夏季植被茂盛,用夏季成像的图像作地质解译时,受植被的干扰最大,冬季植被枝叶稀少影响最小。对于地貌、地质解译,植被旺盛季节不利,秋后初冬较好,冬季雪较薄时也有利于地貌、地质解译。

2. 水分的影响

我国大部分地区夏季普遍降雨,影像色调受降水的影响较大。而春、秋成像的图像则受地下水、植被影响较大,平原区的隐伏构造就是依据地下水、植被所反映的良好色调差来识别的。因此,雨季的卫星图像,对解译有一定的优越性,例如,降水使色调和颜色的差异更加显著,可以明显地区分含水程度不同的土壤和松散沉积物;雨水冲刷基岩露头表面灰尘,使不同岩性的地层的表面特征在图像上反映得更清晰;另外,雨后透明的大气层使影像具有良好的反差,可以消除雾、霾的干扰。

3. 太阳高度角的影响

太阳高度角即太阳入射线与地表的夹角。太阳高度角太大,各种岩石的辐射能力均很强,反映界线不明显;太阳高度角太小,阴影太大。一般太阳高度角在 25°~30°较为适合,即有一定的阴影可以有立体感。冬季的太阳高度角最低,阴影最长,使地面冲沟、小山丘等起伏不大的微地形形态特征显示较好。夏季则正相反。例如北京冬季太阳高度角为 26°,而夏季达 60°。所以,北京幅冬季图像形态特征信息反映清楚;夏季成像太阳高度角大,但对显示地物光谱特征上的差异有利,光谱特征反映清楚,可是植被因素干扰较大。

冬季积雪对卫星图象解译造成的利弊参半,雪的覆盖在某些情况下起掩盖作用,对解译不利。但在山区,有雪的图像上雪掩盖微地貌而突出线性构造,某些管道、交通线以及含油气或颜色较深的、吸热性好的地质体因为局部雪融造成某些异常,因此有助于间接对某些岩性、矿产和断裂构造的解译。

由上述可见,图像在不同季节的重复覆盖,给遥感解译提供多时相的影像特征,有利于对各种地物进行对比研究,可以提取更多的影像特征信息,也便于消除一些由于色调差异造成的干扰因素,可以更好地解译微地貌和构造。遥感地质解译时,应当充分使用多波段、多时相、多种比例尺、多样增强技术,发挥遥感技术特长,达到遥感解译的最佳效果。

五、陆地卫星的符号与注记

陆地卫星图像的周边有一些符号和注记,这些符号和注记对卫星图像的判读是必须的。它表明一幅卫星图像的物理特性和几何特性。这些符号与注记在粗制片与精制片上不完全相同,我国使用的多光谱扫描图像注记有两种形式(即1977年2月以前的与以后的注记不同)。

（一）重叠符号

在图像四角分别有"＋"符号,是图像的重叠符号,在多波段图像彩色合成时是叠合标志。对角"＋"符号中点连线的交点就是像主点,用"C"表示。

第2、3号陆地卫星的多光谱图像,左右两侧的上部和下部,有"┯"和"－"形符号,是表示航向重叠的位置(纵向重叠)。纵向重叠率是设计时固定的,均为10%。

（二）经纬度注记

经纬度注记标在图幅的四周。上下两边注明经度,在经度注记的前(或后)有短竖线,经线指示标准线长2mm,代表该经度的位置;左右两边注明纬度,在纬度注记的上(或下)有段横线,纬线指示标准线长1.5mm,代表该纬度的位置。由于图幅与经纬线有交角,因而上下两边在个别图幅可能出现纬度注记,左右两边可能出现经度注记。

（三）灰标(灰阶)

在图幅下部注记处有一条横列的灰标。

（四）成像时间、条件的注记

在图幅下部有注记,说明成像时间、条件。

1. 第1、2号陆地卫星多光谱扫描图像的注记(1977年2月以前)

以1975年5月24日北京幅(图6-6)为例,按注记次序从左至右顺序说明如下:

24 MAY 75 为成像日期的日、月、年,说明成像日期为1975年5月24日。

C N40-10/E115-51 为图像中心点(C)的经、纬度,北纬40°10′、东经115°51′。

N N40-10/E115-55 为图像像底点(N)的经、纬度,北纬40°10′、东经115°55′。

MSS4(或5、6、7)MSS表示多光谱扫描,4、5、6、7表示波段。第3号陆地卫星图像MSS只用M表示。

R(或D)R表示延时发送,D表示实时发送。

SUN EL58 AZ120 SUN表示太阳,EL表示太阳高度角,58表示高度角为58°;AZ表示方位角,120表示方位角为120°。

191-1692-A(或G、N)191表示卫星运行的方位角;1692表示该图像成像时,卫星已运行的轨道圈数;A(或G、N)表示接收站,A为美国阿拉斯加州费尔班克斯接收站,G为美国加利福尼亚州戈尔茨顿接收站,N为美国马里兰州戈达德空间中心。

I-N-D-1(或2)L I表示图像是满幅的,N表示图像是按正常方式处理(或A表示图像是按非正常方式处理),D表示图像中心点是按天体历计算(或P表示图像中心点是按轨道历计算),1表示资料按线性方式处理(或2表示资料按压缩方式处理),L表示低增益❶(或H表示高增益)。

NASA ERTS E-2 NASA表示美国宇航局,ERTS表示地球资源技术卫星,E-2表示第2号地球资源技术卫星。

122-02183-4-01 122表示该图像成像日期是卫星发射后第122天,02183表示成像时间(格林尼治时间):02表示时,18表示分,3表示秒的10倍;4表示该图像的光谱段;01表示视频带使用次数。

---

❶ 增益:放大倍数的对数,单位为分贝(dB),增益=20logA(dB),A为电压放大倍数。

图 6-6 陆地卫星多光谱扫描图像(MSS4)

2. 第 3 号陆地卫星多光谱扫描图像的注记(1977 年 2 月以后)

以 1978 年 4 月 28 日蓟县幅为例,按注记次序从左至右顺序说明如下:

28 APR 78 C N40-12/E117-15 与 1977 年 2 月以前相同。

D132-032 D 表示卫星下降(或 A 表示卫星上升),132-032 表示该幅图像的编号。

N N40-11/E117-16 与 1977 年 2 月以前相同。

M4 M 表示多光谱扫描,4(或 5、6、7)表示 4、5、6、7 波段。

R(或 A) R 表示延时发送,A 表示实时发送。

SUN EL53 A129 SUN 表示太阳,EL 表示太阳高度角,53 表示高度角为 53°;A 表示方位角,129 表示方位角为 129°。

S1S-P-NL2 S 表示系统水平校正(或 U 表示未校正,或 C 表示以地面控制点为基准的几何校正);1 表示满幅(或 2 表示图幅为 92.5×92.5km,或 3 表示图幅为 185×170km)。S(或 L、P、H、U、N)表示投影名称,S 为空间斜轴麦卡托投影(或 L 为兰勃特投影,P 为极地球面投影,H 为 Hotine 斜轴投影,U 为横轴麦卡托投影,N 为自然透视投影);P 为像片中心点按轨道历计算(或 D 为像片中心点按天体历计算);N 表示按正常方式处理(或 A 表示按非正常方式处理);L 表示低增益(或 H 表示高增益);2 表示资料按压缩方式处理(或 1 表示资料按线性方式处理)。

NASA LANDSAT E-3 NASA 表示美国宇航局,LANDSAT 表示陆地卫星,E-3 表示第 3 号陆地卫星。

0054-02123-6 0054 表示该图像成像日期是卫星发射后第 54 天;02123 表示成像时间(格林尼治时间):02 表示时、12 表示分、3 表示秒的 10 倍;6 表示该图像的光谱段,6 表示第 6 波段。

思 考 题

1. 航天遥感与航空遥感相比有什么特点?
2. 遥感卫星轨道参数有哪些?
3. 地球资源卫星主要有哪些?常用的产品有哪几类?
4. 试比较不同纬度地区的图像坐标特征和变化规律。
5. 试说明图像重叠率及其横向重叠率的变化规律。
6. 图像灰阶是如何确定的?MSS 图像分几级灰阶?
7. 试比较 MSS 系列不同波段的图像特征及区别。
8. 试比较 TM 系列不同波段的图像特征及区别。

第七章 遥感图像目视解译

【本章内容提要】
本章主要介绍遥感图像的研究分析过程,其中包括目视解译标志(直接解译标志和间接解译标志)、目视解译方法、解译人员的知识结构以及影响解译质量的因素。
【基本要求】
(1)掌握目视解译的直接解译标志和间接解译标志。
(2)掌握目视解译的原则和方法。
(3)理解解译人员必备的知识结构。
(4)理解解译质量的因素。

图像解译就是研究分析遥感图像的过程,人们根据地物的光谱特性、成像规律及影像特征来辨别地物,并判断其类别和特性属性。遥感图像是摄影瞬间对地物的真实写照,具有现实性强,真实可靠,便于宏观分析等特点,它真实地记录了地球表面的自然地貌、人工地物及人类活动的痕迹,能够准确、客观、全面地反映地球表面自然和人工的综合景观。随着航空摄影技术及遥感技术的发展,解译技术被越来越广泛地应用于农业、林业、地质、地图测绘、城市规划与管理等国民经济部门。

第一节 目视解译标志

在遥感图像上,不同地物有着不同的影像特征,这些影像特征是解译时识别各种物体的依据,称为目视解译标志。影像与相应目标在形状、大小、色调(或颜色)、阴影、纹理、布局和位置等方面的特征有着密切的关系,人们就是根据这些特征去识别目标和解译某种现象的。解译标志分为直接解译标志和间接解译标志两大类:直接解译标志就是目标本身属性在像片上的直接反映;间接解译标志是根据其他目标影像推断目标属性的标志。直接解译标志和间接解译标志只是一个相对概念,有的特征对于解译某一地物是直接标志,而对于推断另一现象则可能为间接标志。

一、直接解译标志

(一)地物的形状和大小

地物的形状和大小是指地物外部轮廓在像片上所表现出的影像形状和大小。地物的几何形状和大小不同,其影像形状也不同。影像形状和大小在一定程度上反映出地物的某些性质,所以形状是识别目标的重要依据之一,许多地物能够根据其独特的形状和大小直接判读出来。但应注意以下几个问题:

1. 注意中心投影的影响

遥感图像多由摄影或扫描的方式获得,因此,解译时必须注意中心投影的影响。具有空间高度的地物在遥感图像上的位置不同,其形状也不同(图7-1)。

(1)在像主点附近,图像上地物的影像为地物顶部的正射投影形状。

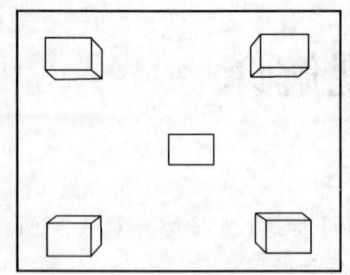

图7-1 航片上不同位置地物的投影差

(2) 位于像主点以外的地物呈倾斜形态，倾斜方向由像主点向外辐射。

(3) 地物侧面在影像上的长度（投影差）与地物本身的高度和离开像主点距离成正比。

在地形起伏和高差变化较大的地区，投影差引起高出地面的目标影像产生变形。如高差较大、两坡对称的山体，在遥感图像上除像主点以外，都表现为一坡宽（似缓）一坡窄（似陡），易使人误判为两坡不对称。而地形起伏不大的平原区，或基本处于水平状态的湖、河等地物，其形态一般不会产生畸变。像片边缘部位反映的是物体侧面形态，而且压盖其他地物，对解译有不利的一面。但是，投影差对于解译也有有利的一面，例如，可以根据投影影像反映地物侧面的形状来识别地物，还可根据投影差的大小确定地物高度等。

2. 注意图像比例尺

图像比例尺越小，反映地物的形态越粗略，甚至只能反映物体的集合体。随着比例尺的增大，物体的形态特征表现的越来越明显、细致。其比例关系如下：

$$L = l \times m \qquad (7-1)$$

式中　l——地面物体的长度；

　　　L——该地物在影像上的长度；

　　　m——航摄比例尺的分母。

也就是说，当图像比例尺一定，地面上的物体越大，其影像就越大。如住宅和工厂厂房一般为长方形，通常情况下，厂房比住宅大，在影像上也如此。

同时航摄比例尺又由摄影机的主距（即对焦无限远的焦距）和飞行高度所决定：

$$1/m = f/h \qquad (7-2)$$

式中　f——摄影机的主距；

　　　h——飞行的高度。

通常主距 f 是固定的，而航高 h 则与地形起伏有关。这样，即使在同一航片上，位于高处的地物，其比例尺比位于低处的地物大，也就是说同样大小的地物，由于所处的高度不同，在图像的影像大小也会稍有不同。

3. 建立立体概念

识别地物的形状、大小时，要尽可能在立体镜下观察，建立立体概念。根据组成地物的几何要素—点、线、面、体的具体特征，区分高低、长短、曲直、陡缓，从三维空间识别地物的形态，研究不同物体之间形状、大小的差异，这对遥感解译是一种必不可少的手段。

地物的形态标志常常通过色调反映出来。物体之间常以明显的色调差异界限而显示出物体形态特征。形态相同的物体，可以根据其色调深浅、地貌特征、影纹图案等其他标志进一步区分。

(二) 影像的色调和色彩

影像的色调是对黑白像片而言，色彩是对彩色像片而言。

1. 色调

色调是指物体辐射亮度在黑白影像上所表示出的由黑到白的各种不同深浅灰度。目视解译中常把像片上的色调概略地分为亮白色、白色、浅灰色、灰色、深灰色、浅黑色和黑色共七级。色调是最基本的解译标志,如果影像之间没有色调的差异,在像片上就不可能分辨出地物的形状和大小。决定地物影像色调的主要因素为:

(1)地面物体的表面照度。

地物表面受太阳光直接照射和大气散射光照射,照度的大小和光谱成份随太阳高度角的变化而变化。在太阳高度角相同的情况下,同一地物,照度大的部分,亮度就大,其影像色调就浅,反之则深(图7-2)。

(2)物体的亮度系数。

地物的亮度,取决于它们所受的照度和对光的反射能力,地物对光的反射能力可用亮度系数来衡量。亮度系数越大对光的反射能力越强,影像就越亮。如雪的亮度系数为 0.9~1.0 其影像呈亮白调,而潮湿土壤的亮度系数仅为 0.06,故其影像显得很暗。

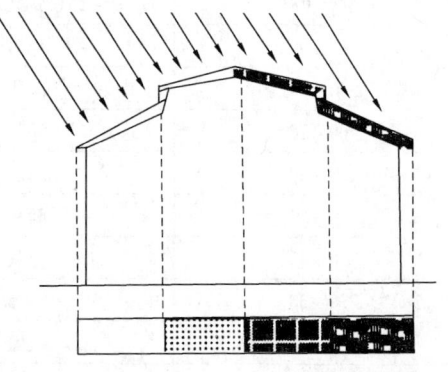

图7-2 因照度不同而影像色调不同示意图

(3)物体表面的情况。

地物表面的情况,决定物体对光反射的性质,平滑的表面主要产生镜面反射,其影像色调与太阳高度角和摄影机所处的位置有关。如果反射光线恰好射入摄影机镜头时,光滑地物在像片上的影像呈亮白色,如果反射光线没有进入镜头,则影像为深色。粗糙表面则产生漫反射,对于太阳直射光反射的方向性不强,反映在像片上的影像色调均匀。

水的色调除了与镜面反射有关外,还决定于水的性质,很深的清澈的水体,能吸收大部分光线,其影像呈黑色;含有泥沙的污水,一部分光线由泥沙颗粒反射回来,故其色调呈灰色;此外,带有白色泡沫的溪流或湍急的河流,因这种水体表面不平,能散射大量的光线,其影像色调呈灰白色。

(4)地物的颜色。

根据对入射可见光有无分解成单色光的能力,将物体分为彩色物体和消色物体。彩色物体是指对入射进来的可见光有分解成单色光(赤、橙、黄、绿、青、蓝、紫)能力的物体,呈现出各自的彩色。消色物体是指对入射进来的可见光没有分解成单色光能力的物体,呈现黑—灰—白色。两者在黑白影像上的色调对应关系参见表7-1及表7-2。

表7-1 彩色物体(在黑白片上)的影像色调

地质体原生色	灰阶	标准色调
淡黄	2	灰白
黄、黄褐	3	淡灰
深黄、橙黄、浅红、浅蓝	4	浅灰
红、蓝	5	灰
深红、紫红、淡绿、深蓝	6	暗灰
绿、紫	7	深灰
深绿	8	淡黑
墨绿	9	浅黑

表7-2 消色物体影像色调对照表(同一波段)

消色物体电磁波特征		影像色调	
反射率,%	原生色调	灰阶	标准色调
90~100	白(冰、雪等)	1	白
80~90	灰白	2	灰白
70~80	淡灰	3	淡灰
60~70	浅灰	4	浅灰
50~60	灰	5	灰
40~50	暗灰	6	暗灰
30~40	深灰	7	深灰
20~30	淡黑	8	淡黑
10~20	浅黑	9	浅黑
0~10	黑	10	黑

2. 色彩

彩色像片上的地物影像是以不同的颜色显示的。颜色之间是根据色别、明度、饱和度即彩色三要素相区别的。色别是色与色之间的光谱差别,如红、橙、黄、绿、蓝等,是颜色在质的方面的特征,主要取决于物体反射光的波长。明度是颜色的明暗程度,如深红、浅红等,是颜色在亮度方面的特征,主要取决于物体的反射率。饱和度是颜色接近纯光谱色的程度,是颜色鲜艳程度的差别,主要取决于颜色中纯光谱色和灰色的比例。含纯光谱色比例越大,颜色越饱和。

天然彩色像片上影像的颜色与相应地物的颜色一致,解译很方便。因此利用彩色像片判读的效果比黑白像片好。而彩红外影像由于感光材料的特殊设计,所得到的影像的颜色与实际地物的颜色有较大的差别。在彩红外影像上,红色反映地物的红外特性,绿色反映红颜色的地物,蓝色则反映绿颜色的地物(表7-3)。

表7-3 常见地物及其在彩红外影像上的颜色对应关系

地物	植被	水	道路	建筑物
影像上的颜色	红	蓝青	灰白	灰或浅蓝

(三)阴影

地物的阴影按其形成的机理及特性可分为固有阴影(也称本影)及投射阴影(也称落影),如图7-3所示。

固有阴影是由于太阳光不能直射,而只是靠散射形成的地物自身的阴暗面。地物的各表面因受光不均而产生的阴暗面,在影像上造成一种塑性感觉,可以帮助解译人员正确地理解地物的形状。例如,在山区,山体的阳坡色调亮,阴坡色调暗,而且山越高、山脊越尖,山体两坡的色调差别越大、界限越明显,这种色调的分界线就是山脊线。

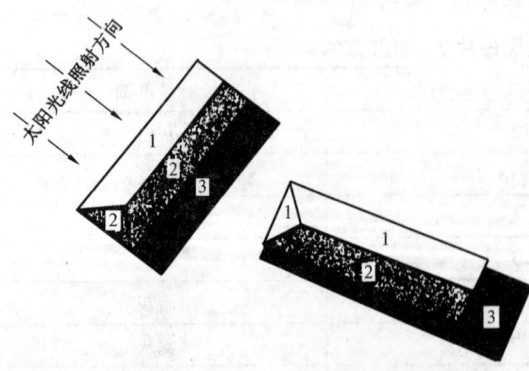

图7-3 固有阴影和投射阴影及其位置关系
(1. 物体向阳面;2. 固有阴影;3. 投射阴影)

通常讲的阴影,则是指地物的投射阴影,它是阳光将物体投射到地面上或其他物体上的影子。凡是高出地物的目标,在像片上不仅有本影,同时还伴有落影。阴影也有形状、大小、色调和方向性等特性。这些特点有利于确定地物的性质。

1. 阴影形状

阴影的形状是地物的侧面形态的反映。所以根据阴影的形状可以确定地物的某些性质,特别是高出地面的小目标,如烟囱、水塔、电线杆等,在像片上的影像很小,识别很困难,但根据其阴影就可以很容易确定其准确位置和性质。

2. 阴影的长度

阴影的长度(L)与地物高度(h)、太阳高度角(θ),以及地形起伏等因素有关。当地表平坦,地物高度、阴影长度与太阳高度角有如下关系:

$$h = L \times \tan\theta \qquad (7-3)$$

当太阳高度角一定时,可以根据阴影的长度推算地物的高度。太阳高度角随时间、季节和所在地区纬度的不同而变化。

3. 阴影的方向

阴影的方向与太阳辐射方向一致。在同一张像片上,各种高出地面的地物,其阴影的投射方向相同。阴影的方向与地物投影差造成的位移方向之间的关系如图7-4所示。

阴影对目视解译产生有利和不利的影响。一方面,人们可以利用阴影判定地物侧面的形状,按落影的长度和成像时间的太阳高度角量测物体的高度以及地形地貌特征等。另一方面,由于阴影的影响,位于阴影区的地物不易解译甚至无法解译,且大片阴影也会影响到对影像的立体观察。

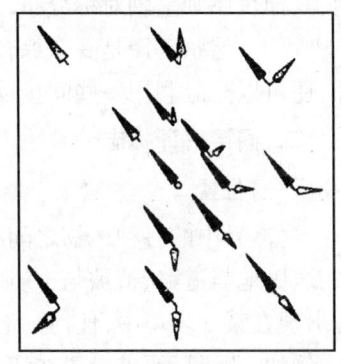

图7-4 阴影的方向与地物投影差的位移方向示意图

(四)影纹图案

很小的物体,在影像上是很难个别地详细表达的,但是,一群很小的物体影像可以造成色调有规律的重复,即影像的影纹特征。它是形状、大小、阴影、空间方向和分布的综合表现,反映了色调变化的频率。因此,可以从影像的影纹特征识别相应的地物。如针叶树和阔叶树,由于它们的叶子反射阳光及叶绿素吸收阳光的程度不同,造成的影像上的影纹差异,阔叶树影像较针叶树影像粗糙。沙漠类型、海滩性质等也可以根据其影纹特征来识别。有些地物,如草地与灌木依照影像的形状和色调不易区分,但草地影像呈现细致丝绒状的影纹,而灌木林则为点状影纹且比草地粗糙,两者容易区分。

在地质解译中,常见影纹图案有下述几种:

条带状 包括直线状的、曲线状的,或呈有规律转折的,如沉积岩和褶皱构造所表现的条带状影纹。

网格状 有两组以上的节理、裂隙、断层或岩脉互相穿插、切割所构成的影像,如菱格状肋骨状影纹等。

环带状 包括圆形、半圆形、连续的或断续出现的环状影纹,如岩体、火山机构、穹隆、环状断裂和环状节理等。

垄状 坚硬的沉积岩层、岩脉、以及冰川终积堤所形成的脊垄状影纹。

链状、新月状　形状如其名称,均是沙漠地貌的典型影像特征。

斑点状　森林、植被所形成的麻点状影纹,点的稀、密、大小与植被发育程度有关,也与像片比例尺有很大的关系。

斑块状　盐碱地、沼泽地、冰水沉积物堆积区常见,在浅色的或灰色的背景上出现白色的或深色的花斑,形状不甚规则、杂乱分布。在卫片上,多期活动的中基性火山岩区有时也呈现这样的影纹。

由于地物的种类、规模、大小、物质结构及像片比例尺的差异,各种影纹图案都会有多种表现形式。因此,为区分地质体还可以进一步分析其影纹的结构特征,如影纹的粗细、大小、均匀性。特别是在小比例尺航片和卫片图像上,有很多地质体显示不出明显的影纹图案,此时,影纹的结构分析尤为重要。

（五）组合图案

各种地物,特别是人工地物,其平面布置均有其独特的特征和要求,如城市道路一般呈网状分布;大型工矿企业则按其工艺流程,将厂房分布在厂区;自来水厂由蓄水池、取水装置及净水池等部分组成,这些地物在影像上都能呈现一定的图案结构。因此,在解译前尽可能多地了解这些地物的平面布置方式及构筑物的特征,对利用组合图案来判定地物,会有很大的帮助。如庙宇和居民住宅,单从屋顶上看,相差无几,但在建筑群落的分布上,大雄宝殿大多坐北朝南,其他房屋则呈轴对称分布,从这些特征就可以很容易地区别庙宇和居民住宅。

因此,遥感解译是一个综合分析、推理、判断的过程。除了上述可以利用的直接解译标志外,还可以充分利用一些间接反映地物特征的标志——间接解译标志。

二、间接解译标志

（一）位置

自然界中的各种地物之间往往存在一定的联系,有时甚至相互依存。如桥梁与道路及水系、居民地与道路、植被与土质、地貌与地质等。也就是说地物并不是孤立地出现在影像上,而是出现在某一环境中,任何一地物都是被其他地物包围着,并且与周围其他地物之间有某种联系,例如,造船厂要求设置在江、河、湖、海边,不会在没有水域的地段出现。

（二）辅助特征

辅助特征可以帮助你认识和了解地物的其他方面的特征,也就是说其他物体与你要识别的物体有关。如变电站与电厂及电线杆有关,火车站与铁路有关,冷却塔与水源有关等。河流流向可以通过江心洲滴水状尖端方向、支流汇入主流相交处的锐角方向、停泊船只的尾部方向等特征来判别。

另外一些由于人类活动所形成的征候在像片上的反映,如飞机刚起飞后留在地面上的热量在红外像片上留下灰白色阴影、坦克在地面上活动后留下的履带痕迹、舰船行驶时激起的浪花等都是解译的重要依据。

（三）水系

水系是由多级水道组合而成的水文网,它常构成各种图形,在遥感图像上十分引人注目。一个地区的水系特征,是由该地区的岩性、构造和地貌形态所决定的。因此,在地质、地貌解译中它是重要的解译标志之一。

一个水系包括的水道级别可以很多,通常是五级水道划分（图7-5）。一至三级水道都不是常年流水,只有降雨时才有流水通过,可称为一至三级冲沟。一级冲沟代表径流开始下切时所形成的小沟,规模较小。二级由两个以上的小沟汇合而成,具有一定的规模,在各种比例尺航片上一般都很明显。两个以上的二级冲沟汇合成具有相当长度和宽度的三级大冲沟。二、三级冲沟与岩性和地质构造的关系最密切,是水系分析中的重点。四、五级水道为常年流水,或季节性流水的较大河道,它们成为组成一个基本水系的主要干流。

1. 水系类型

水系类型是指同一水系内,各级水道在平面上组成的形态和轮廓。水系的平面形态一般都具有一定的图形,水系的划分主要是依据这些图形的形状来命名的。常见的水系类型(图7-6)有:

(1)树枝状水系:是最常见的水系类型,形如树枝。各级水道水流方向自由发展,没有明显的固定方向。每一级水道均以锐角注入高一级水道,而且各处的角度大致相同。树枝状水系多出现在岩性均一、质地松软、构造条件较简单、地形坡度(构

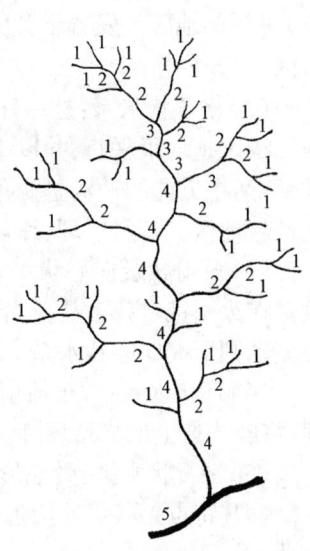

图7-5 水系

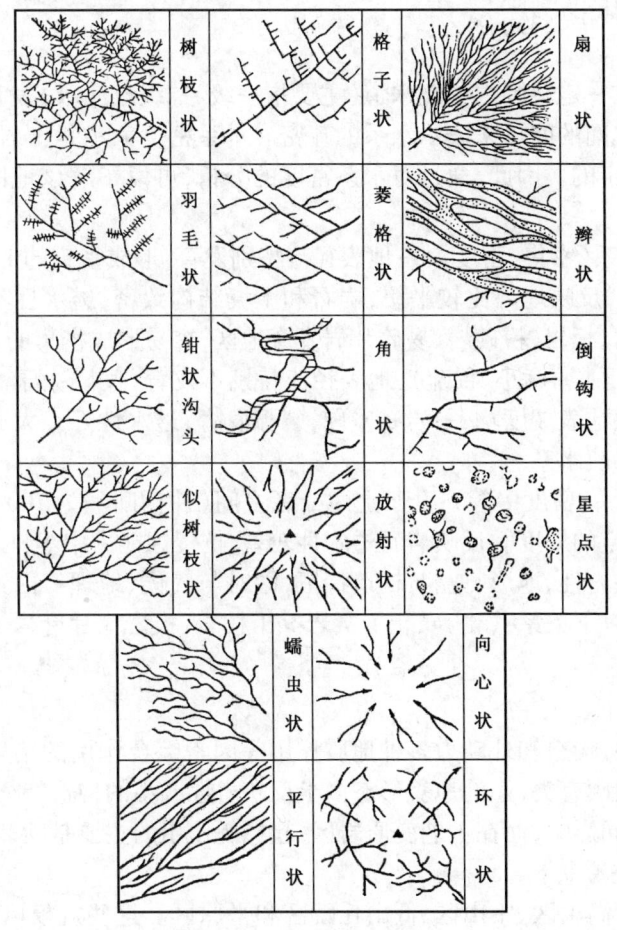

图7-6 常见的水系类型

造)平缓的地区。发育于黄土高原地区,页岩、灰岩、凝灰岩、花岗岩区,以及大面积的厚层砂岩区。

(2) 格子状水系:是一种严格受构造控制的水系,呈方格状或菱形格状。方格状水系的一至三级水道均很平直,并以直角相交。菱形格状水系的冲沟顺着强烈破碎的节理面或软弱面发育,两个方向的冲沟呈锐角相交形成菱形水网。水道具明显的急转弯。此类水系多发生在脆性岩地区,节理、层理、片理或交叉断裂比较发育的地区,基底岩性受构造控制地区。

(3) 放射状及向心状水系:水道呈放射状自中心向四周延伸的水系称为放射状水系。多发育在火山锥、穹隆、盐丘、岩体或新构造运动的上升区,沟谷一般切割较深。水系从四周向中心流动则形成向心状水系,多发育在湖盆洼地、构造盆地或局部沉降区。

(4) 环状水系:常于放射状水系共生,共同组成"车轮状"水系。沿花岗岩体上的环状节理、穹隆构造上的岩层层理、片理均能形成环状水系。

(5) 平行状水系:受地形控制,多出现在稳定倾斜的地区,如滨海斜坡、冲积锥、单斜山的一侧。其特点是各级冲沟近于平行,或以很小的角度交汇,支流水流呈直线状注入主流或汇水盆地。

(6) 无成型水系:主要发育在泛滥平原、海岸平原区,水的流向不固定。

(7) 扇形水系:多发育在河口三角洲和洪积扇上,水流沿着扇面地形突然撒开,形成细而浅的放射状冲沟,总体呈扇状。

2. 水系密度

水系密度是指在一定范围内各级水道(主要指一级、二级或三级)发育的数量。但也有用相邻两条同级水道之间的间隔来表示水系的疏密。水系密度大小是由岩石和土壤的成分、结构、含水性及地形决定的。因此,通过对水系密度的分析,可以了解该地区的岩性、地貌特征。水系密度分为:

(1) 细密结构水系(密集、密度大):地表径流特别发育,形成密集的1、2级冲沟(间隔小于100m),冲沟短而浅。反映地势比较平缓,岩石和土壤结构致密,透水性不好,质地软弱,易被流水侵蚀。大片泥岩、板岩、粉砂岩、易碎片岩发育地区,容易形成密集的水系。

(2) 稀疏结构水系(密度小、稀疏):地表径流特别不发育(间隔大于500m),小冲沟很少,沟谷长而稀疏。反映地表坡度均一,岩石坚硬,裂隙发育,透水性好。大面积出露的砂岩及松散堆积物地区多为稀疏水系。

(3) 中等结构水系(密度中等):介于上述二者之间(冲沟间隔100~500m)。地表径流比较发育,地面有一定的坡度。反映岩石透水性较差、抗侵蚀能力中等。

水系密度能反映岩性、地形、地貌、构造特征,同时与气候、地理等因素有关。单就岩性而言,根据水系密度有以下关系:(密)黄土>页岩>千枚岩、板岩>片麻岩>花岗岩>砂岩>灰岩>砾岩(疏)。

(四) 地貌形态特征

地貌形态是岩性、构造和外动力多种地质作用等因素综合作用的结果。一般而言大的地貌形态与大的构造轮廓有关,小的地貌形态多半反映岩性或小的构造特征。沉积岩区,地貌形态多受岩性、构造共同影响,而在古老变质岩区,起控制作用的主要是断裂构造。

1. 宏观地貌形态分析

宏观地貌形态指高山区、中山区、低山丘陵区和平原区。这些规模巨大的地貌形态,需要在遥感图像略图上进行分析。而对于了解小范围的地质构造特征,重要的是研究山地的形态和山脊之间的组合关系。

山地的形态和规模主要受区域地质构造控制,反映区域性地壳升降运动的差异。熔岩高地是大面积玄武岩流溢出的结果。长条状山地主要发育在沉积岩、变质岩地区,由强烈的挤压运动所造成,这里广泛发育褶皱构造、单斜构造以及与之有生成联系的断裂构造,主构造方向大体平行于山体的延伸方向。

山体间的组合关系是区域构造特征的反映。主干山脊相互之间是平行的、相交的、还是放射状或不规则状,都反映了岩性、地层和构造发育状况的差异。研究山体间的组合关系时,要与水系分析结合起来,因为它们之间有着密切的成因联系。此外,地貌形态的突变,正负地形的相间排列(如山地、盆地相间分布)也应引起重视,它们可能与区域性断裂或较大的断层有关。

2. 微观地貌分析

对单个山体的规模大小、山脊的形状、山坡陡缓及对称性进行分析。山顶是浑圆的,还是方的(平顶山),山脊是平整的、尖锐的,还是锯齿状的,均与岩层的产状、岩石的均匀性及抗风化能力有关。如锯齿状山脊常常是坚硬的岩层由于节理、裂隙发育而形成的。山坡的坡面有陡、缓,光滑平整的、阶梯状的、凹形的和凸形的之分。它们反映了不同的岩性组合特征,或岩层产状与坡面的不同组合关系。另外,山体两侧的对称性在很大程度上反映了岩层产状的陡缓及岩层倾向与坡面倾向的关系。

微地貌形态及微地貌形态的局部异常现象,尤其是当它们在平面上沿着直线方向连续出现或有规律的转折时,往往也有岩性变化或构造现象的反映。例如,山脊上的垭口,山坡上的陡坎或低洼地,它们可能是断层通过点或岩性发生了变化。平原地区微地貌的变化有时有助于隐伏构造的解译。

(五)土壤、植被、水文

这里说的土壤包括岩石风化后残留在原地的松散残积层。由于土壤类型不同,其上的植物发育程度也不相同,也就是说岩石—土壤—植被三者之间有着密切的依赖关系。因此,可以根据土壤、植被的发育情况推断下伏基岩的性质。基性、超基性岩浆岩土壤贫瘠,加之含有较多的稀有元素,植被一般不发育。中酸性岩浆岩风化后形成亚粘土或粘土,土壤肥沃,植被茂盛。灰岩、白云岩风化后,残积的粘土层较薄,且成酸性,植被不甚发育。砂岩风化后形成砂土,多生长灌木和针叶树。页岩风化后形成粘土,植被发育,有利阔叶树生长。

植物的选择性生长有时也能为地质解译提供线索,例如呈线状、带状分布的植物群落可能反映了断层、节理、破碎带或两套不同性质岩层的接触界面。

水文标志主要指基岩及松散堆积物的含水性、渗透性,它们在一定程度上能反映地质体的成分、结构特征。例如沿断裂两侧地下水位的深浅及含水性常常是不同的;温泉、地下水的溢出点和溢出带,也可能与构造有关。

上述各种解译标志,都是人们在实践中总结出的规律性的标志,具有一定的普遍性,可以广泛应用。但是,任何标志都有它的局限性和可变性,在解译时应该对多种标志综合分析运用、互相补充印证。

第二节 目视解译方法

遥感资料的解译方法包括目视解译、光学增强处理和电子计算机数字图像处理等三种方法,这里只介绍目视解译方法。

一般来说,成像过程获得的影像像元与地面对应的单位面积一一对应。换言之,是唯一的。但是,由于解译过程中存在着同物异谱、同谱异物现象,因此解译结果不一定是唯一的。为了获得唯一的解,则需要用多种遥感和非遥感信息加以验证。在对图像进行解译前,首先要弄清影像的性质,其次是摄影比例尺、地理位置、成像季节及天气状况等。

一、目视解译的一般原则

遥感图像目视解译的原则是:总体观察;对比分析;综合分析;观察方法正确;尊重图像的客观实际;解译图像需耐心、认真;有价值的地方还需作重点分析。

所谓总体观察指的是从整体到局部对遥感图像进行观察,分析图像对解译目的、任务的可解译性和各目标间的内在联系。观察各种直接解译标志在图像上的反映,从而可以把图像分成几大类别以及其他易于识别的地面特征。对比分析指的是采用不同平台、不同比例尺、不同时相的像片,以及不同波段或不同方式组合的图像进行对比研究。综合分析指的是应用航空和卫星图像、地形图及数理统计等综合手段,参考前人调查资料,结合地面实况调查和地学相关分析方法进行图像解译标志的综合分析,达到去粗取精、去伪存真的目的。观察方法正确指的是需要进行宏观观察的地方尽量采用卫星图像,需要细部观察的地方尽量采用具有细部影像的航空像片,以解决图像上"见而不识"的问题。尊重图像的客观实际指的是图像解译标志虽然具有地域性和可变性,但图像解译标志间的相关性却是存在的,因此可以依据影像特征进行解译。解译耐心认真指的是不能单纯依据图像上几种解译标志草率地下结论,而应该耐心认真地观察图像上各种微小变异。有重要意义的地段,要抽取若干典型区域进行详细的野外调查,达到"从点到面"及验证解译结果正确性的目的。

二、目视解译的一般方法

遥感图像的解译和解译标志的运用,可归纳为以下几种方法。

(一)直判法

直判法指直接通过遥感图像的解译标志,就能确定地物存在和属性的方法。一般针对形状独特、色调特征明显的地物和自然现象,如道路、建筑物、河流、树木、侵入体、火山锥、褶皱(某些)、断层等均可用直判法辨认。

(二)对比法

对比法是指将要解译的遥感图像,与另一已知的遥感图像样片进行对照,确定地物属性的方法。但对比法必须在相同或基本相同的条件下进行,即遥感图像种类应相同,成像条件、地区自然景观、季节等应基本相同。在解译困难较大的地段,则应扩大视野,设法与邻区解译程度较高的像片对比。把相邻地段的明显标志或已被注意到的细微特征延伸到本区进行分析。对比法在地质解译中应用很广,主要是依靠各种间接解译标志进行综合分析、对比,从已知到未知,从一般到特殊。

(三)动态对比法

利用同一地区不同时相成像的遥感图像加以对比分析,从而了解地物与自然现象的变化情况,称为动态对比法。这种方法对变化监测的研究尤为重要,如城市建成区的变迁、土地利用变迁等。

(四)逻辑推理法

它是借助各种地物或自然现象之间的内在联系,用逻辑推理方法,间接判断某一地物或自然现象的存在和属性。例如,当发现河流两侧有小路能至岸边,则可推断该处是渡口或涉水处,若附近河面上无渡船,就可初步确定是河流涉水处。在地质解译过程中需要把图像上的各种表现特征(尤其是容易忽视掉的细微特征)汇总起来,根据它们的内在联系,运用地质学理论及相关学科的理论进行综合分析、逻辑推理,进而确定或推测其地质内容。

上述几种方法在具体运用中很难完全分开,总是交叉在一起综合运用的,只不过在解译过程中某一方法占主导地位而已。

三、目视解译技术

遥感图像的解译是一个思维过程,不能仅仅认为是对图像作简单的浏览,而是整个系统的搜索过程,在搜索中找出需要得到的信息以及存在的问题。为了说明思维过程,我们不妨把一些概念集中反映如下。

(一)看、扫视、观察

看指检查解译环境的光线是否足够,影像是否清晰,是否有立体模型。

扫视指从左至右、从上至下或沿线状地物(如道路、河流等)系统地浏览图像。

观察指把注意力集中到某一特定的目标上。

(二)探测、识别、确认

探测指通过仔细搜索寻找你要找的、且与周围地物不同的目标。在探测时,解译者的脑海里应该出现很多问题,如色调的差别,阴影,高差位移,布局模式等。

识别是指探测到目标之后,通过目标的形状、大小、色调、阴影等解译标志来识别该目标属于哪一类地物。有了经验之后,探测和识别过程的差异会变得非常小。

确认是指在有几种可能性时,利用排除法,来确定该目标是什么。

(三)推论、内插、外推、分析

推论是一种解决问题的方法,即利用自己掌握的知识试着去推断该目标最有可能是什么。当像片上只能看到物体的一部分时,则要用内插和外推的概念。

内插是指能够观察到目标的两端,而中间部分被其他地物所遮挡时,可利用从目标两端得到的特征和日常知识来推断中间部分的性质。

外推是指一个完整的地物,其局部被其他地物所遮挡时,通过地物的完整性和延伸性来推断遮挡部分的性质。

分析是根据地物所处的环境及其本身的形状、大小、图案等分析该地物可能是什么地物或是什么属性。

(四)区分、确定边界、概念化

区分是将影像上不同特征的地物加以区别,并将具有相同性质的地物归类。

确定边界是将不同类型地物之间的界线确定下来。

概念化是将确定边界后的各个地块按需要加以定义。

(五)比较、排除、收集证据

解译时经常要对各个物体进行相互比较,比较的结果有三种情况:接受,地物基本相同;拒绝,地物存在本质上的不同;不知道该接受还是拒绝,没有足够的证据,这时要根据某些细节线索排除可能性很小的判断,最后收集证据,加以确认。

四、分类和量化

遥感图像解译的目的归根到底是对地物进行分类和量化。分类一般是按区域或者地物的特征进行,同时,必须遵循一定的分类原则。

（一）分类原则

分类原则即分类的依据和标准，它包括类别定义和分类方法的选择。

类别定义包括地物或区域的一般性描述，如房子、道路、水系等。明确类别可包含那些难以辨认或难以分割的与该类别性质不同的地物，确定必须单独划分出类别的最小面积。

分类方法的选择是根据遥感调查的目的和制作专题图的需要来确定的，对于城市遥感调查来说，一般包括综合分类，如城市土地利用分类；专题调查分类即对某一特定内容进行分类，如住宅类型、建筑质量、道路等级等。

（二）分类系统

分类系统包括遥感分类系统和社会经济通用分类系统。遥感分类系统主要根据遥感资料的特征（如比例尺、波段、分辨率等）来确定需调查到的类别和详细程度。其针对性强，类别容易划分，且实地调查工作量小，能直接应用于图像的解译；社会经济通用分类系统是根据某一项工作的具体需要而确定的调查类别，如《城市用地分类与规划建设用地标准》、《土地利用现状调查分类》等。它是从社会、经济调查的需要出发，有其通用性，便于多学科的应用，但在解译中对特定类别有一定困难，往往需要借助一定的野外调查和辅助资料。

（三）量化

量化是图像解译的另一方面，通常解译的第一步成果是表示解译结果的地图，地图是以空间分布的形式来体现所需要的信息，但数量方面的信息也是必不可少的，如各类用地的面积、房子的数量、各类道路的长度等。数量的统计通常有以下几种形式：

测量尺度，如长度、宽度、高度、直径等；

测量面积，可用格网法、求积仪法、数字化输入计算机自动量算法等；

物体的数目，如树、房子、汽车的个数等。

五、目视解译的一般过程

遥感图像目视解译大致可分为如下几个阶段：

（一）准备工作

按解译的目的和任务收集有关资料，包括不同比例尺、不同波段、不同时域的图像资料；不同比例尺的地形图和专题图等地图资料；与解译有关的专业资料和统计资料；具备必要的解译工具。并结合解译目的对这些资料进行分析整理，确定其使用方式和作业方法。

为了提高解译效果，对选用的图像可先进行必要的增强处理，选用何种预处理方法，可在对资料分析的基础上结合试验确定。

（二）建立解译标志

前面介绍了各种解译标志，这些标志对于解译目的而言，哪些是主要的，哪些是次要的，应根据具体的图像，结合地图资料和野外调查建立解译标志。例如"色调"这一标志在具体的图像上，什么样的色调是什么物体，哪几种色调属同一种物体等。当然，在建立解译标志时，并不是单一地应用某一标志，而是用前述的解译方法确定某一影像特征代表什么地物。换言之，建立解译标志实际是"样本"的解译过程。

在室内难以确定的影像特征，需到实地调查对照，明确它所代表的地物后，将其作为解译标志之一。解译标志的精确性直接影响到解译结果的可靠性，因为它是进行全面解译的"样本"。

(三) 室内解译

按上述解译方法和建立的解译标志,结合已有资料进行全面解译,得出解译的初步结果。在使用多时域图像或多类型图像比较时,应注意与各解译标志的差别和变化。使用已有地图资料时,应注意其现势性与有关的地物变化,即地物的变迁,分布范围的增减等,均应以图像显示的形状、大小为准。

先整体后局部,即先解译卫片或航片略图,建立起整体概念后再解译单张像片,解决细节问题。

先易后难,即先勾绘比较清楚的,把握性较大的界线,然后再逐一解决疑难问题。

先目视后仪器,二者相结合。在目视解译的基础上,带着问题,有针对性地选择光学增强处理的方法或计算机处理的内容。得到处理结果后再作目视解译。

(四) 野外验证

室内解译的结果,可以说是在忽略大气、太阳辐射、物体波谱特性等微小变化的前提下,按图像特征解译的。然而,一个解译区域包括的范围很广,图像数量多,成像时刻不一样,都会引起灰度的变化,必须将结果与实地进行对照检查,以验证结果的可靠性,如果解译有误,则需根据实地情况加以改正。

野外验证的另一目的,是对那些室内解译相当困难或室内解译有疑问的地方,在实地确定地物的属性和边界。

因此,野外验证就是对结果的核查、修正和补充。最后确定各解译要素的属性和边界范围。

(五) 成果整理

将最后的调查成果转绘到预先准备好的底图上,并且加以整饰和注记。

成果整理还包括文字资料编写,说明解译目的、解译方法、资料情况、解译结果的可靠性以及改善精度的方法。

思 考 题

1. 目视解译的直接解译标志和间接解译标志有哪些?
2. 在解译过程中如何使用解译标志?
3. 在遥感图像解译中阴影有何作用?
4. 如何利用水系解译地貌和地质特征?
5. 目视解译的原则和方法有哪些?
6. 如何理解解译人员必备的知识结构?
7. 影响解译质量的因素有哪些?

第八章 航空像片的判读(目视解译)

【本章内容提要】

航空像片是遥感中使用的基本图像资料。本章重点介绍普通黑白片的判读原理和方法。至于其他航空遥感图像,本书中只说明其特点,并介绍与普通黑白像片不同的地方。

【基本要求】

(1)理解航空像片判读的步骤及主要内容。
(2)了解航空像片转绘方法及内容。
(3)掌握航空像片居民地和道路的影像特征。
(4)掌握航空像片水体判读标志及特征。
(5)掌握航空像片地貌判读标志。
(6)掌握航空像片岩性及地质构造判读标志。
(7)掌握航空像片植被和土壤的判读标志。
(8)了解其他航空遥感图像。

航空遥感图像有普通黑白像片、彩色像片、黑白红外像片、彩色红外像片、多光谱像片和雷达像片等。为了绘制国家地形图,中华人民共和国建国以来,摄制了大量的普通黑白像片,基本上覆盖了全国领土。随着航空摄影技术及遥感技术的发展,航片解译技术被越来越广泛地应用于农业、林业、地质和地图测绘等国民经济部门。

航空像片的判读是根据像片上反映的地物影像识别该地物的性质和数量特征,并研究其分布和发生发展的规律。航空像片的判读效果,一方面决定于航空像片的质量,另一方面也决定于判读人员的专业水平和判读经验。一般来说,专业知识越丰富、判读经验越多,其效果就越好。

随着我国城市综合改革的不断深化和现代化建设的大规模展开,城市的面貌焕然一新。利用航片解译来收集城市规划与管理所需要的信息,在国外已得到广泛的应用,国内有关单位也做了大量的实验研究。实践证明它是一种省时、省工的有效调查方法,而且当引用微型计算机处理这些数据,进行计算机辅助城市规划与管理时,更显示出其优越性。随着小像幅航空摄影技术的推广和应用,更为城市航片解译提供了低成本、快速的航片资料来源。这有助于城市规划和管理部门及时得到最新的数据和资料。利用这些信息可直接制作各种专题图,或将有关信息输入到计算机,建立城市专题数据库,使城市规划和管理部门更有效地管理和应用这些信息。

第一节 航空像片的判读程序

进行航空像片判读时,通常分为准备工作、室内判读、野外校核和转绘成图四个阶段。

一、准备工作

(一)资料准备

航空像片判读最重要的因素是像片质量,因此像片上的所有细节,特别是阴暗的目标要完全显现出来,构像清晰、色调一致。像片的主要标志要能看清楚,印象纸的表面最好是无光泽的,以便用铅笔描绘。像片比例尺的选择,要根据判读任务来定。例如地质、地貌判读,可用比例尺小于 1∶25000 的像片;植被判读最好用大于 1∶25000 的大、中比例尺像片。所用像片比例尺越大,需要经费越多,而且像片拼接工作量越大。

航空像片收集齐全以后,应加以整理,按地形图图幅范围分袋存放。例如,按 1∶25000 地形图,每幅地形图范围内的像片都放在一个袋内,每袋内又按航线分开,这样在使用时较为方便。

关于像片的说明资料,如航摄机焦距、摄影比例尺、航高、摄影季节和时间等对判读都很重要,应收集全。此外,还应收集判读地区的地形图,以及有关的专题图和地理文献等,作为判读的参考。

在像片判读中地形图是非常必要的,因为航空像片上一无地名,二无高程注记,这些都得从地形图上查找。地形图的比例尺以与航空像片比例尺相近为宜。

(二) 工具准备

像片判读所用的工具,主要有立体镜、放大镜、直尺、比例规、透明聚酯薄膜(或透明纸)等。在室内判读最好用反光立体镜,野外判读以桥式立体镜为宜。

(三) 像片图的制作

由于每张像片所包含的面积有限,不能观察地区的全貌,因此经常把所有的单张像片拼接成像片图。按作业方法和用途的不同,像片图可分为像片镶嵌图、像片略图和像片平面图三种。

像片镶嵌图是按照相邻像片的重叠部分拼成的。其制作方法是根据航线和像片编号,依次按明显地物把像片拼接起来,固定在图板上,构成一幅像片镶嵌图。如果再把像片镶嵌图按照一定比例尺照相缩小,可制成镶嵌复照图。镶嵌复照图通常注有地形图的图幅编号、摄影比例尺、摄影日期和复照比例尺。在这种图上,可以了解摄影地区的全貌,查找所需要的航空像片编号,是使用像片时不可缺少的图件。

像片略图是用航空像片的使用面积镶嵌而成的,一般以地形图图幅为单位或根据需要的地区为单位制作。制作是从每幅图中间航线的中央开始,依次使相邻像片使用面积附近的地物重叠起来,并固定在图板上。然后,沿纵向重叠的中线切割像片(切割时不要切断重要地物)。把每张像片的中央部分拼接起来。中间航线拼接以后,即可进行相邻两条航线的拼接和切割。相邻航线的切割线,要选在横向重叠的中央部分。待全幅图的像片拼接和切割完毕以后,把每张像片留下来的中央部分,用胶水贴在图板上,就成为一幅像片略图,像片略图可用于野外调绘和判读。

像片镶嵌图和像片略图都是用未经纠正的航空像片制作的,不同像片的比例尺还有一些差别,同时还包含有倾斜误差和投影差。

像片平面图是利用纠正过的像片拼接而成的。航空像片的纠正工作是在纠正仪上进行的,纠正后的像片消除了倾斜误差,同时也把地形起伏引起的投影差限制在制图精度范围内,统一了各张像片的比例尺。像片平面图的拼接方法与制作像片略图的方法基本相同,只是镶嵌时不是用明显地物拼接,而是用控制点拼接,所以精度较高。

像片平面图的用途广泛,它除具有像片略图的全部用途外,还可以像地形图一样在各种工程建设中使用。

（四）定像片的使用面积

使用面积的大小,要根据工作精度要求、地面高差大小决定。一般是用航向重叠和旁向重叠的中央直线围成的范围作为使用面积。使用面积的四个角点在相邻像片上应容易识别,以保证使用面积相互衔接。若工作精度要求不高,地形起伏不大,也可以隔片圈定使用面积。

（五）熟悉地理概况

在进行判读前,应阅读判读地区的地理文献和地区资料,掌握该地区的基本地理特点,这对以后判读工作会有很大好处。

（六）建立判读标志

普通地形要素判读,其影像特征为大家所熟悉,根据形状、色调、大小等标志即可进行判读,无需再建立判读标志。但是对于各种专业判读,例如地质、植被等就需要分析各种岩性、植被类型的特征,建立解译标志(解译标志见第七章第一节)。一般是用已知的材料进行分析对比,但往往还需要进行野外观察,然后才能确定各种解译标志。

二、室内判读

在掌握判读地区的基本地理概况后,即可根据各种判读标志进行室内判读工作。室内判读应遵循先整体后局部、从已知到未知、由宏观到微观的原则进行。

用中小比例尺像片判读的顺序通常是:首先判读水系,确定水系的位置和流向;再根据水系确定分水岭的位置,区分流域范围;然后再判读大片农田的位置、居民点的分布和交通道路。在此基础上,再进行地质、地貌等专门要素的判读。

用大比例尺像片判读时,由于单张像片所包括的地区不大,仅观察一张像片不能了解地区的全貌,所以判读之前要根据像片略图或像片镶嵌图掌握整个地区的全貌,然后再进行各张像片的判读。

单张像片判读时,首先应进行肉眼观察,掌握整个地形特征,再用立体镜观察细小的地形变化和有疑问的地方,对细小的现象应使用放大倍数较大的放大镜观察。

判读过程中,对重要的地物和现象以及有疑问的地方应加以标记,以便在野外校对时重点进行观察。另外,还要拟定野外校对的计划,包括野外观察点和观察路线等。

三、野外校核

野外校核是航空像片判读的一个重要环节,在专业判读中更需要野外校核工作。野外校核工作要根据室内判读后拟定的路线进行,把室内判读的结果与实地对照,特别是对一些重要现象和有怀疑的地方,应详细加以观察,以验证、修补和补充室内判读的不足。

野外校核除携带单张像片外,还要带像片略图。因为像片略图包括的范围大,能在相当大的范围内进行判读,同时还能把当地的判读与相邻地区的资料进行对比。

四、转绘成图

像片判读结果经过野外校核以后,就可以逐张地转绘到准备好的底图上,以制成判读地区的专题图件。

第二节　像片转绘的基本方法

航空像片判读以后,一般都要把判读结果转绘成所需要的专题地图。由于航空像片是中心投影,具有倾斜误差和投影差,而地图是垂直投影,把航空像片上地物转绘到底图上,实质上是把中心投影转换为垂直投影。底图应尽量选用最新的地形图,其比例尺最好与航空像片的比例尺接近。

像片转绘通常使用的方法有网格法、光学仪器法和目估法等,具体选用什么方法应视制图精度要求和设备条件而定。

一、网格法

网格法是在像片上和底图上同时选出 3~4 个明显地物地形点,分别组成三角形或四边形,然后等分对应边,把对应边上的各相应点连成直线,即构成对应网格。以网格为控制,按转绘内容和网格的相应几何关系,用目估或简单绘图工具把像片上的内容逐格转绘到底图上。如图 8-1 所示,是把像片上的 M 点转绘到底图上为 M′点。

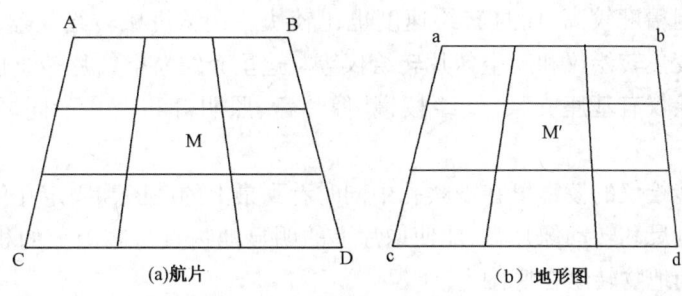

图 8-1 网格转绘

关于等分对应边的方法,有两种情况:

(1)当像片倾斜引起的像点位移很小,可以忽略不计,可以按比例等分对应边(图 8-1)。

(2)当像片倾斜度较大,倾斜引起的像点位移较大时,应按航空像片和地面的透视关系分割对应边。按这种方法构成的网格称为透视网格。

透视网格的绘制方法如下:

(1)在像片和底图上,分别选择四个相应的明显地物点,连成四边形。在像片上等分四边形的对应边。然后把对应边的等分点连成直线,构成网格(8-2)。

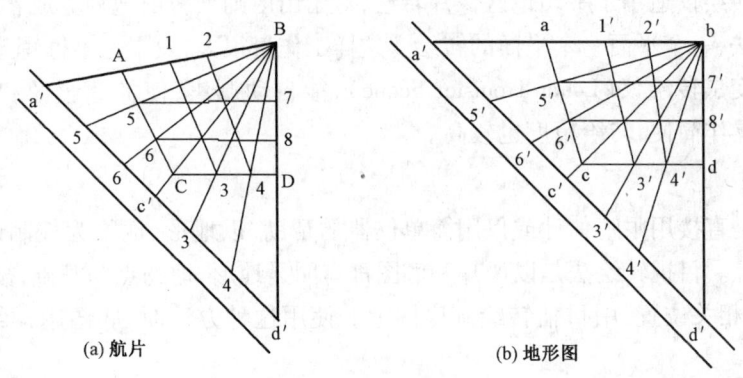

图 8-2 透视网格

(2)把像片上四边形的两个对应点作为极点[图 8-2(a)中的 B、C 两点],分别向对应边的等分点引方向线,并把各方向线的延长线记在直尺或纸条上,图 8-2(a)是将 B 点引出的方向线标在纸条上的情况。从 C 点引出的方向线标注的方法相同。

(3)用纸条把像片上的方向线转绘到底图上。转绘时,先使纸条上 a′、c′、d′三点分别位于底图上 ba、bc、bd 延长线上,然后将 b 点与纸条上的 5、6、3、4 等点连成直线,分别与底图四边形的 ac、cd 边交于 5′、6′、3′、4′等点。ab、cd 边的分割点的转绘方法与此相同。

(4)把底图上各对应边的分割点 1′与 3′、2′与 4′、5′与 7′、6′与 8′连成直线,即构成与像片上格数相等,但形状不同的透视网格。

透视网格法能消除像片倾斜误差,但不能消除像片的投影差。所以这种方法一般是在投影差小于制图精度的平原地区使用。

二、光学机械转绘法

光学机械转绘法是借助光学机械转绘仪器,消除倾斜误差和限制投影差,使它符合制图要求。这种转绘不但精度较高,而且转绘速度也比较快。光学机械转绘仪器,有航空像片纠正仪、辐射纠正仪、变焦转绘仪和航空像片转绘仪等。这里介绍航空像片转绘仪的转绘方法。

航空像片转绘仪有基座支架、转绘棱镜、像片盘、照明灯和一套不同屈光度的凸透镜所组成。

转绘者通过转绘仪的棱镜可在观察孔中同时看到桌上的底图和固定在像片盘上的航空像片。通过调整比例尺和转动像片盘,能使像片上的明显地物点与底图上的相应点重合。然后就可以把像片上的地物转绘在底图上。

转绘时,先计算航空像片比例尺和底图比例尺关系,求出缩放系数。缩放系数可通过测量两相应点在底图上的距离和像片上距离的比值来确定。根据缩放系数调整接目镜至像片盘的距离和接目镜至底图的距离。在仪器活动杆和支架上有这两个距离的刻度,可用缩放螺旋调整。待转绘的像片放在像片盘上,通过活动杆和支架的变化,把像片上明显地物点与底图上对应的地物重合,根据像点投影在底图上的影像,即可将其转绘在底图上。

当缩放系数较大时,目镜与航空像片和底图的距离相差过大,两个影像不能同时看清楚,这时就要在目镜两个视线通路上(像片和底图上)安装合适的附加透镜,以调整光程差。当像片有倾斜时,可转动像片盘使影像与底图重合,以消除像片的倾斜误差。

航空像片转绘仪适用于平坦地区像片转绘,对于山区则须将山地划分成若干等坡度平面,然后用上述方法,一个平面一个平面的转绘。这样工作量很大,效果也不够理想。

还有一种变焦转绘仪(Loom Tromsfer Scope),能自动调焦,使像片影像和底图比例尺一致。这种仪器操作简便,转绘精度也较高。

三、目估法

这种方法是直接用眼睛估计或仅用简单仪器的帮助,以地形、地物为控制,把像片上的内容转绘到底图上。目视转绘法是以像片和底图都有明显地形、地物点为基础,按照转绘内容与地形、地物点的相关位置,用目估转绘到底图上。使用这种方法时,底图越详细,其转会精度越高。

转绘时应首先确定像片的有效使用面积,先转绘像主点附近地物,后转绘距像主点远的地物。在转绘山区地物时,可用立体观察确定转绘内容与山顶、山脊的相关位置,这样有利于提高转绘精度。根据近年来在农业自然资源调查中的试验证明,在地形、地物控制点较多,容易在底图上找到对应点的情况下,采用目视转绘法,既简便易行,精度也能保证。而且能消除投影差,在平原和山区均能使用。

第三节 居民地和道路判读

一、居民地判读

居民地通常分为城市、集镇和农村三种类型,在各种比例尺的航空像片上都容易分辨。

(一)城市

城市的特点是面积大,房屋稠密,除有广大居住区之外,还有工厂、商业区、学校、公园等建筑。城市都是交通道路的交汇点,有的在江、河、湖、海边,还有码头和桥梁建筑,这些标志在像片上反映的都比较清楚。

在像片上,根据房屋排列特点和道路的布局能清楚地看出城市的平面结构:棋盘式、反射式或综合式。在大比例尺像片上,可根据屋顶和高度特点来判读建筑物的结构,如钢筋水泥结构的房屋,一般层次多,落影较长,色调多为浅灰;砖木结构的房屋一般矮小、落影较短,色调多为深灰。如果要判读建筑物的用途和城市土地利用情况,除根据其特殊建筑物的形状、位置外,还要注意观察它的附属建筑物。如商业区多位于城市中心,街道整齐,临街房屋比较高大,街上行人、车辆也较多。工业区多位于城市边缘交通方便的地方,往往有铁路相通,房屋排列多不甚整齐,院内还经常有水塔、烟囱、燃料堆、材料堆放场等。学校校园内一般都有运动场。纺织厂、钢铁厂可根据其特殊的厂房形状和高炉等来判读。一般住宅区的房屋较为矮小、零乱,组成小的院落,但新式住宅区多为排列整齐的楼房,有的像图案一样。城市周围往往还有菜地分布,菜地一般都呈栅栏状图案,这是菜畦的影像特征。

(二)集镇

集镇一般分布在公路和铁路沿线,通常都有车站建筑物。集镇面积比城市小,街道窄且不太规则,没有一定的平面图形结构。集镇也有一些工厂和学校,而且往往有一至二条主要大街形成商业区,周围有农田和菜地分布[8-3(a)]。

(a) 集镇

(b) 农村

图 8-3 黑白航片上的平原区集镇和农村

(三)农村

农村型居民地一般都比较小而且分散,但随各地区的历史原因和自然条件的不同,居民地的结构与分散程度有很大区别。我国北方农村一般比南方农村居民点的面积大,也比较集中,平原地区又比山区面积大而且集中,山区农村因耕作条件的原因,通常都是比较分散的小村庄。

在航空像片上,农村的轮廓能判读出来[图8-3(b)]。但如果房顶建筑材料与背景反射太阳光的程度差别不大时,色调差别也就很小,在小比例尺像片上的小居民点就不容易分辨出来。特别是南方山区,有时二、三户一个居民地,在这种情况下,应该用间接判读方法进行分辨。因为农村周围有大量农田,也必然有道路相通,根据田地和道路就能较容易地识别。

农田在像片上通常呈规则的形状,其色调是随着土壤含水份的多少和农作物的覆盖程度不同而不同。干燥的没有耕地的土地为浅灰色或白色,湿润的或有农作物的耕地为灰色。区分水田和旱田,除了从色调上去识别外,还可以根据田埂的影像来判定,水田的田埂通常整齐而明显,与旱田显然不同。

二、道路判读

道路的类型可分为铁路、公路、农村大路和小路。在像片上可以根据路面宽度、色调和形状进行判读。

(一)铁路

在航空像片上一般均为暗灰色调的线状,转弯平滑均匀。铁路沿线有停车站、水塔等建筑物,与其他道路相交时不是立体交叉。无论公路或大路一般均垂直通过铁路。

铁路又分为单轨铁路和双轨铁路,这在大比例尺像片上可以直接看出来,在中小比例尺像片上也可以用量算的办法区分出来。一般说来,单轨铁路宽约5m,双轨铁路宽约10m左右(指路基)。

(二)公路

公路与铁路的影像图形差不多,均为线状,但公路的转弯较急、曲率半径小,与农村大路相交不一定成直角,这是和铁路相区别的主要标志。

公路影像的色调从浅灰到深灰,差别很大,这是因为路面材料不同所造成的。简易公路多为砂石路面,色调较浅;沥青路面反射率低,一般为深灰色。公路的级别可根据色调、宽窄及附属建筑物的不同来判读。主要公路一般均为沥青路面,宽度大,过河的桥梁也多为钢筋混凝土结构或石结构。而简易公路多为砂石路面,色调浅,宽度小,过河桥梁也多为木、石结构,可用立体镜加以分辨(图8-3)。

第四节 水体判读

在地理环境中,水体是最重要的要素之一。它对地区的景观特点有着较大影响。这里着重介绍河流、湖泊、海洋等地表水体的判读。

水体的判读标志主要是色调和形状。水体的色调受水体深浅、混浊程度以及拍照时的光照条件的影响,变化很大,由白色调、灰色调以至变到黑色调。一般来说,水体混浊、浅水沙底、水面结冰或光线恰好反射入镜头时,其影像为浅灰色或白色。反之,河水较深或水虽然不深,但水底为淤泥,其色调较深。

一、河流判读

在航空像片上,河流表现为界线明显、弯曲自然、宽窄不一的带状。河流常有堤坝、桥梁、船舶和码头等附属建筑物,这些可以作为判读河流的辅助依据。

平原地区的河流一般弯曲较大,色调暗而均匀。山区河流往往弯曲较小、流速较大,色调相对较浅,特别在急流浅滩处,浪花四溅,就可能出现白或灰白的色调。

在航空像片上还可以对河流流向、流速、河宽以及是否通航等情况进行判读。

(一)流向

判定河流流向最好的方法是进行立体观察,正确判定地形的高低起伏,或用像片略图确定分水岭的位置,这样才不至于发生错误。

在用单张或少数几张像片判读河流流向时,常用以下方法:

(1)河流中的沙洲呈水滴状,其尖端指向河流下游(图8-4);

(2)两条河流汇合处成锐角,其角顶指向河流下游;

(3)桥墩后面出现的水花和漩涡在下游一侧,且呈现浅色楔形轮廓,其尖端指向下游;

(4)停泊在码头附近的船只,其尾部指向河流下游。

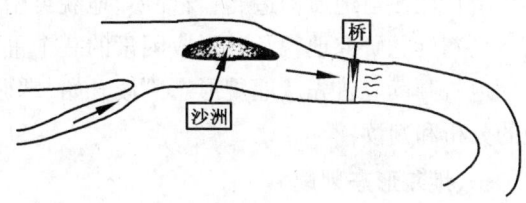

图8-4 河流流向示意图

在像片观察到上述现象时,即可判定河流的流向。

(二)流速

在像片上判读流速是很困难的。当河中有漂浮在水面上物体时,可根据漂浮物在摄影时两次曝光间隔时间内的移动距离来计算流速,但必须知道飞机摄影时的速度才能计算。

(三)河流宽度和通航情况

河流宽度可以在像片上直接量测,如果精度要求很高,则应在纠正过的像片上量取。

河流通航情况,主要是根据河中是否有船只往来,河岸是否有码头等设施来判读。

二、湖泊判读

湖泊在像片上一般表现为均匀的暗色调,其湖岸线呈现为自然弯曲的闭合曲线,轮廓较为明显。但当湖泊中生有水草和其他植物时,则判读就较为困难。

在像片上能量测湖泊的大小,确定湖泊的外形和湖岸线的平面结构。同时,也能清楚地判读湖泊的发展过程,特别是当湖泊趋近于消失时看得更清楚。因为湖泊消失部分含水量大、表现出比周围土地的色调暗,而且植物丛生。对湖泊补给区的判读,需要用像片略图。

三、海域判读

在航空像片上可以清楚地判读海岸线、潮浸地带和高潮、低潮的位置。海岸附近的浅海海域,一般为暗灰色色调。由于海浪影响,色调不太均匀,根据水涯线可以清楚地判读出潮浸地带,因为潮浸地带没有植物,而且有新的沉积物。在反光立体镜下,用视差杆可以测出高潮和低潮海水的高差。

海岸沉积物的搬运方向,可以根据河口泥沙流的方向判读,泥沙流的色调一般为浅灰色。

第五节　地貌判读

利用航空像片进行地貌判读能取得较好效果,特别是进行立体观察,能获得形像逼真的地貌立体模型,对地貌研究很有帮助。用航空像片进行地貌判读,不仅能减少野外工作量,而且能提高地貌调查工作的质量和速度。地貌判读的任务主要是对地貌进行分类;查明各种地貌因素;研究现代地貌形成的自然地理因素等。

地貌判读标志主要为图形、水系特征以及色调和阴影等。地貌影像的图形包括平面轮廓、图案和地表高低起伏的特征。色调和阴影可以帮助我们观察分析各种地貌形态,获得地貌的侧面影像以及地表的物质组成。应特别指出水系特征在地貌判读中的重要作用。各种不同的水系特征往往与地质构造、岩石性质、地貌类型有关,可以为地貌判读提供很有用的依据。所以水系判读是研究地貌及其形成因素的一个重要条件。

地貌判读应首先从地貌形态判读开始,掌握研究地区的地形概况以后,再进行各种地貌类型的分析和判读。

一、地貌形态判读

地貌形态是指山地、丘陵、平原、盆地等大的地表形态,也称大地构造地貌。

(一)山地

相对高差大,地势起伏明显。在阳光照射下,向阳坡受光强,色调较浅;背阳坡受光弱,色调较深;整个像片上的色调极不均匀(图8-5)。在从阳光入射的相反方向观察像片时,这种色调深浅的差异,可以构成立体感觉。高山:例如天山、祁连山等,相对高度较大,通常还具有尖顶山峰、狭窄的锯齿状山脊和常年积雪,色调极不均匀。中山:已无常年积雪,但切割程度仍很强烈,呈现极不均匀的灰色调。低山:一般相对高度较小,山坡较缓,影像色调的差异不太大。

根据色调变化可以判读出山顶的形状,如山顶向阳面呈三角形、突出在阴影之中,表示尖顶、三角形的顶点即为山顶。如山顶色调变化不太明显,则表示受光面浑圆,为圆山顶。两斜坡色调深浅交界线就是山脊。山脊背阳坡的色调也有深浅之分,浅者表示坡缓,深者或有阴影者表示山坡陡峻。两山脊之间的低洼部分为山谷。像片上可清楚地分出狭谷和宽谷:狭谷两测坡度非常陡峻,其底部常被阴影遮盖,影像色调多为黑色;宽谷底部较平坦,常有农田和居民地分布其间。山谷中常有小溪和河流出现,这是辨认山谷的重要标志。

(二)丘陵

相对高度小,地势起伏不大,山顶较为浑圆,阳坡和阴坡的色调对比不太明显,有渐变过程(图8-6)。整个图案的影像色调与山区相比,浅而均匀。

(三)平原

地势平坦,一般为均匀浅色调。但平原地区多分布有农田、居民地、道路等。特别是农田色调受作物长势和湿度的影响,从浅灰到深灰变化很大(图8-3)。

这些地貌形态规模大、分布范围广,最好用小比例尺航空像片、像片略图或卫星像片进行判读。这样能更好地观察全貌,研究其分布规律。

图 8-5 山地

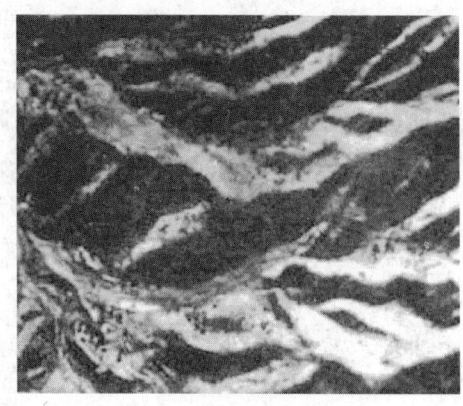

图 8-6 丘陵

二、流水地貌判读

地表流水是最主要的地貌外力之一,由于地表的流水,使地面形成各种各样的侵蚀沟谷和松散物质的堆积。流水地貌分布广,其影像特征随着气候条件、流水性质、地质条件、地势高低、植被类型以及人类活动的特点而不同。因此,在判读时,应广泛结合各种地理环境因素进行分析。在航空像片上判读流水地貌,主要有以下几个要素:

(一)沟谷

沟谷的形态、切割密度、性质、谷坡上的各种堆积物、滑坡、山崩在像片上一般均能判读出来。如果用不同时期的像片,还可以计算出来沟谷的溯源侵蚀速度。

沟谷的形态主要取决于岩性,因而也是岩石性质判读标志之一。沟谷的横断面形态,在坚硬的粗粒透水岩石地区往往发育成谷坡陡、谷地窄的 V 形谷。在粘土状岩层地区,则谷坡较缓、谷底宽平多呈 U 形谷。隘谷是深邃而狭窄的河谷,谷坡壁立,在像片上呈暗色的曲折带状,且谷底为河床。峡谷的谷坡陡,但往往不是壁立,并微有切割或具有阶梯状表面,谷底常有水流,因此一般说来它在像片上的色调是谷口较浅、谷底较暗。如有阶梯状表面存在时,往往深浅相间。不对称河谷的两坡,一坡陡一坡缓,这种河谷多发育在岩层呈倾斜的地区。像片上不仅两坡的色调有差别,而且图形也有很大的不同。

在黄土区,广泛分布着雨裂和冲沟,由于黄土具有垂直劈开性,因此造成谷壁直立、谷底宽平、谷脑呈圆形,谷的两侧坡度一致且对称,一般称为黄土冲沟。

沟谷的平面图形,可分为树枝状、格子状、平行状、放射状等类型。利用像片略图较为容易判读[图 8-12 中(b)、(c)]。

(二)阶地

河流阶地沿河岸成带状展布,一般分为堆积阶地、侵蚀阶地和基座阶地。

堆积阶地中的河漫滩和一级阶地,可以根据色调,利用具体情况来区别。河漫滩一般是浅灰色调,但有时河漫滩上分布着因河流移动而造成的湖泊和沼泽化低地,这时河漫滩的图案较为复杂,变为斑斑点点的灰色调,而一级阶地色调浅且均一,上面分布有耕地、居民地和道路。

侵蚀阶地完全由基岩组成,色调一般较暗,而且多位于河流上游的山区。

基座阶地则由于地面上有较厚的淤积物,阶地陡坎露出基岩,因此阶面上色调一般较浅,且在阶面上表现出不同的花纹图案,可能还有居民地和耕地。陡坎处色调较深。

阶地之间的界线可以用陡坎的位置来区别。阶地陡坎向阳时为比阶面浅的色带,背阳时为比阶面暗的条带,这样可以清楚地确定阶地前缘或后缘的位置,划出阶地之间的界线。

(三) 河床

河床在像片上较为容易判读。根据河床中有水部分在像片上所表现的条带状图案，可以判读出河谷中水流的分布图形。河流的色调取决于水的深浅和混浊程度，清澈的、较深的河流一般为深灰色，水浅或混浊的河流一般为浅灰色。河床迁移所形成的牛轭湖是河床迁移的典型标志（图8-7）。此外，河流迁移以后的遗迹构成的弯曲条带状影像在像片上也是很清楚的。有的古河道已辟为农田，但其河道遗迹还清晰可辨。

(四) 冲积堆和洪积扇

冲积堆和洪积扇一般都分布在山麓的下部和山谷的出口处。二者的区别在于前者坡度较大、规模较小；后者坡度较小、规模较大。在像片上的影像均呈扇形，冲积堆的色调一般较浅；洪积扇的色调顶部较浅，下部较暗（图8-8）。

图8-7 河流曲流、牛轭湖

图8-8 山前洪积扇

冲积堆和洪积扇有活动的和静止的两种：活动的上面有暂时性的扇状细流网（歧流），植被较少，色调较浅；静止的一般比较古老，没有继续扩大现象，表面长有木本植物及杂草，色调较暗，洪流也有比较固定的谷道。

三、冰川地貌判读

我国西部的高山地区，广泛分布着现代冰川和冰川地貌，这在航空像片上可清楚地判读出来。常年积雪地和冰川在像片上为白色，现代冰川在像片上可看出自上而下的流动痕迹。冰川谷的横剖面为"U"形，谷底平而宽阔，谷坡陡峭。在支冰川汇入主冰川谷时，往往形成悬谷。冰川谷的纵剖面没有河谷那么平缓，且常有上游低于下游的情况。当冰川后退以后，在冰川谷侧面会形成长垄状冰碛，在冰川终端形成终碛。侧碛常截堵支冰川形成堰堤，而在支冰川谷上形成小湖。如果这些堰堤被冲破，在侧碛则形成急流。终碛在像片上容易辨认，它常常形成冰碛堤，横截主谷成弧形，弧形凸向下游，在终碛后边常有冰碛湖或是沼泽化的地区。冰斗出现在冰川上游的雪线附近，其特点是三面陡岩峭壁，只有一个开口朝向冰川下游。在冰斗与冰斗之间往往形成锯齿状山脊和角峰。冰川地貌的这些特征，一般在立体镜下观察得很清楚（图8-9）。

四、岩溶地貌判读

岩溶地貌也叫喀斯特地貌，在我国南方石灰岩地区甚为常见。其特点是负地形特别发育。所以在岩溶地貌区凹下去与凸起地段相互交替，地形复杂，有的构成互不相联系的孤峰状石林。在凹地，因被泥土填塞，色调较浅，构成黑白色调交替的图案（图8-10）。溶蚀漏斗多形

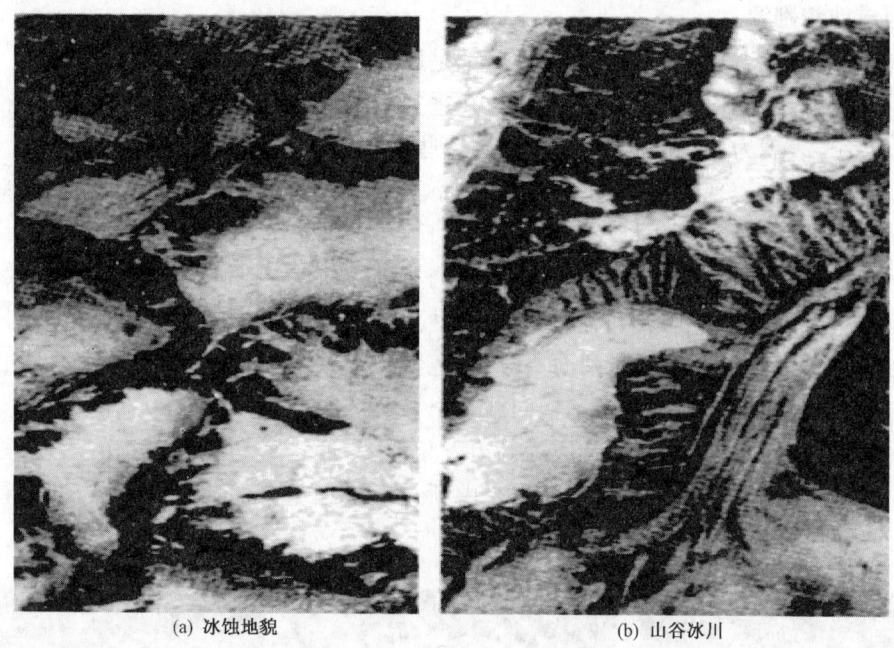

(a) 冰蚀地貌　　　　　　　　　(b) 山谷冰川

图 8-9　冰蚀地貌与山谷冰川

成于平缓倾斜的石灰岩层上，形状呈圆形或椭圆形，是一种溶蚀的漏斗型洼地，底部多为溶蚀残余的粘土填充。溶蚀漏斗的分布有单个的，但多数成群。在岩溶地貌发育地区还经常出现河流突然消失，或河流突然流出的现象，流入地下的河流叫伏流，无头的河谷叫盲谷，这些都是判读岩溶地貌的重要标志。

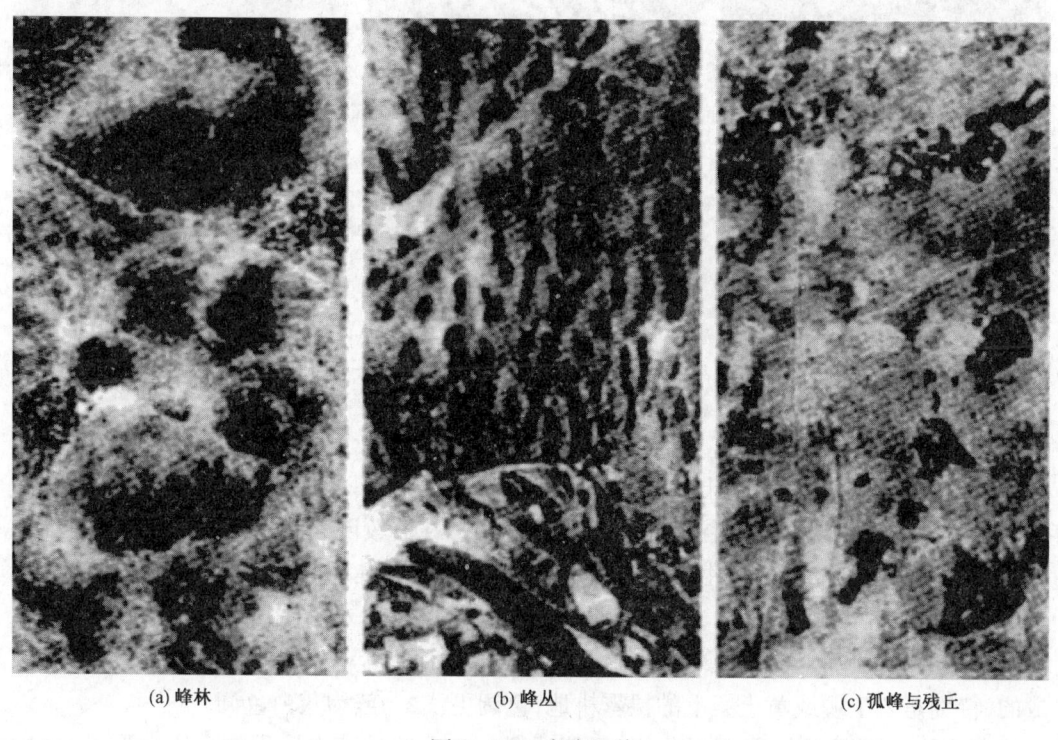

(a) 峰林　　　　　　　　(b) 峰丛　　　　　　　　(c) 孤峰与残丘

图 8-10　岩溶地貌

五、风成地貌判读

我国西北地区有大片石漠和沙漠。这些都是风的侵蚀和堆积作用形成的。

石漠即戈壁滩,其特点是地表比较平坦,几乎完全为砾石和石块所覆盖,居民地很少。所以石漠在像片上表现为均一的浅色调,夹杂着一些稀疏的蒿草所形成的黑色斑点。

沙漠在像片上也表现为均一的浅色调。沙漠上多分布着各种类型的沙丘。在判读沙丘时,首先辨认出活动的沙丘和固定沙丘。活动沙丘色调浅、峰脊线尖锐清晰、平面形状比较规则;固定沙丘生长有植物、色调较暗、峰顶圆浑、平面形态较为紊乱。随着所处的自然条件不同,沙丘又可分为新月形沙丘、纵向沙垄和横向沙垄等。新月形沙丘由单向风造成,其形似新月,向风坡长而缓,背风坡短而陡,两面不对称,色调也不一致。有时由于自然条件的变化,新月形沙丘相互接近而形成纵向沙垄和横向沙垄。

纵向沙垄平行于风向,横断面常成为等边三角形,一般多分布在障碍物的后边,往往有若干条平行排列。横向沙垄明显的可以看出是由新月形沙丘组合而成,其排列方向垂直于主导风向,而且两坡不对称(图8-11)。

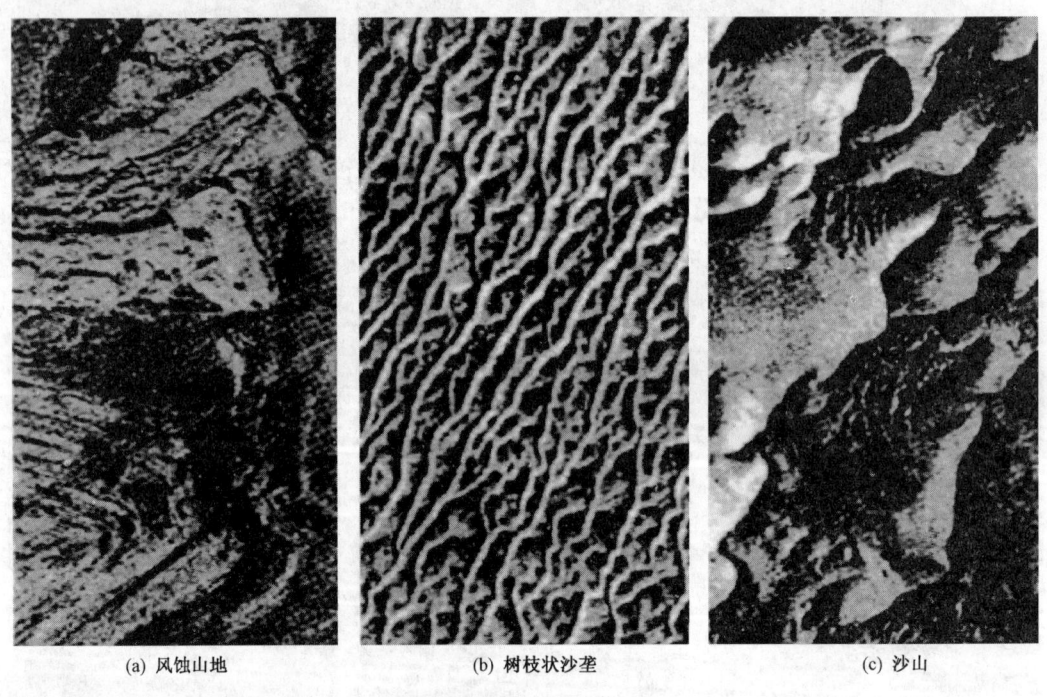

(a) 风蚀山地　　　　(b) 树枝状沙垄　　　　(c) 沙山

图 8-11　风沙地貌

六、黄土地貌判读

这里说的黄土地貌是指黄土高原地貌而言。黄土性质均一、质地疏松、土粒微细,具有垂直劈开性。所以黄土地区的沟谷系统,一般为树枝状,谷坡较陡,有时几乎壁立。在沟谷的岸边上,往往有漏斗状陷穴分布,由于陷穴的发育,使沟谷边缘常呈弧形、锯齿形,这些特征在黄土地区非常突出。

黄土地区的色调较浅,而且均匀。这是由于黄土高原地势较高、地面干燥、土壤色调较浅造成的,特别是黄土塬或黄土梁上的裸露耕地,色调更浅,一般为灰白色调。

黄土地貌一般可分为塬、梁、峁、川、坪等类型。黄土塬是黄土堆积的高原地形,塬面比较平坦,起伏不大,坡度一般为 2°～3°,其上分布有村庄耕地,色调比较均匀(图 8-12)。现代塬面多为沟谷所切割,尤其塬地四周多被侵蚀为破碎的台地和丘陵地形。黄土梁是两个支沟间的分水岭,为长条形,一般均由塬地沟谷侵蚀而成,顶部有时可有残余的塬面,但多数是大致平坦相连的平顶丘陵。黄土峁是黄土梁进一步被切割而成的丘陵地,丘陵顶部一般呈凸起圆形,且高度相差不多。黄土川和坪都是沟谷要素形态,川是沟谷底部的平坦地段,坪是川地两旁的黄土台地。这些要素可在立体镜下进行判读。

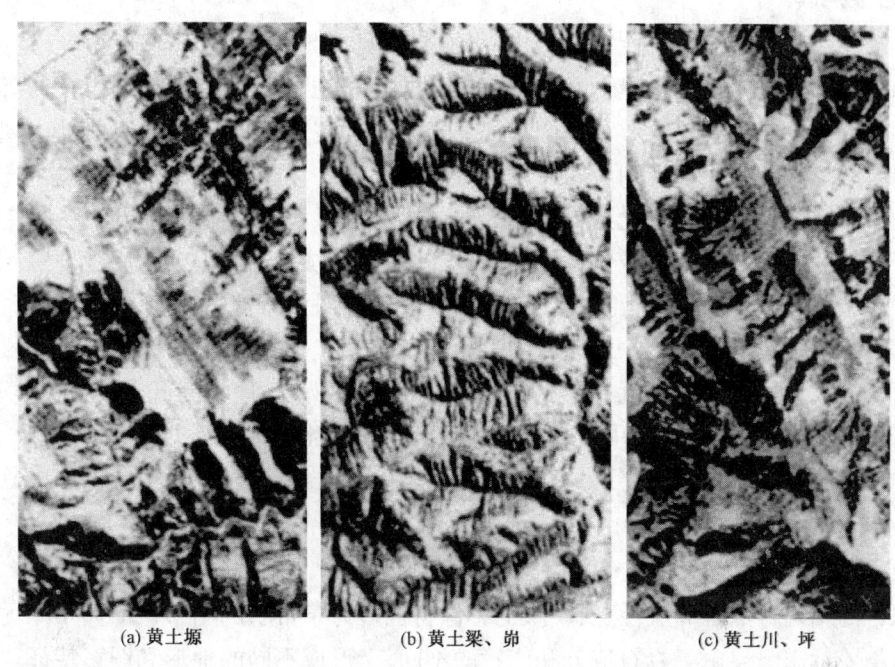

(a) 黄土塬　　　　(b) 黄土梁、峁　　　　(c) 黄土川、坪

图 8-12　黄土地貌图

因为黄土具有垂直劈开性,而且地下水位较低,所以在黄土斜坡上常挖有可居住的窑洞,村庄成立体型,这也是判读黄土地貌的参考标志。

七、火山地貌判读

火山是由熔融火成岩或火山碎屑岩构成的锥状地形,其影像呈锥形山体,具有放射状水系或冲沟。年青火山能保持完整的火山口和火山湖。古火山经长期侵蚀破坏,一般仍能表现出残留的环状山形影像。火山常沿一定方向成群出现,这反映了地质线性构造的延伸方向。火山喷出熔岩形成的熔岩台地,色调比较均匀,其深浅多与熔岩性质有关,酸性熔岩台地色调较浅,表面多为崎岖的渣块状;基性熔岩台地色调较浅,表面光滑有绳状流动构造(图 8-13 所示为火山口与岩被)。

图 8-13　火山口与岩被

第六节 地 质 判 读

地质判读的任务主要是：判定各种不同岩石的分布情况；查明地层层序和地质构造；绘制地质草图，为地质、地貌调查提供必要的资料。

一、岩性判读

地质现象一般都是通过岩性表现出来，岩性判读具有重要意义。但岩性判读是比较困难的，特别是对初学者更是如此。然而当岩石有足够的地表出露时，可以得到较好的判读效果。

岩性判读的标志主要是图形和色调特征。岩浆岩的侵入岩体呈团块状，影像外形多为圆形、椭圆形、环形、透镜状、不规则块状和脉状等。沉积岩的主要特点是成层性，其影像多为不同色调的条带状图案。岩石风化差异性形成的不同形态以及岩石节理造成的各种花纹图案，都反映了岩性的不同。岩石影像色调的不同，反映了岩石成分和构成矿物以及岩石本身色彩和所处环境条件的不同。例如，花岗岩二氧化硅含量高，对太阳光的反射率强，影像多为浅灰色调，而含铁镁质较多的辉绿岩、橄榄岩则多为深灰色调。但色调标志是有局限性的，因为同一种岩石，如湿度不同，其色调就有很大差别。另外，水系特点、地势高低以及植被类型等都与一定的岩石密切相关，这些都是用逻辑推理法间接判读岩性的重要依据。

按岩性的不同，通常把岩石分为沉积岩、岩浆岩、变质岩三大类。由于它们的成分、结构和产状的不同，在像片上就形成了不同的影像特征。

（一）沉积岩的判读

沉积岩的结构特点是成层性，所反映的影像特征多为条带状的图形（图8－14），这是判读沉积岩的重要标志。但由于岩石成分和产状的不同，又形成不同的地形和图案特征。

图8－14 沉积岩的条带状图形

下面介绍几种常见沉积岩的判读标志。

1. 砾岩

砾岩多呈团块状，层理不明显，表面较为粗糙。砾岩露头往往形成陡崖，露头附近常有成块砾岩崩塌。砾岩影像的色调一般较暗，多呈块状图案。

2. 砂岩

砂岩的厚度一般较稳定，层面平整、节理发育。砂岩的层理和节理影像一般较为明显，露头常形成稳定层状地形。由于砂岩成分和胶结物的不同,也会形成截然不同的影像特征和地形。如石英砂岩的不易风化,在山坡上常呈条带状陡坎,岩层倾斜时常形成陡峻的山脊(图 8-15),图 8-15 中 a 为震旦系石英砂岩,形成锯齿状山脊。水平产状时往往形成台地和方山。在广东北部韶光的丹霞山、福建的武夷山区,是红色砂岩组成的水平岩层地区,在侵蚀、溶蚀和重力崩塌共同作用的影响下,造成陡崖和深谷,称为丹霞地形,其影像特征与岩溶地貌相似(图 8-16)。粉砂岩却易遭风化,一般为负地形,其影像特点与页岩相似。

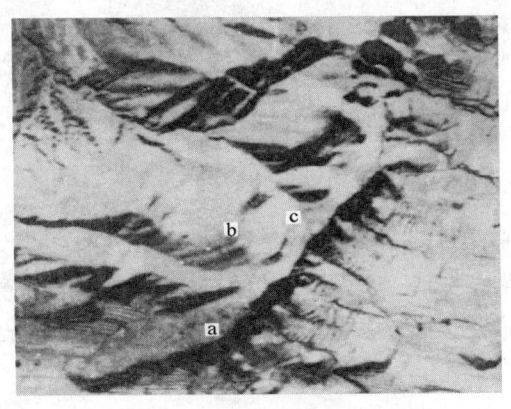
图 8-15　震旦纪石英砂岩

图 8-16　丹霞地貌

3. 页岩

页岩的厚度较稳定,层理平整,易遭受风化,节理现象不明显。页岩露头常形成低矮浑圆山丘,表面多有松散粘土质残积物覆盖,在像片上往往可看到有农田分布。

页岩如果与硬砂岩、石灰岩等坚固岩石交替成互层时,页岩一般分布在低洼地方。如图 8-15 中 a 和 b 处为石英砂岩和石灰岩,c 处为震旦系的紫色页岩,形成一条东北至西南向的负地形。

页岩影像的色调,一般随含碳质的多少和本身颜色而定,碳质多则暗,少则浅。但由于页岩上面经常覆盖较厚的风化残积物,因而没有植被覆盖时色调一般偏浅。

4. 碳酸盐岩类

碳酸盐岩类岩石包括石灰岩、白云岩等。我国南方湿热气候条件下往往形成岩溶地貌,有峰林、落水洞、溶蚀漏斗等(图 8-10)。在北方干旱地区,低山区常表现为一些浑圆的山丘[图 8-15(b)];高山区则常为尖峭山脊。

碳酸盐岩类层理影像不太清晰,但大面积出露时仍可辨出。这类岩石的色调变化很大,在像片上一般表现为灰色,但纯洁的石灰岩和白云岩为浅色调。

(二)岩浆岩的判读

岩浆岩的形态多呈团块状、无层理(图 8-17)。影像色调随暗色矿物(铁镁质)含量的多少而不同,深浅变化很大。

1. 侵入岩

侵入岩呈不规则的块状,外形浑圆且无层理,其影像特征与岩石成分有关,酸性侵入岩因其铁镁质矿物含量少,二氧化硅含量多,色调一般较浅。花岗岩是分布很广的酸性侵入岩,这种岩石多形成穹隆状的独立岗丘,顶部平缓圆滑,山坡一般为凸形,有时形成坡面光滑的尖峭山崖。花岗岩色调浅而单一,并具有独特的网状节理(图 8-17)。

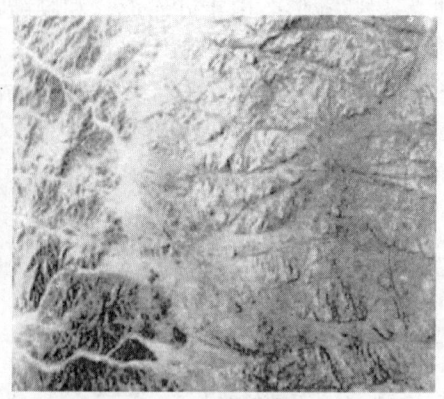

图 8-17 岩浆岩的影像

辉长岩、橄榄岩等,属于基性、超基性侵入岩,这些岩石的影像特征,除具岩浆岩的一些共同特征,即无层理、成块状分布之外,它的色调较深,规模一般较小。基性、超基性侵入岩易受风化、小型侵入岩多呈负地形,松散残积层很厚。但大型基性岩侵入体,岩体中部也可形成凸起的正地形。

2. 喷出岩

喷出岩可分为基性和酸性两种,如玄武岩和流纹岩等。

基性喷出岩质地坚硬、结构致密、颜色较深。在地貌形态上一般都凸起在围岩之上。当其出露面积较大呈水平层位时,常形成高原或桌状山地形(如内蒙古第三纪熔岩流高原和雷州半岛第四纪的玄武岩台地)。酸性喷出岩色调较浅,与花岗岩的影像近似。在地貌上,酸性喷出岩易形成圆锥形或圆滑的小丘形高地。

喷出岩最直观的形态是火山和流动构造。所以年青火山岩比古老的喷出岩更容易判读。因为新近喷发的熔岩流的分布受到现代地形的影响,一般都在现代火山的山坡或山麓地带,其影像色调较暗,表面光滑,有时还有熔岩流动的痕迹(图 8-13)。

3. 脉岩

脉岩的影像特征呈线状,其色调取决于脉岩的成分,一般与围岩不同,酸性脉岩多为灰白、浅灰色调,基性脉岩色调稍深,可呈浅灰或灰色调。在地形方面,脉岩与围岩相比,不是相对凸起就是相对凹下,经差异风化后,在地形上毫无表现是很少的。

脉岩判读须用较大比例尺的航空像片,而且露头还要比较宽,才可能取得较好效果。

(三)变质岩的判读

变质岩依其原岩类型的不同,分别具有沉积岩和岩浆岩的基本特征。正变质岩常保留岩浆岩的团块特征,副变质岩常保留沉积岩的条带状特征。但由于变质作用,使原来物理性质和部分化学性质趋向于一致,使原岩的判读标志受到改变而不明显。另外,变质岩常受到多次构造变动,使构造变得更加复杂。所以这类岩石的判读难度较大。

以下介绍几种主要变质岩的判读:

片麻岩 这种变质岩类的岩石成分和抗风化能力和花岗岩相似,但可依靠岩石内部的一些强烈小褶皱的影像特征来判读。在片麻岩出露为主的地区,一般构成低矮的山丘,常具有反映某种褶皱走向的固定条带,有时由植被或小型地貌反映出来。露头不好时,岩性一致的片麻岩,在像片上有时容易与侵入岩混淆。

结晶片岩和石英岩 这类岩石大多数为浅色调,比较坚硬,抗风化能力强,多形成正地形。片岩经过剥蚀作用后,很容易形成梳状地形。石英岩产状倾斜时,往往形成尖锐山峰、锯齿状的分水岭。

千枚岩、板岩 这种由粉砂、粘土岩变质而来的浅变质岩类与页岩、泥岩的影像特征相似,其形态往往表现出鳞片状,在高山岩石裸露时则更为明显。

二、构造判读

构造判读的任务是从像片上确定岩层的产状、褶皱和断裂等现象。构造判读的效果,主要决定于基岩的出露程度、岩石成分和侵蚀切割程度。通常岩石出露越好,表现出来的构造要素也就越多,判读也就越容易。岩性差异越大,岩层产状与构造的关系一般反映得越明显。地面切割得越厉害,表现出来的构造细节也越多,判读的标志也就越明显。

地貌和水系的特点,是判读构造的重要标志,它们和地质构造的相互关系,是判读构造的基础。此外,必须注意岩石的性质和颜色、以及土壤和植物覆盖的类型。

航空像片只适于研究个别构造或小型构造,如研究大的构造单元或编制构造略图时,应使用卫星像片或航空像片略图。

（一）水平岩层的判读

水平产状的沉积岩层经过切割以后,在地形上常常构成平台状方山,在像片上岩层轮廓线与地形图上的等高线相似(图8-18)。特别是岩层软硬相间时,地形上形成了凸出和凹下的阶梯状地形,这时在像片上岩层轮廓线表现的更为清楚。在不同的岩层上往往生长着不同密度和类型的植物,这也可以作为确定水平岩层的间接标志。

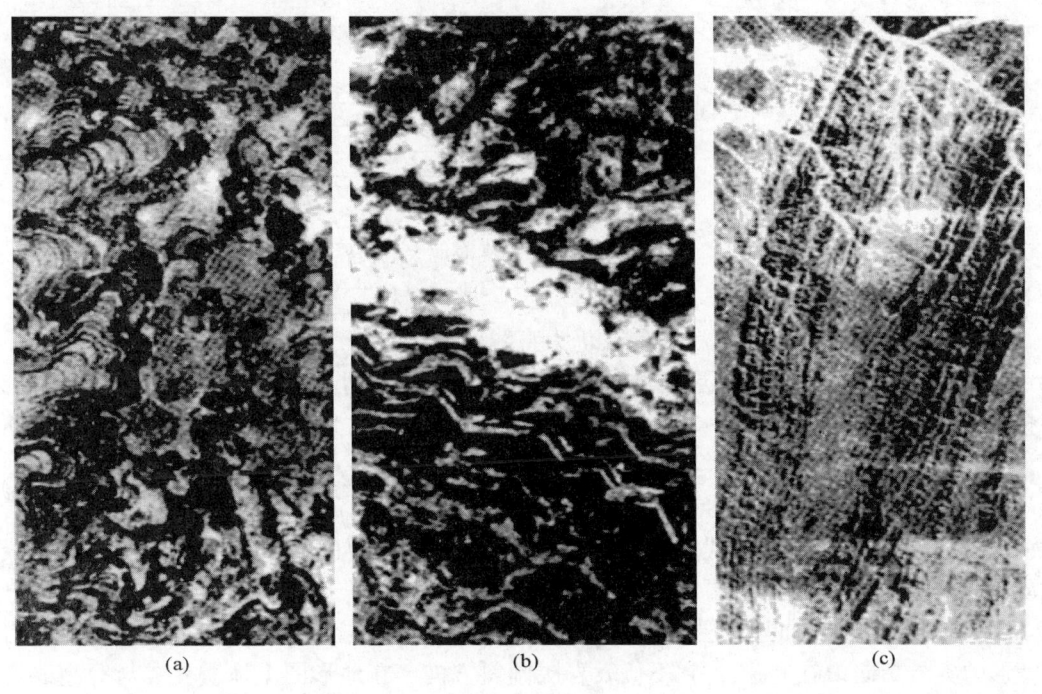

(a) (b) (c)

图 8-18 岩层

水平岩层界线容易和梯田界线相混淆,判读时应加以注意。一般岩层轮廓线具有连续性,色调一致,而梯田轮廓线是不连续的,色调也不一致。

（二）倾斜岩层的判读

倾斜岩层的产状要素包括走向、倾向和倾角。在像片上判读岩层的产状要素，是利用山坡的方向与岩层露头在这个山坡上的投影之间的关系确定。

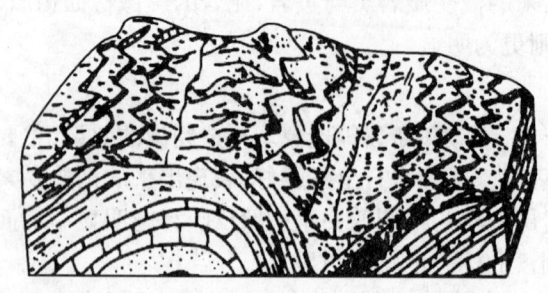

图8-19 岩层V字形立体图

如果岩层的层位是垂直的或者虽然岩层倾斜但地面是水平的，像片上岩层露头的方向就是岩层的走向线。当岩层倾斜而地面又遭受切割时，岩层的走向线在像片上变成复杂的曲线（图8-19）。

图8-20表示了倾斜岩层的倾向、倾角与地形之间的关系。图中的剖面图(b)是与地形图(a)相对应的，在地形图上具有下列特点：

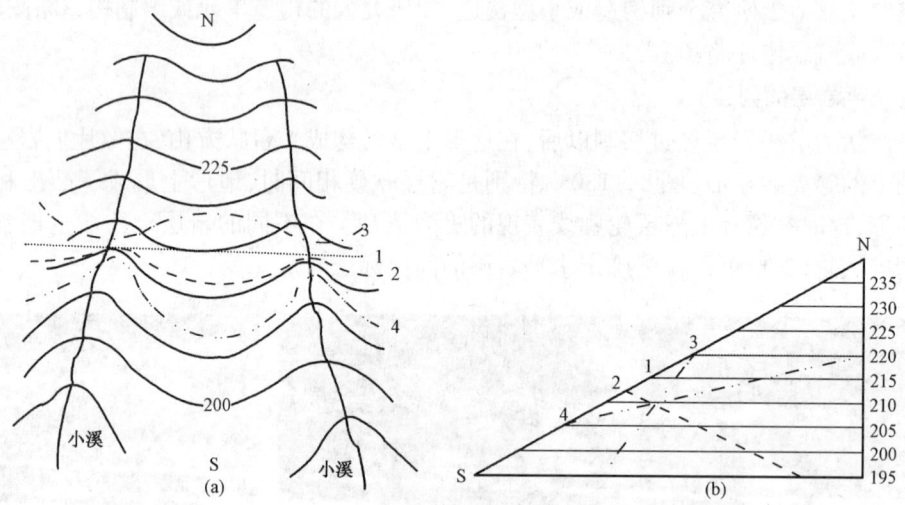

图8-20 岩层倾角和地形坡度对地表地质界线的影响

岩层界线：1 ——— 2 - - - 3 -·-·- 4 ·····

（1）垂直岩层不受地形起伏的影响，仍为直线。

（2）如地形斜坡方向与岩层倾斜方向相反时，则山谷中岩层V字形的尖端指向山谷上源，即指向岩层的倾斜方向[图8-20(a)中的2]。在地形图上，地质界线与等高线弯曲方向一致，但地质界线曲率较小。

（3）如地形斜坡方向与岩层倾斜方向相同，且岩层倾角大于地形坡度角，则在山谷中岩层V字形的尖端指向山谷下游，代表岩层倾斜方向[图8-20(a)中的3]。在地形图上等高线与地质界线的弯曲方向相反。

（4）如地形斜坡方向与岩层倾斜方向相同，且岩层倾角小于地形坡度角，则在山谷中岩层V字形的尖端指向山谷上源，但它不代表岩层倾斜方向。在地形图上地质界线与等高线弯曲方向相同，但地质界线曲率较大。

根据以上叙述，可以得出这样一个结论：在山谷中岩层V字形尖端所指的方向，就是岩层倾斜的方向，这是因为某一岩层面上过山谷中V字形尖端点所作的走向线的高度低于过山坡上走向线的高度。但也有例外，就是上面所说的第四种情况，这是在应用上述结论时应注意的。

岩层 V 字形尖端的开阔程度,决定于地形坡度和岩层倾角的相互关系。当地形坡度相同时,岩性倾角越小,其岩层 V 字形尖端越尖锐;当岩层倾角相同时,地形越陡,岩层 V 字形尖端越尖锐,反之则开阔。

在像片上研究 V 字形,最好在像片中央部分进行。否则,由于像片边缘部分含有较大的投影差,可能会产生与实际相反的判读结果。

在像片上确定岩层的产状要素,如有量测仪器(视差测微尺或立体测量仪),可以利用"三点法"进行。

三点法是在山谷中同一岩层露头上选三个点,其中两个点选在山谷的相对两坡上,是相同高度露头点(岩层 V 字形的底边上),第三点取在这个 V 字形的尖端,如图 8-21 中的 A、B、C。A 和 B 是在山谷两坡同一岩层上选出的相同高度的两个点,C 点位于 V 字形尖端上,高度低于 A 和 B 点。A、B 两点的连线就是这个岩层的走向线,再根据像片的方位,就可确定岩层的走向。由 C 点作 AB 走向线的垂直线,便是岩层的倾向线。为了确定倾角的大小,需要用视差杆或立体测量仪量出 C 点对 A(或 B)的高差,从倾向线和走向线的交点(像片上的 D 点)作 DE 线,并使 DE 线的长度等于按像片比例尺计算出来的 CA(或 CB)之间的高差,然后再连接 E 和 C,EC 与倾向线之间的夹角∠ECD 就是该岩层的倾角,以 α 表示。其倾角的大小可以用量角器量出,也可以用计算方法求得。为此,先按像片比例尺求出 DE 和 DC 的长度,用公式

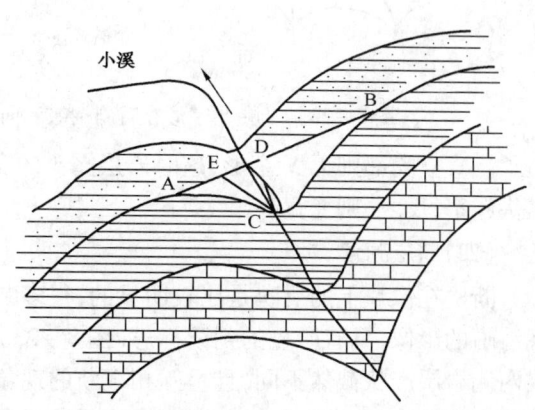

图 8-21　像片上确定岩层产状要素示意图

$$\tan\alpha = \frac{DE}{DC} \tag{8-1}$$

计算岩层倾角 α 值。

由此可见,为了确定岩层的产状要素,要知道像片比例尺和方位。

(三)褶皱构造判读

在具有褶皱构造的航空像片上,由于相同岩层的对称分布,因而有相同的色调,地形和水系也大致对称分布。岩层 V 字形对于查明褶皱类型有很大意义,岩层 V 字形尖端自轴部相对或相背的分布,岩层 V 字形相对或相同方向倾斜等都应仔细分析。

在像片上判读背斜与向斜,一般是不太困难的。通常在正常褶皱中,两翼岩层向相反方向倾斜,岩层 V 字形自褶皱轴部对应的分布。背斜的两翼岩层向外倾斜,其标志是:两翼分水岭上岩层 V 字形尖端相背,在地形上两翼岩层所形成的单面山斜坡彼此相对[图 8-22(a)]。向斜的两翼岩层向内倾斜,其标志是:两翼分水岭上岩层 V 字形尖端相对,即岩层 V 字形的尖端指向褶皱轴线,在地形上两翼岩层所形成的单面山斜坡朝外[图 8-22(b)]。

如褶皱不对称,其岩层 V 字形的形态在不对称褶皱的两翼上是不相同的。在平缓翼部岩层 V 字形比较尖锐,似乎是 V 字形伸长了;而陡翼部分岩层 V 字形就宽一些,似乎是 V 字形缩

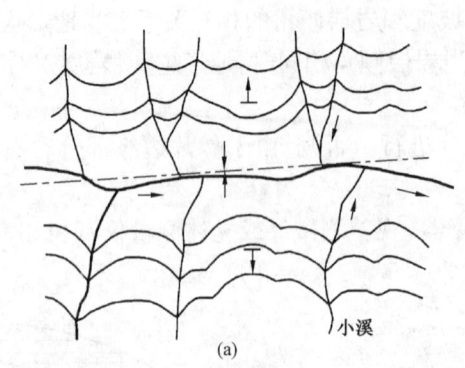 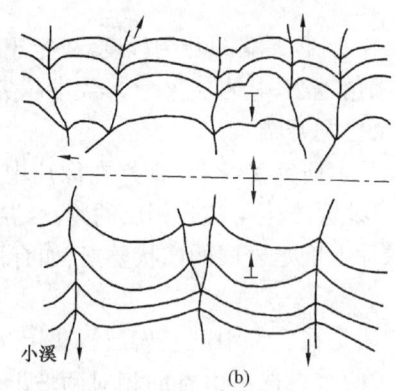

图 8-22　岩层 V 字形在背斜褶皱和向斜褶皱中的位置（虚线表示褶皱轴线）

短了。直立翼部则无 V 字形，这时岩层露头的宽度也相应地发生变化，即越陡的翼部，其岩层露头越窄；反之，则变宽。

（四）断层判读

断层在像片上的反映是比较明显的，很多断层在地面工作中不容易发现，但在像片上却呈现清晰的影像，具有明显的判读标志（图 8-23）。例如同一岩层产生水平错动而不相连接，断层两侧岩层产状截然不同，且呈互相截断的现象。构造上不连续以及由于断层作用所引起的地形突然变化等，这些都是判读断层的明显标志。有些隐伏断层，可利用与断层相关的地物，用逻辑推理方法进行判读。这些地物最明显的例子有沿断层线分布的植物带以及成线状排列的泉源露头等。

最容易判读的是最新活动的断层，因为这些断层对现代地貌有显著的影响，在地面上往往出现陡坎或深沟；切断沿断层线的地貌形态，形成断层三角面（图 8-24），同时也能使水系遭到变位和破坏。如露头较好，能够划分出断层两侧地层之间的相互关系，可以把正断层和逆断层区分出来。

在岩层产状和层序较好时，沿断层线可以看出岩层的断开和走向的变位，这种变位在平移断层的断裂处更明显些。根据像片比例尺，沿断层线量出同一岩层露头断开的距离，就是错动岩层水平变位的幅度。

图 8-23　色调异常界面　　　　　　　　　　图 8-24　断层三角面

第七节 植被和土壤判读

一、植被判读

用航空像片进行植被判读,随着判读目的不同,判读内容有很大区别。林业工作主要是对各种林木做出性状和数量的鉴定,研究各种森林现象的发生、发展规律,为查清森林资源,确定各种经营措施提供依据。在地理工作中进行植被判读,主要是判定植被群落的性状以及它们的分布规律。

(一)植被判读标志

在植被判读中,形状、色调、大小、阴影及图案等判读标志均有重要的意义和作用。但由于植被的某些特点随季节而变化,所以有的判读标志也是很不稳定的。以植被的色调来说,随着季节的不同,色调有显著变化。常绿树终年常青,影像色调变化一般不大。而草本植物和落叶树则夏绿秋黄,影像色调夏深而秋浅。另外,落叶树的树冠和阴影形状,随季节的不同,也有相应的变化。所以,在进行判读时,应注意植被的物候特征。

植被的判读标志,随着像片比例尺大小的不同,其作用也不一样。例如在夏季拍摄的大比例尺像片上的各种树种的色调差别不大,但它能明显地反映出各树种所特有的树冠形状和大小、以及本身阴影的特点等。因此,形状和大小就成为主要的判读依据。而秋季拍摄的中、小比例尺像片上,由于比例尺小,使各种形状的树冠都表现为圆形的颗粒,形状和大小即失去了判读的价值,而色调的差别却成了主要的判读依据。所以,在收集像片资料时,应对像片的比例尺有所选择,同时对不同比例尺像片的使用方法也应有所不同。

植被判读中使用的形状标志,一般都是指成熟林的树冠形状(图 8-25)。各种树种都具有独特的树冠形状,这些树冠形状在立体镜下可以分辨。如果是独立树或是在林地背光一侧,用树冠的落影以可以判读出来。

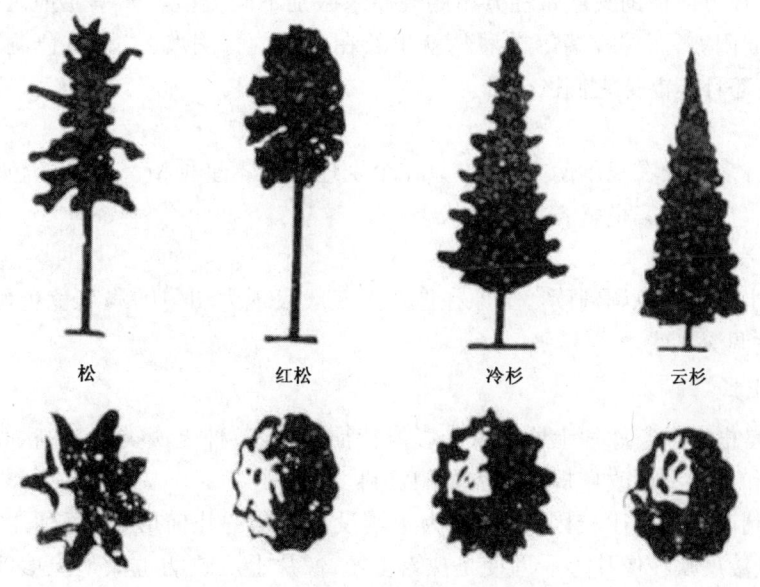

图 8-25 树冠落影

此外,进行植被判读时,要充分研究树种的立地条件。因为树种的生物学特征不同,各树种有一定分布规律,在判读时应加以利用。例如,北方山区的荆条灌丛和由蚂蚱腿子、秀线菊等组成的杂灌丛,从色调和图案上很难分辨。但它们的立地条件不同,荆条灌丛多生在向阳坡,而杂灌丛就生长在阴坡,用山坡坡向就可以区分开。再如小兴安岭的云冷杉和红松,就其树冠形状和色调也是很难分开的,但考虑到云冷杉多分布在低洼河滩地上,而红松分布在排水良好的山脊或坡地上。这样,就可以比较容易地把二者区分开来。

(二) 几种主要植被群落类型的判读

1. 针叶林

针叶林是由松、柏、杉、枞等树种组成。针叶树多为常青树,在可见光波段的反射率较低,其色调在任何季节拍摄的像片上一般都呈深灰色调。树冠形状常呈锥形和边缘不整齐的锯齿形。

2. 阔叶林

阔叶林的种类很多,如杨、枫、榆、栎等。阔叶林的影像特点受地区和成像季节的影响很大,不同季节和地区的像片,阔叶树的树冠形状、色调和阴影都不同。夏季阔叶树的树冠形状多为圆形,在立体镜下多为棉桃状,向阳部分色调浅,背阴部分色调深。在树叶凋落的冬季,则呈不规则的灰色网状。

阔叶林的色调在夏季基本一致,比针叶林稍浅。在秋季像片上,各种树的色调均有所变浅,与针叶林差别很大。几种阔叶树生长在一起,北方往往叫做杂木林,这种树林除了具有深浅混杂的色调以外,还往往生长在山的阴坡。

果树林的特征,在平坦地区为有规则的种植,排列整齐。在山区多种植在居民点附近或农田四周土层较厚的地方。

3. 灌木丛

灌木丛的种类很多,影像特征也相当复杂。其一般特征是影像颗粒细小,色调为均一的浅灰至深灰色,往往可以借助其地带性分布的规律来区别不同类型。如华北地区的荆条灌丛多生长在山地的向阳坡,而秀线菊等类灌丛就生长在山地的背阴坡,二者虽色调和颗粒大致相同,但根据其生态环境能把它们区分开。

4. 竹林

大面积竹林多生长在我国南方,北方只在个别地方有零星种植。竹林的色调一般比阔叶林还浅,呈浅灰色调,图案呈整齐的毛絮状。

5. 草本植被

草本植被主要根据色调判读。草原在像片上一般表现为均匀的浅灰色色调,干草原色调更浅,湿草地色调深一些。

二、土壤判读

土壤判读是根据航空像片上所反映的影像特征,确定各种土壤类型、性状和分布范围,为土壤调查制图和土壤利用改良提供所需要的资料。

在像片上判读土壤是比较困难的,因为土壤没有一定的几何形状,而且往往为植被所覆盖,使之不能直接反映在像片上。即使是裸露土壤,像片上反映的也只是土壤的表面,而不是土壤的垂直剖面。但在航空像片上判读土壤并非不可能,因为不同土壤类型的物理性质和化学成分是不同的,其光谱特征也就不一样。此外,自然界的一切现象都不是孤立存在,它与周围环境有着密切的联系,所以根据不同的自然条件也可以间接地去分析土壤。实践证明,在航空像片上无论判读自然土壤还是农业土壤,都是可能的。大、中比例尺航空像片对于土壤调查制图都显示出了优越性,一般可提高工作效率三倍到四倍,并提高成图的质量。

(一)土壤判读的基本方法

土壤类型判读,主要可用色调和图案两个标志。土壤色调的深浅与土壤有机质含量、土壤湿度大小和质地粗细有关。有机质含量高、湿度大、质地细的土壤色调较暗;反之,有机质含量低、湿度小、质地粗的土壤,色调一般都较浅。例如,砂质土壤一般为浅灰色调,而粘土质土壤则为深灰色调。不同的土壤类型,其图案特征也不尽相同。例如菜畦和水田形成不同的图案,很容易把菜园土、水稻土和一般旱作土区分开。

实际上根据判读标志直接判定出来的土壤类型毕竟是少数,所以在土壤判读中经常应用的是逻辑推理法,根据土壤发生学的理论,按照成土因素进行判读。土壤的成土因素包括气候、植被、母质、地形和农业生产活动等。土壤就是在这些因素的综合作用下形成的历史自然体,其中只要某些因素发生变化,一般就会引起土壤发生相应的变化。例如,我国西北地区为大陆性气候,温差大、雨量极少、植被十分稀疏,因而形成荒漠土;我国东北地区属于寒温湿润气候,林区形成灰化土或灰色森林土;而在我国长江以南的森林地区,由于气候湿暖、雨量充沛,就形成红壤。所以,根据判读地区的景观特点,一般就可以推断相应的土壤类型。这种方法特别是对判读自然土壤类型是比较有效的。

利用成土因素的分析进行土壤判读,可以采取以下步骤:首先进行地形和植被判读,判断该地区的景观类型,勾划界线,如分出山地、平原、丘陵、盆地、森林区、水稻区和旱作区等。然后在同一景观类型内部,再根据地貌特点,推断母质类型,勾绘不同母质的分布范围,这样就可以判读出不同的土属。最后再按微地貌和阴影进一步划分更小的范围,推断不同土种的轮廓界线。根据微地貌分区以后,即可抽样化验,以确定其土壤类型。

在平原地区进行农业土壤的判读、微地貌的区分具有重要意义。因为微地貌不仅影响着土壤质地,也直接影响着水分、肥料的再分配。所以,微地貌的界线往往也是不同土种的分界。

(二)不同条件下土壤判读举例

1. 裸露土壤的判读

裸露土壤是指在作物收获后或尚在幼苗期的农田,以及植被生长极其稀疏的荒漠土壤、盐渍化土壤或其他裸地。这些土壤表面可以直接反映在像片上,有机质含量高,湿度大者色调较暗;盐渍化或灰化土壤则相反,一般为浅色调。同时所处的生物—气候带和地形部位,以及周围母质的不同,往往能够识别出沼泽土、黑土、盐土、灰化土、石灰性土及受漂洗作用的白浆土等。根据色调深浅程度还可确定土壤沼泽化、灰化、盐渍化程度,推测腐殖质含量的多少。

表土结构状况的差异相当显著地影响到裸露土壤的图案特征,具有良好结构的土壤常表现为均匀的棉絮状图案;板结的沉板田、白浆土及盐碱化土壤一般形成单调均一的浅色影像。

土壤质地也会影响影像特征,如砂质土壤一般呈明亮影像,而且沙地易遭风蚀,高低不平,产生微小阴影,造成不规则的色调变化,有时可形成明显的沙丘和沙垄。

2. 覆盖有自然植被的土壤判读

这种土壤为自然植被遮盖,在像片上得不到直接反映。但土壤和自然植被间往往存在着密切的依存关系,可通过判读自然植被来推断土壤类型和性状。

首先可以区别森林土壤和非森林土壤。根据植被判读知识,还可以进一步区分出针叶林、阔叶林及由不同林木组成的各种林型,根据不同林型就可以推断相应的土壤类型。

草本植物的种类一般较难判读,但可以按照不同植物群落来判读土壤类型。例如判读出草原、草甸和沼泽三类群落,就能分出草本植物下发育的草原土、草甸土和沼泽土三大土壤类型。

3. 覆盖作物的农业土壤判读

当播种的作物接近封行时,作物本身的阴影基本上遮盖了地表,像片上见到的主要是作物的影像。在这种情况下,主要依靠因地制宜、看土种植的经验,通过作物种类及土地利用方式的判读来确定土壤类型。例如在华北地区,高粱一般种于较低洼易涝的沼泽化土壤上,玉米种于水肥条件较好的草甸性土壤,花生种于砂性土,小米、小豆之类种于高燥瘠薄的土地上等。

在航空像片上一般能识别水田、旱地、菜园和果林,尤其是在大比例尺的像片上则更容易。水田影像的特点是田块分割得较小,且四周为粗细均匀、边缘光滑、交角明显的暗色线条(即田埂)所封闭,呈网状(平原区)或笋节状(山区)。而旱地地埂形成的线条边缘一般比较毛糙,影像色调也相对较浅。高度熟化的菜园土则大多呈明暗相间的栅栏状图案,这是菜畦的反映。果园则呈行列整齐的圆点状图案。

自然界的情况是复杂的,不同季节摄制的航空像片,影像会有很大不同,有些相互依存的关系也不是绝对的,特别是人类活动的影响往往使原来较单纯的相关性复杂化。所以,在进行土壤判读时,要全面分析影像特征,充分利用各种判读标志,相互补充,相互验证,才能取得较好的效果。

第八节 其他航空遥感图像

近代遥感技术突飞猛进的发展,在普通航空像片的基础上又出现了彩色片、黑白红外片、彩色红外片、多光谱像片和雷达像片等,大大改善了人类探测地面信息的手段。这些遥感图像与普通黑白像片相比,有相同的地方,但也有很大的区别。这一节概略地介绍这些遥感图像的特点,说明其使用时应注意的问题。

一、彩色像片

彩色像片与普通黑白像片都是全色片,都反映可见光波段的信息,都是根据形状、大小、色调、阴影和组合图案等标志进行判读。所不同的是:普通黑白像片上的色调是从白到黑灰度深浅的变化,而彩色像片反映了物体各种不同的颜色。彩色像片上地物影像的颜色是地物天然色彩的再现,所以又把这种像片叫做天然彩色航空像片。

彩色像片的颜色,比较真实地反映了地物原来的颜色,但也并不完全相同。因为摄影时间、摄影高度、物体亮度、表面结构以及洗印条件的影响,有时会使颜色失真。

彩色像片的光源是太阳光,照射到地面上的太阳光的光谱成分,在不同纬度、不同季节和不同的天气条件下会发生变化,即使在一天当中的早、午、晚也是不同的。例如,夏季拍摄的像片一般偏蓝,冬季拍摄的像片一般偏橙。同是在夏季拍摄的像片,中午和早、晚也会有不同。所以,在判读彩色像片时,应了解拍摄时间,以便正确理解像片上各种地物的颜色。

摄影高度对色彩的影响很大。首先是航高越高,地物反射光量衰减越多,从而降低了颜色的饱和度;再者航高越高,接受太阳的短波辐射光也越多,使像片上地物颜色都带有青色、蓝色或紫色的成分。所以,摄影高度越高,像片上颜色的失真就越严重。

地物亮度能影响影像颜色的深浅,亮度大的物体影像颜色浅,亮度小的地物影像颜色深。

地物表面结构能影响影像颜色的饱和度。光滑表面，颜色饱和度较大，看起来鲜艳；粗糙表面，其饱和度就较小，像片的颜色不够鲜艳。

此外，像片洗印条件对像片影响也是明显的。但是一般来说比普通黑白像片优越。根据试验表明，在1∶2.5万航片上彩色像片的信息量要比普通黑白像片的信息量平均多15%左右。

二、红外像片

全色航空像片只能反映出人眼看得见的地物影像，而红外像片除了反映可见光波段所获得的地理信息之外，还能反映人眼看不到的近红外波段信息。红外胶片对 $0.4\sim0.9\mu m$ 波段的电磁波敏感，特别是植物、土壤和水体的光谱反射率差别最大，影像色调差别也大，这对判读非常有利。

红外像片是采用摄影方式成像，分为黑白红外像片和彩色红外像片两种。现将其判读特点分述如下。

（一）黑白红外像片

黑白红外像片与普通黑白像片一样，也是以深浅不同的黑白色调来反映地物的影像。由于各种地物对可见光和红外线的反射率不同，所以同样的地物在这两种像片上的色调特征并不完全相同。尤其以植物和水体最为明显。

绿色植物的光谱特征是对可见光吸收得多，反射得少，在反射的能量中又以绿色较多。而全色胶片对绿色光感光又弱，所以普通黑白像片上绿色植物的影像，其色调一般都较深。而绿色植物对红外线具有较强的反射率，所以在黑白红外像片上绿色植物的影像色调一般均较浅，特别是嫩树叶、青草和庄稼，其色调显得更浅。

不同树种对红外线的反射率是不同的，如在近红外波段油松的反射率比阔叶树水曲柳的反射率低约一倍，在像片上油松的色调就较深，水曲柳就较浅。农作物要是发生病虫害，在人眼中还没有发现时，作物叶子的细胞色素已经遭到破坏，近红外波段的反射率就要降低，影像的色调就要变暗，这样就能预报农作物病虫害的情况。

水对近红外波段具有强烈的吸收能力，所以水体在红外像片上常成深灰色，甚至黑色。其色调的变化规律与水的深浅、混浊程度有关。水越深、越清澈，吸收红外线的能力就越强，影像色调就越深。红外像片的这个特点对水资源调查提供了有利条件。

像片上的阴影是太阳不能直接照射的部分。在普通黑白像片上地物的阴影都是深灰色，而红外线的波长较长，散射作用较弱，所以红外像片上阴影就深一些。阴影色调深，能增强影像反差，有利于根据阴影判读地物性质。但有时山体阴影会遮挡地形细节，这是判读中的不利因素。

（二）彩色红外像片

彩色红外像片也是不仅能反映可见光波段的信息，而且能反映近红外波段的信息。

彩色红外像片上地物的颜色，不同于地物的天然色。与地物的天然色相比，都向短波方向移动了一个色相。反射红外线的地物，在处理后的红外像片上一般呈现红色。反射红光的地物呈现绿色，反射绿光的地物呈现蓝色。反射蓝光或紫光的地物，由于黄色滤光片吸收蓝光和紫光，该地物影像就呈现灰—黑色调。

自然界物体反射的色光，一般都不是一种，红外片上的颜色往往是叠加的间色或复色。例如：绿色植物有两个反射率较大的峰值，一为绿色光，另一为红外光；所以绿色植物的影像色调就成为蓝色和红色的叠加,呈品红色。但由于绿色植物的红外反射峰值比绿光反射峰值大3~5倍,故叠加色偏红。植物的种类不同,反射红外光能量的多少也不一样,植物影像的颜色就在品红色和红色之间变化。季节对彩色红外像片上植物颜色也有影响,因为时间和季节不同,植物的生长状况不同,其颜色也有变化。

彩色红外像片上的阴影,由于黄色滤光片的减蓝作用,比彩色像片上的阴影较深一些。由于使用黄色滤光片消除了散射的蓝光,所以提高了影像的反差。许多地物在近红外波段反射率也较高,所以这种彩色红外像片信息丰富、影像清晰,具有较高的分辨率。

彩色红外像片已有效地应用于林业、农业、水文、地质、自然资源调查和环境保护等方面。

三、热红外扫描图像

不论在白天或是夜晚所有物质,都向外辐射热红外波段的电磁波能量,利用扫描方式对地物本身辐射的热红外能量成像,即热红外扫描图像。

波长3~5μm和8~14μm是两个重要的热红外大气窗口。由于8~14μm波段包含了地球表面平均温度下辐射通量的最大强度,所以热红外扫描成像多选用这个大气窗口。这种长波红外辐射与物体温度密切相关,一般称为热辐射。

(一)热红外图像的特点:

1. 昼夜都可成像

热红外扫描图像与红外航空像片不同。红外航空像片是采用摄影方式成像,探测的是近红外波段,光源直接来自太阳光,因此必须在白天成像。热红外扫描图像获取的是地物的发射光谱,地面上一切物体昼夜不停地向空间发射红外线,所以红外扫描传感器昼夜都能获得热红外图像。

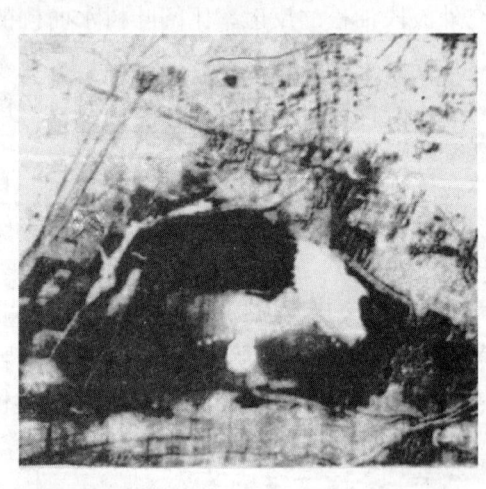

图8-26 白天热红外图像

热红外图像与地物之间的温差密切相关,地物之间温差大,影像的反差大,影像就清晰;反之,地物之间温差小,影像的反差也小,影像就不清晰。地物间的温差是由日照和地物性质决定的,一般来说,上午6时和午后1时前后,温差最大,成像效果好。根据罗恩等人(1970)的研究,黎明前的图像比白天的图像好得多。但对有些地物,白天的图像也是很有用的,如太原地区晋阳湖冷却循环池红外遥感试验,热水流进循环池的冷却过程在白天图像反映得很清晰(图8-26),这是因为白天水体温度比周围土地温度低,呈暗色调。一旦有热水流入,由于其温度比原来池中水温高,呈浅色调,易于识别。

2. 记录的是地物热辐射强度

普通航空像片记录的是太阳光的反射强度,影像色调的深浅反映了反射太阳光的强弱。热红外图像记录的是热辐射能量的强度。地物的红外辐射强度与温度有关,温度高,红外辐射强度大,影像色调浅;温度低,红外辐射强度小,影像色调深。有些地物的颜色相近,在普通航空像片上色调相同,不容易分辨。如白云岩和灰岩在普通航空像片上很难区分,但在上午6时的热红外图像上,由于它们的比热不同,白云岩比灰岩温度高,而现出色调的差别。

3. 影像分辨率较低

影像分辨率主要决定于光学扫描的瞬时视场角和成像高度。瞬时视场角越小，飞机航高越低，地面分辨单元越小，分辨率就越高。分辨率与瞬时视场角和航高的关系式为：

$$d_0 = H \cdot \Delta\theta \qquad (8-2)$$

式中　d_0——地面分辨单元，m；

　　　$\Delta\theta$——瞬时视场角(弧度)，mrad；

　　　H——航高，m。

对于红外扫描仪，瞬时视场角的大小是一定的，一般为 1~3mrad。当航高为 1000m 时，地面分辨单元为 1~3m。这比普通航空像片的分辨率要低。

分辨单元不仅与瞬时视场角和航高有关，而且也与扫描角有关，即使在同一航高下，随着扫描角的变化，同一条扫描线上，地面瞬时视场从中间向两边逐渐增大，地面分辨率也逐渐降低（图 8-27）。

(二) 热红外扫描图像的判读标志

热红外图像的判读标志虽然也是影像的形状、大小、色调和阴影等，但其特性与普通航空像片有很大不同。下面主要介绍影像形状和色调特征。

1. 形状特征

热红外扫描图像上地物形状，有时反映了实际形状，或者近似，但有时会发生很大变形。变形的原因与地物温度有关，也与扫描系统本身有关。

一般来说，非热源的地物，如水体、山地、丘陵以及农田、道路等，多呈现真实或近似真实的形状，特别是图像中部地物形状更准确。而温度高的地物，往往反映不出真实形状。因为温度高，向周围空间辐射的红外线能量就大，产生似光晕现象，地物的形状就被掩盖、歪曲或扩大，甚至会面目全非。另外，飞机运行不稳，滚动、俯仰都会使图像发生位移和畸变。在一条扫描线上中间的瞬时视场小，两端的瞬时视场大，会使图像从两端向中间压缩，也产生图形变形，使笔直的公路产生 S 形弯曲（图 8-28）。

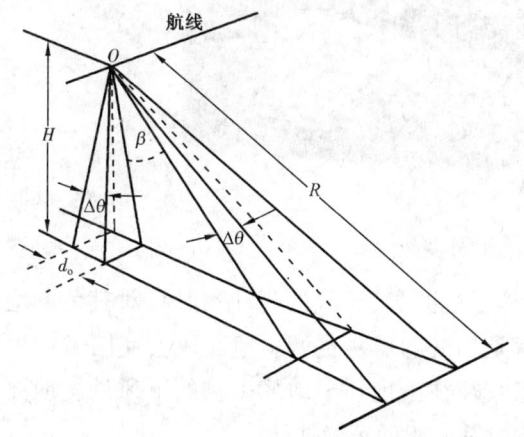

图 8-27　地面瞬时视场尺寸变化
d_0—地面分辨单元；$\Delta\theta$—瞬时视场角；
β—视角；R—斜距；H—航高

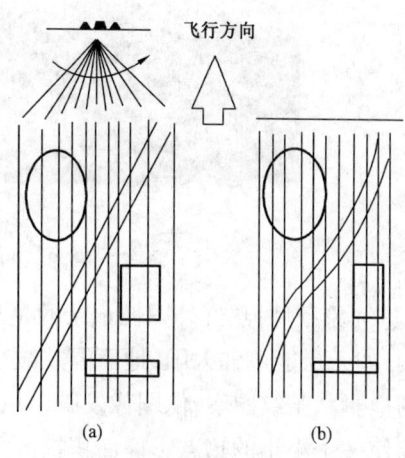

图 8-28　扫描系统产生的几何畸变
(a) 恒定速度扫描的地物特征；
(b) 恒定线速度纪录时图形的畸变

同一个地区的图像,白天成像和夜间成像也有区别。白天的图像因受太阳热效应的影响,图像清晰,表示出地形特征;夜间图像不受太阳和阴影的影响,使地物的热辐射差异得到加强,图像没有立体感,好似不清晰,但地质特征得到了加强。

2. 色调特征

色调是热红外图像判读的重要依据。色调的深浅受以下几种因素的影响:

(1)地物热辐射能量的大小:地物热辐射能量大,影像色调比较浅;地物热辐射能量小,影像色调比较深。地物热辐射的能量决定于地物温度高低和发射率的大小,温度越高,辐射能量就越大。如高炉、火光等热源,影像往往成白色调;土地的温度比较低,无论白天或夜间成像,均为深浅不等的灰色调。有些地物虽然温度相同,但由于发射率不同,也会有不同色调,如大理石和石英虽然温度相同,但大理石发射率为0.942,石英为0.627,所以大理石的色调就较浅,石英的色调较深。

(2)成像时间:这里以水体和植物为例来说明成像时间对影像色调的影响。水体具有较高的热容量、较好的导热性能,且日温差很小。土地的热容量较低,日温差较大。白天水体的温度比周围土地低,水体为深色调;夜间水体温度又高于周围土地,所以影像又为浅色调。如图8-29(a)为白天成像,河流为黑色;图8-29(b)为夜间成像,河流为白色。再如绿色植物,反射短波红外能力强,而辐射长波红外的能力弱,又由于白天水分蒸发,温度低,色调多呈深灰;在夜间,特别是森林有逆温现象,温度高于地面,一般呈浅色调。

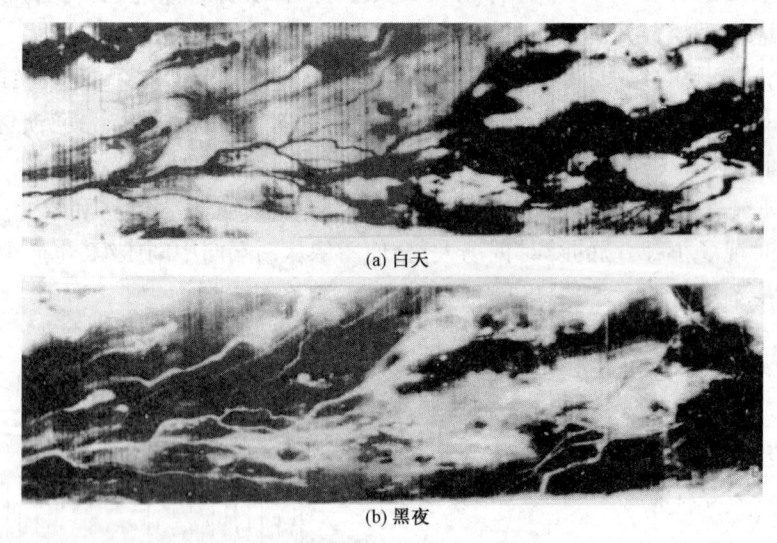

(a) 白天

(b) 黑夜

图8-29 白天、黑夜红外图像

(3)气象条件:热红外图像记录的是地物辐射能量的差异,天气的阴、晴和风,对其色调均有影响,如云层能遮住太阳,地面温差减小,影像就是均一的黑灰色调。地面风会使图像产生独特的拖影状条纹图案,使图像发脏。风产生的条纹往往出现在平地障碍物的下风处。地面风还能使一个小小的热点影像面积扩大很多,影响对其面积的正确估计。

四、雷达图像

雷达是一种主动式传感器,它用天线向地面发射微波,接收从地面返回雷达天线的反射能量(称为雷达回波),并记录成图像。

雷达图像与黑白航空像片一样,也是以深浅不同的黑白色调反映地物的影像,同样也能得到60%的重叠率,可以进行立体观察。但由于雷达图像反映的是雷达回波的强度,所以影像特征就与普通航空像片不一样。雷达回波强度大的地物色调浅,强度小的色调深,没有回波的部分呈黑色。

雷达回波的强弱,与地表特征(坡向、表面粗糙程度)和雷达系统的特征(雷达使用的波长、俯角、航高)密切相关。如在山区,凡是面向雷达天线的山坡,一般都有较强的回波,其影像色调就浅;而背向雷达天线的山坡,因不能直接得到雷达波的照射,就没有回波,所以具有较深的色调。地物表面粗糙能使雷达波产生漫反射,引起比较强的回波,影像色调较浅;光滑表面能产生镜面反射,几乎没有回波,影像呈深色调(图8-30)。雷达俯角的大小也会影响地物的色调。对于同一个平滑表面,在远距离俯角小的情况下,因镜面反射,雷达回波强度小或没有回波;而在近距离俯角大的情况下,镜面反射波就能被天线所接收,产生强烈回波。

图8-30 火山(雷达图像)
湖泊表面和山体背后无雷达回波,呈黑色调

地物形状特征在雷达图像上反映得比较清楚,富有立体感。一般来说,平行于航向的线性地物与雷达波探测方向垂直,图形清晰。如河岸、山岭等平行于航向时,影像就清楚。另外,雷达有一定的透视能力(雷达对沉积物和地面的透视能力,随波长变长而增大),对揭露地质线性构造非常有利。

思 考 题

1. 航空像片目视判读常采用哪几种方法?逻辑推理法对地理判读有什么重要意义?
2. 航空像片判读分哪几个步骤?每个步骤包括哪些主要内容?
3. 像片转绘方法有哪几种?如何用像片转绘仪和目估法转绘像片内容?
4. 居民地和道路的影像有何特征?

5. 根据哪些标志判读水体？不同水体有哪些特征？
6. 航空像片地貌判读常有哪些判读标志？
7. 山地、丘陵、平原在像片上具有哪些特征？
8. 冰川、岩溶、风成、黄土、火山等地貌类型的影像有何主要特征？
9. 三大岩类影像有哪些主要特征？
10. 航空像片上如何确定岩层产状？如何判读向斜构造、背斜构造和断层？
11. 植被的判读标志有哪些？针叶林、阔叶林的影像有何特征？
12. 土壤判读有何特点？试述土壤判读的基本方法。

第九章 卫星图像的目视判读

【本章内容提要】

本章重点介绍多光谱扫描图像的判读原理和方法。通过水体、地貌、地质、土壤、植被等实例,阐明卫星图像目视判读的特点。

【基本要求】

(1)理解卫星图像判读的步骤及主要内容。
(2)掌握卫星图像水体判读标志及特征。
(3)掌握卫星图像地貌判读标志及方法。
(4)掌握卫星图像岩性及地质构造判读标志及方法。
(5)掌握卫星图像植被和土壤的判读标志及方法。
(6)掌握卫星图像居民地和道路的影像特征及方法。

卫星图像目视判读的方法和步骤与航空像片有些是相类似的,如同样是根据影像的色调、形态、图案组合等特征来识别地物和现象。但是,卫星图像和航空像片的成像系统、成像方式不完全相同,所以卫星图像目视判读又有它的特点。

第一节 卫星图像目视判读的方法和步骤

一、卫星图像目视判读的方法

(一)直接判定法

卫星图像是在宇宙空间的轨道上成像的,图像比例尺小,其图像所反映的地物和现象的细部特征不如航空像片清楚。在卫星图像上,除了较大地物的个体(如水体、岩体、海岸线等)能反映出其形状以外,大多数影像表现的是群体中占优势地物的光谱的综合特征。所以,卫星图像目视判读时,除了较大的地物以外,大部分是群体的综合反映。

直接从卫星图像上识别地物和现象,不能只孤立地由一、二个影像特征进行分析和判定,而应该根据区域的地理特征,对卫星图像反映出的色调、形状、阴影、纹形结构等各种标志进行综合分析,从中归纳出"模式图像",这些模式图像在目视判读时是依据之一。

在进行各种标志的综合分析时,色调对直接识别地物和现象是很重要的。对色调的分析必须结合具体的图形特征,也就是说"色"要附于一定的"形"上,只有这样,色调才具有意义,才能达到识别地物的目的。另外,应该看到色调是一种很不稳定的因素,影响色调变化的因素十分复杂。因此,在判读时还必须根据具体的时间、地点以及地理环境的特点,结合影像的各种标志与结构,对照地物光谱曲线的特征进行分析。

(二)对比分析法

对比分析是指用不同波段、不同时相的卫星图像以及地面的已知资料进行对比,对比的目的在于相互补充、互相验证,从图像上提取更多有用的信息,使判读结果更加准确和可靠。

卫星图像是多波段成像的,由于不同地物和现象在不同波段具有不同的特征,因此,利用不同波段图像分析,就有可能把不同的地物和现象区分开来。

在进行多波段图像分析时,还可以借助于彩色合成及等密度分割加色等光学增强处理技术,以便提高判读效果。

卫星图像目视判读,还可以利用不同时相的图像进行对比分析,从中提取有用的信息,有助于判读和动态的研究。在对比不同时相的图像资料时,要注意选择所要判读地物和现象的光谱曲线变化最大的时间,利用这种图像对比,有利于提高判读效果。

(三)逻辑推理法

卫星图像由于受到比例尺小、地面分辨率较低的限制,除了直接判定和对比分析以外,更多的是运用地学规律的相关分析和实际经验,进行逻辑推理判定的。

卫星图像的视域宽广,能显示较大区域的地物和现象的空间分布。可以根据地物和现象在自然界中固有的相互依存关系和规律,通过演绎推理、去粗取精、去伪存真、由表及里地分析,揭示出更多的或有重大潜在意义的有用信息。显然,运用逻辑推理法,判读人员的专业知识和经验是很重要的。判读人员的知识和经验越丰富,就越能从容易被人们忽视或难于发现的潜在的或微小的图像差异中寻找出识别地物的依据,从而提取出更多有用的信息。

在进行逻辑推理时,必须尊重图像的客观现实,分析时要对图像上反映的每一个微小差别和具有潜在意义的信息,一一做出交代,说明原因。对于判读中出现的一些疑难,要结合野外实地观察和验证加以解决,只有这样才能不断地提高判读的效果。

二、卫星图像目视判读的步骤

卫星图像目视判读可分为准备工作、室内判读、校核验证和成图总结等四个步骤。

(一)准备工作

1. 资料和工具的准备

首先要收集工作地区不同时期、不同波段、不同类型的卫星图像,还需要收集工作地区的各种地图(包括地形图与各种专题地图)、文字资料、典型地物的光谱曲线图和航空像片等。对所收集到的资料应进行整理、分类,列出索引以便使用。

其二是判读前应认真地阅读工作地区已有的各种资料,分析该地区地物的性质、分布和变化规律。对判读地区有一个概略的了解,结合判读的任务,进一步明确判读的内容与重点。

其三是当工作地区范围较大,跨越几幅卫星图像时,要镶辑卫星图像略图,以供判读使用。卫星图像略图的镶辑方法与航空像片镶辑方法相似,但在拼图前应先将经纬线绘制出来,切割时,应注意保留各幅图像的灰标和注记的边框。拼接时先处理山区地形和水系,后处理经纬线(先纬线、后经线),并逐步加以调整,直到地形、水系、经纬线都大体衔接为止。

在准备工作中,应特别注意按最后成图需要,准备质量好的线画底图。实践经验证明,采用相同比例尺印(或绘)在透明薄膜上的线画底图,是进行各专业判读成图必不可少的,它对系列图各图之间的套合以及最后成图的质量都有重大的影响。

2. 建立判读标志

建立判读标志是判读工作的基础,这项工作要从易到难逐步进行。开始时可根据判读内容和区域地理特点,选择影像清晰突出的典型地区判读,确定影像与地物间的对应关系。对于影像特征不明显或疑点较多的地区,要结合航空像片或野外实地验证和分析,反复核实确定判读标志。

在建立判读标志的过程中,要配合假彩色合成图像的观察和分析。实践证明,根据专业判读要求的不同，采用不同的合成方案，分别突出不同的地物，对建立判读标志是有利的。另外，还要充分考虑区域的地理特征，以及典型地物的光谱特征，使建立的判读标志有更充分的科学依据。

3. 制订工作计划

根据判读的任务要求以及掌握资料的情况，制订工作计划。

(二) 室内判读

以建立的判读标志为基础，根据判读的任务和内容分项进行判读。判读时，遵循从已知到未知、先易后难、从大到小的原则进行。对于重点地区或难于判读的部分，可参考航空像片或结合已知的地面资料进行判读。

判读时要注意与原有地面资料的对比，但也不能为地面资料所限制，要坚持客观地进行分析，尤其要注意已知的地面资料或图件中没有反映（或显示）而卫星图像上显示出来的一些特有信息。

判读时还应该注意分析各种地物的光谱特征和它们在各种不同环境条件下的变化，特别注意在红外波段的变化，要充分利用各种光学增强技术，使影像更清晰、判读标志更突出而便于识别。此外，还要充分研究和利用有关资料，根据地物的发生发展规律与地理环境的关系来分析它们在卫星图像上的特征，这不仅对判读有利，而且还可以总结典型影像的模式，对提高判读效果和以后的质量分析都是十分必要的。

(三) 校核验证

室内判读所取得的成果，必须经过校核验证才能保证其可靠性，校核验证时可以使用航空像片和已知资料，重点地区和判读困难地区也可以进行野外实地验证。一般地说，野外验证是在室内判读的基础上，抽样验证和解决判读中的疑难问题。

根据验证的要求，应首先在室内制定野外工作路线，路线应当通过抽样验证的地区。在各抽样地区校核室内判读成果，对于有疑点和判读疑难的地区，应重点地观察地面的特点和影像的特征，建立新的判读标志，以解决室内判读存在的问题。此外，在野外抽样验证和观察时，还要收集一些必要的标本，以备进行化验分析。

野外校核验证结束时，应对室内判读的结果进行修正与补充。

(四) 成图总结

在判读过程中，在覆于卫星图像上面的聚酯薄膜上逐项勾绘出判读结果。如果是单项提取，在每张聚酯薄膜上只勾绘一种要素，然后再根据需要将有关要素叠合作为综合判读基础。

如果判读结果需要正式成图，应使用准备工作中所做好的、印（或绘）在透明聚酯薄膜上的线画底图，将判读结果转绘到该底图上后，还应全面地检查是否有不合理之处，如有还应重新判读。最后按成图要求制成图件，并写出文字说明，内容包括全区的概况，各判读项目的分类标准和主要标志，总结本地区的判读特点和经验以及存在问题等。

对卫星图像专业判读，已总结出"单项提取、系列成图、综合分析"的方法。即首先从卫星图像上提取单项信息，如水系、地貌类型、地质构造以及植被覆盖等，并依次作出单要素判读成果图。然后根据专业的需要，将其中几个或全部单要素图重叠，根据各要素之间的相互关系进行综合分析研究，作出进一步的综合判读。此方法有利于从卫星图像中提取更多信息，使判读从易到难、由浅入深有顺序地进行，这是目前在各专业判读中广泛采用的方法。

第二节 水体判读

　　水体在卫星图像上较其他地物清晰、直观而且易于判读。就光谱特性而言，水体对太阳光的吸收、反射和透射能力因波长不同而异，总的是吸收大于反射。水较深时，能将光线全部吸收；水较浅时，可见光短波波段可以透过水体，反映出水底的情况。在卫星图像上由于水的深度、水底情况和水的混浊度不同，形成影像的色调也不相同。水浅或含沙量大的色调浅；当水浅而水底的物质和周围物质光谱接近时，影像上水体的界线就不那么明显。水体对近红外光吸收作用很强，因此在近红外波段影像上，水体的色调是黑色，和周围地物的界线是很清楚的。例如在 MSS 系列中：MSS4(0.5~0.6μm)对水体透射能力最强，反射能力也最强，特别是水体中含泥沙时反射能力更强，卫片影像呈浅色(白、灰白)；MSS5(0.6~0.7μm)次之；MSS6 和 MSS7(0.7~0.8μm、0.8~1.1μm)对水体透射能力差，反射能力亦差，卫片影像呈深色或黑色。江、河宽度大于 15m 在卫星图像上才能判读出来，但是在背景反差大的地区，小于这个宽度的也能判读出来。

　　在标准假彩色图像上，清澈而深的水体呈蓝黑色，水浅时呈浅蓝色，含有泥沙时颜色变浅，泥沙含量很高时呈乳白色，有水生植物的呈红色或红色斑点。

　　使用卫星图像研究江、河、湖的水位变化是一种较好的手段，由于每张图像显示的水体都是成像瞬时的记录，这就弥补了常规测量方法慢、水位变化大，不能适时地测定整体水位变化的缺点，而且卫星图像是定期地重复成像，这就能及时地反映水体的动态变化。

　　由于水体的色调和形态具有明显而易判别的特点，而水体又与其他地物有密切的关系。因此，在判读时可用于对其他地物定点、定位，可以作为目视判读的基础。

一、水系判读

　　水系由地面上相互有关联的大、小河流及冲沟组成(参见图 7-5)，在卫星图像上可以判读水系的形态特征和密度。水系的形态与地质构造、岩性和地貌有密切的关系(参见图 7-6)。树枝状水系表现为支流与主流以锐角相交，主要分布在岩性均一、基岩(岩石或土壤)较软的地区(如砂岩、页岩、黄土及海岸平原沉积层发育的地区)。格子状水系表现为支流与主流以直角相交，主要分布在垂直交叉的断裂、裂隙发育的沉积岩地区。放射状水系表现为从中心向外成放射状，主要分布在火山、孤山和穹隆地区。

　　卫星图像上还可以判读河流变化后的遗迹。例如：湖北沙市幅中的长江，是曲流河表现典型的地段，在长江两岸都有牛轭湖的存在，可以清楚地判读出与牛轭湖联系的古河道，古河道中虽然没有流水，但色调比周围要深(图 9-1)。通过古河道与牛轭湖的分布可以了解河流演变的过程。

　　在河流改道后遗留的古河道，虽然经过人类改造，地面已无明显的标志。但是在近红外波段的图像上，古河道两岸的自然堤土壤因含沙量大、含水量小，故呈浅色调，古河道中心的土壤含水量大于两岸，呈深色调。其上种植的作物品种和作物生长情况也不相同。土壤裸露时，古河道呈暗色的条带状，经光学增强处理后在假彩色卫星图像上显示得更为清楚。例如黄河下游古河道、海河古河道等的影像都是很清楚的(图 9-2)。

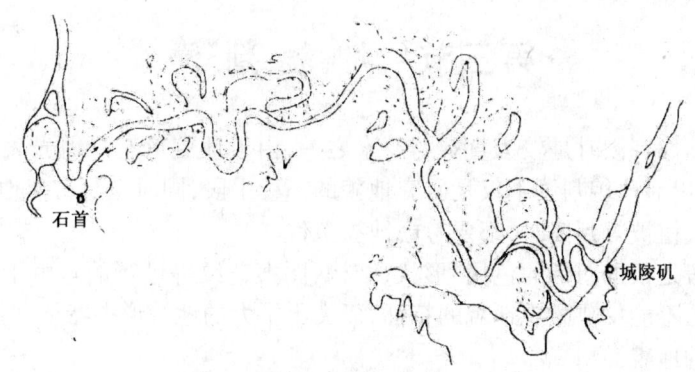

图 9-1 长江下游荆江段曲流河判读图

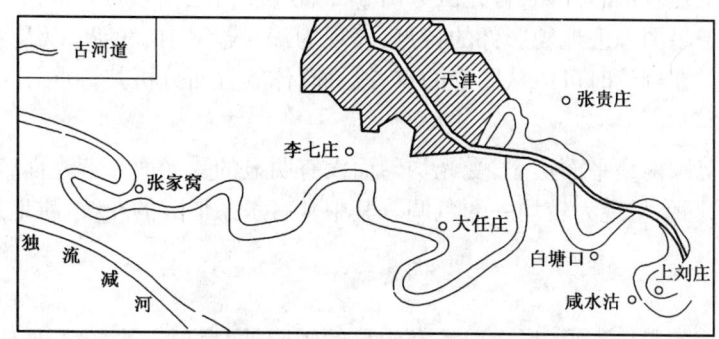

图 9-2 天津南郊海河古河道判读图

二、海岸判读

海岸是海水和陆地的交界,由于两者的光谱特性有明显的差异,因此在卫星图像上是清楚的,判读效果较好。在各个波段的黑白图像上海岸各有特点,例如在 MSS 系列中,MSS4 可以根据水体色调的深浅分析水的深度;MSS5 可以分析泥沙流移动的规律;MSS7 可以分清海、陆的边界和滩涂增长的情况。

(一)海岸的一般形态

有滩涂的平原海岸,其影像的色调由岸边向外渐变,沙滩表现为浅色调,泥滩的色调深些,有沙咀处其影像表现为向海中延伸的白色条带或舌状、海滩中有潟湖等。山地海岸,其影像的色调在海、陆交界处有较明显的差异。

(二)沿岸泥沙流

泥沙流在河口的影像为向海中延伸的浅水舌,水舌的形态和色调与水流的强度和泥沙的含量有关。例如:1976 年 8 月 31 日山东莱州湾幅假彩色合成图像上可以看出黄河口的河水呈乳白色,说明泥沙含量很大,并且正在向两侧扩散。沿岸泥沙流与水流方向是一致的,通过影像可以清楚地看出岸边沉积物的色调是有规律地渐变,而泥沙流的影像为浅色,呈烟雾状。

(三)河口与三角洲

在假彩色合成图像上可以看出河口水深的变化和三角洲发展的特点,水深的呈深蓝色,水浅的呈浅蓝色,水体的深浅情况表现是很明显的。古老的三角洲是浅色调,新形成的三角洲是深色调,运用不同时期的卫星图像可以判读出它们的发展速度。

第三节 地貌判读

地貌在卫星图像判读时是较为直观的要素之一,由于地貌形态是地壳表层在各种外营力作用下形成的,所以对地貌判读不仅是研究地貌的一种手段,同时也是自然地理方面判读的基础。在地质、土壤、植被等判读时,都要考虑地貌条件。

地貌判读一般是根据图像的色调、形状、结构、图案花纹等进行的。由于卫星图像比例尺小,经过自然综合,不能反映微观地貌的特征,而突出了大的地貌形态特征和界线,因而有利于从宏观上研究大的地貌类型。

一、地貌形态判读

地貌判读是从地貌形态开始,首先区分出平原、丘陵、山地等大的类型,然后再进一步分析它们的特点。在卫星图像上地貌影像的特点,表现为深、浅不同的色调,以及由不同色调构成的各种几何图形。在判读时可以从图形的点、线、面、体等方面分析其特点。

(一)平原

在一个较大范围内呈平面形态,受光均匀而没有明显的受光面和背光面,其表面多由第四纪松散物质组成,图像呈现为较均一的色调。其中常有水系形成的花纹,耕地形成的色斑以及不同色调的城镇。

(二)山地

山地表现为地面起伏不平,形成以岭脊为界的阴阳坡,反射阳光的强度有明显的差异,在影像上阳坡为浅色调,阴坡为深色调。山越高,切割越深,其色调的差异越大。当脊线较宽平、色调差异小时是山势比较平缓的标志。通过山体的大小,岭脊的长短、宽窄和排列形式进行分类,并可按冲沟的密度、切割深度以及所形成的花纹进行次一级地貌的分类。还可以通过山地的花纹和植被分布的情况对山地相对高度变化进行估计,但是确切地确定山地的高程还必须查阅有关资料。

(三)丘陵

丘陵是介于平原和山地的过渡地带,和山地比较它的起伏变化小,较低的丘陵脊线不明显,当高度接近低山时,出现明显的脊线及阴阳坡色调差异的影像。从位置特点看,丘陵多分布在山地的边缘或呈小面积独立成片存在。

利用卫星图像镶辑略图,可以观察较大地区的全貌,有利于对地貌进行大的类型划分。

二、风沙地貌判读

风沙地貌在卫星图像上的特征主要表现在色调、位置和内部花纹等三个方面。

沙是具有强反射的物质,在各个波段图像上都呈浅色调。流动沙丘色调更浅一些;固定和半固定沙丘由于地下水位的升高或植物的生长,色调略暗一些,在河、湖、海边的沙滩,色调与周围地物比较显得浅一些。土壤中含沙量大时色调也会变浅一些。

从位置来说,风沙地貌大面积分布在干旱地区,江、河、湖海岸边也有零星分布。

风沙地貌的形态特征,要从轮廓界线和内部花纹图案两方面分析,其轮廓界线是否明显与周围的地形、地物有关。如与山地相邻则其界线很明显;而与草原交界时,一般有一个相当宽的过渡带。若草原已垦为耕地,则界线较为明显。沙丘的形态在卫星图像上不如航空像片那么突出,大部分地区是显示不出的,只有当沙源十分丰富且具有高大沙丘的地区才较为明显。

经过光学增强处理的图像,有助于显示沙丘的特征。

在风沙地貌地区水系稀少,河流只显示出一些较大的主干河道,而缺少细小的支流。利用不同时相的卫星图像进行分析对比,可以了解沙漠的动态变化,如移动方向和速度,内部风蚀和堆积的情况,这对于难以到达的大沙漠地区的调查与制图有很大的用处。

三、黄土地貌判读

黄土地貌分布的区域一般比较干旱,而黄土本身又具有质地均一和反射强的特点,在各波段图像上一般均呈均匀的浅色调。从形态特征看,黄土发育有垂直节理,抗雨水冲蚀能力弱等特点,形成密集而坡陡的沟谷。其影像表现为密集型树枝状水系所组成的花纹图案,这种图案是黄土地貌判读时特有的标志。

在陕西省神木幅的卫星图像上(图9-3),可以看到这种典型黄土地貌的影像。黄土地区水土流失严重,沟谷纵横,地形切割十分破碎,在卫星图像上则表现为大面积浅灰色调细密树枝状的图案,据此可直接判定黄土地貌的分布。黄土地貌中较小的沟、谷等则融合于综合图案中而显示不出来。

四、岩溶地貌判读

岩溶地貌是石灰岩地区的一种地貌类型。在卫星图像上的特点一般表现为具有较深的色调、明显的边界以及独特的"花生外壳"花纹图案。

由于岩溶地貌的发育受到地质构造的严格控制,所以形成的峰林残山和溶蚀洼地呈定向排列,有的呈直线形展布,有的是格状展布,峰林色调较暗,溶沟色调浅,而溶蚀漏斗形成的洼地影像多呈深色调,底部若有松散沉积物充填,色调则呈灰白。峰林残山和溶蚀洼地交错排列,没有明显的岭脊,也没有明显的走向,故形成"痘包状"或"花生外壳"花纹图案。岩溶区的水系特征为主干河流两侧支流多受构造控制,沿溶蚀洼地成连续或不连续状分布。

在广西壮族自治区河池幅的卫星图像上(图9-4),可以看到典型岩溶地貌的特征。峰丛、溶丘、干谷、洼地正负岩溶地貌纵横交错,图像上构成了深灰色麻点状或菱形网格状(花生外壳)的图案。判读时可根据图像的这一特征,直接判定岩溶地貌的分布范围,而在该范围内的孤峰、溶丘、干谷等细部,则很难分辨出来。

图9-3 神木幅(陕)黄土地貌　　　　图9-4 河池幅(黔)岩溶地貌

岩溶地貌是湿热地区石灰岩的一种地貌形态。而在干旱寒冷的石灰岩地区,则水系稀疏呈树枝状,地貌形态表现为崎岖陡峻,影像色调较浅,岩溶不发育。

五、冰川地貌判读

现代冰川由于反射强烈而在卫星图像上呈现白色的色调,并位于高山地区,是易于判读的。在卫星图像上可以清楚地绘出其分布的范围,配合地形图可以确定雪线的高程,并可以运用不同季节的卫星图像进行雪线变化的研究。但是在卫星图像上很难看清冰斗、冰舌等具体形态,只能宏观地观察冰川分布的概貌。

在西藏的珠穆朗玛峰幅、新疆的乔戈里峰幅的卫星图像上,都可以看到典型冰川地貌的特征。

六、火山及熔岩地貌判读

(一)火山地貌

较大型的火山在卫星图像上是明显的,表现为接近圆形的火山锥和具有放射状水系。

吉林省天池幅卫星图像上有明显的火山地貌的特征(图9-5)。天池为在广阔熔岩台地上形成高大复式锥状火山的巨形火山口积水形成的,在其周围可以看到成圆点状突起的小火山锥,在其南方为望天鹅峰熔岩台地。

(二)熔岩地貌

熔岩地貌多分布在火山周围,在卫星图像上构成中间有突起的斑块状图形,在广东省海口幅卫星图像中(图9-6),海南岛和雷州半岛都有色调较周围深、界线清楚的玄武岩熔岩地貌,如果仔细观察也能看出火山口的形迹。

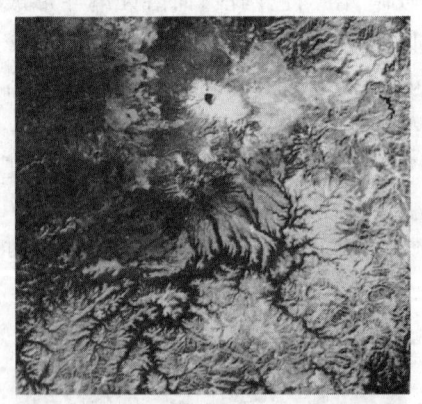
图9-5 天池幅(吉)火山地貌

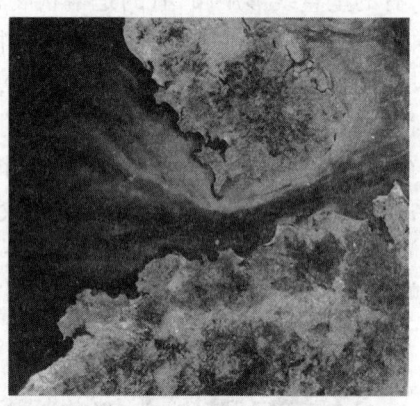
图9-6 海口幅(粤)熔岩地貌

第四节 地 质 判 读

地质判读包括构造和岩性两大部分。构造判读是利用影像的色调差异和形态特征,由于使用了近红外波段,能较清楚地显示出地下水、表层湿度、植物生长等因素的变化,使构造形态突出,并能显示出一些隐伏构造的形迹。岩性判读是比较困难的,在卫星图像上直接判定岩性的标志不多,一般要通过色调、地貌、水系形态以及植被类型等进行综合分析才有可能识别。

一、构造判读

在国内、外利用卫星图像判读构造已取得良好的效果,弥补了常规地质工作在这方面的不足。

(一)单斜构造

根据卫星图像一般只能判读岩层的走向,但是在个别情况下,当岩层较厚、走向稳定、倾角中等(35°~45°)时,如果光照条件较好,能显示出岩层三角面,则可以判定岩层的倾向与倾角。

单斜构造是向同一方向倾斜的岩层,因而在影像上形成彼此平行、疏密相间、色调深浅不一的条带,这些条带随着单斜岩层走向延伸,条带可呈宽而疏的缓产状,也可呈窄而密的陡产状。在坚硬的单斜岩层,产状缓的情况下地貌上形成大面积的单面山,产状陡的情况下往往形成成排的猪背岭,直立的岩层则呈现栅状纹形。

严格地说单斜构造实质上是掀斜构造以及大型褶皱的翼部,但是其在一定范围内走向稳定,这对遥感图像构造的判读有重要的作用(图9-7)。

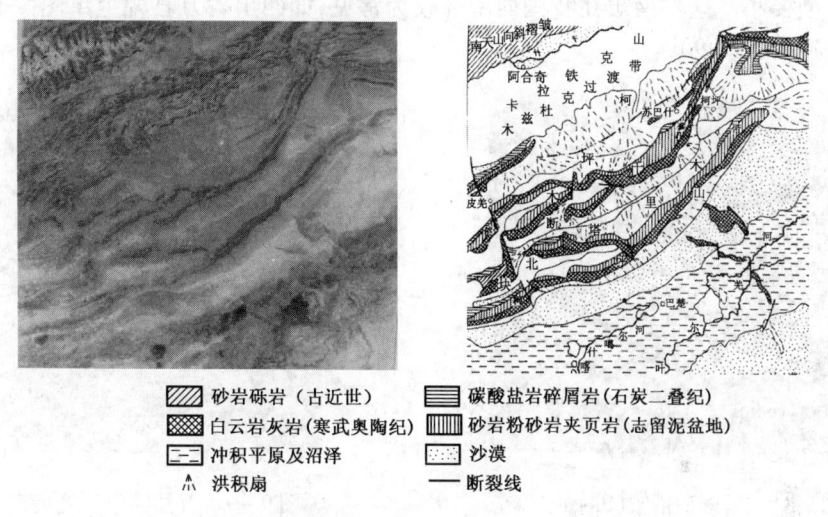

图9-7 巴楚幅(新)图像及单斜和断裂构造判读图

(二)褶皱结构

褶皱是沉积岩层经地壳构造运动而引起的岩层弯曲。岩层由于组成的物质成分不同、形成年代不同、抗风化能力不同,而具有不同的质地和颜色,从而形成不同的色调和花纹。

从形态上,褶皱构造是由不同色调条带形成的闭合图形,有圆形、椭圆形、长条形等多种形态,一般可判读出褶皱轴。褶皱转折端的影像是判读褶皱的典型标志,呈带状的岩层以褶皱轴为中心对称分布。

从水系形态分析,由褶皱形成的褶皱山,水系多为放射状和梳状,若褶皱成谷,则水系一般为向心状。

从岩层产状看,不论是山还是谷,岩层产状都是有规律的,以褶皱轴为中心呈对称分布。

在卫星图像上具有环形影像的不一定都是褶皱,但是褶皱构造一般具备上述三方面较为突出的标志。侵入岩体或块状的水平岩层,有的也会形成环形影像,但它具有较均一的色调。环形断裂是一条或几条曲线,各曲线间具有相同的色调和相同的花纹,没有条带状对称分布的花纹。

在卫星图像上区分向斜、背斜一般是比较困难的,但是若仔细地观察和分析,结合地质的一般规律和经验,有时也能区别。向斜一般影像特征为:核部色调较浅,形态多为叶瓣状,具有向心状水系,转折端处内带转折较缓,外带转折较尖锐,由核部向外岩层逐带加宽。背斜一般影像特征为：核部色调较深，形态多呈椭圆形或长条形，并具有放射状或梳妆水系，在转折端处内带转折较尖锐，外带转折较缓，各带的宽度由内向外逐带变窄。

从卫星图像上还可以区分几种组合类型的褶皱。

1. 紧密型褶皱（又称为复式褶皱）

这种褶皱一般形态为有规律地重复出现的长条形图案，转折端较窄，峰谷紧密相邻，向背斜交替出现。这种褶皱在地貌上表现为一系列大致平行的山系，水系是由构造和岩性所控制呈平行状（图9-8）。

2. 宽展型褶皱（又称梳状褶皱或箱状褶皱）

这种褶皱一般形态呈长条形与环带形图案交替出现，条带形的长度没有紧密型长，环带形多呈宽阔的椭圆形，地貌也呈平行状山脉，水系受到褶皱形态的控制，也多为平行状，但是其规模都较紧密型要小。这种褶皱在我国西南部较为常见，如四川省万县幅卫星图像上，就可以判读出这类构造（图9-9）。

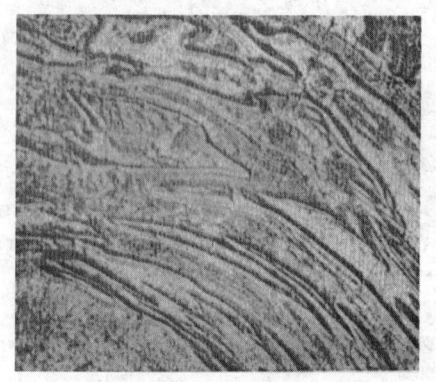

图9-8 紧密型褶皱（Siegal）

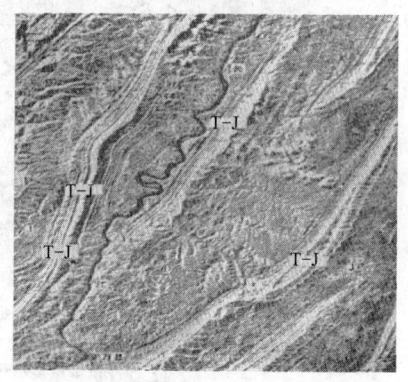

图9-9 万县幅（川）宽展型褶皱

3. 平缓型褶皱（又称短轴褶皱）

这种褶皱多呈零散分布的环带状，水系表现为放射状、环状或向心状。

（三）断裂构造

在卫星图像上断裂构造呈线形。但是呈线形的影像并不完全是断裂，因此在判读时要运用多种标志分析。

判读断裂构造是根据影像的色调、形态等直观标志和与断裂关系密切的有关标志。断裂的色调特征表现为比周围地物深（或浅）的线形条带或色带，因为卫星图像的比例尺小，断裂的宽度不大，因此在影像上显示的多是断裂两侧不同色调的界面。这是由于断裂作用使两侧岩性以及地下水位和所生长的植物类型发生变化所引起的（图9-10）。

在基岩出露地区，断裂构造往往表现为长而直的负地形，断裂两侧的色调、山系、水系发生不协调现象，如山脊的错断、褶皱岩层的错位等（图9-11）。

在判读时如果发现地貌类型的突然变化，两种地貌呈直线或折线交界，多是受构造控制形成的，是判读断裂构造的标志。由于水系与构造有密切关系，流经构造区的水系都受构造的控制，因而在形态上都有所表现，图9-12是几种主要受构造控制的水系形态特征示意图。此外，湖岸、海岸成直线形，也是断裂构造的一种标志，湖泊、泉水、火山岩和侵入岩体等成线形排列也可作为断裂构造的一种判读标志。

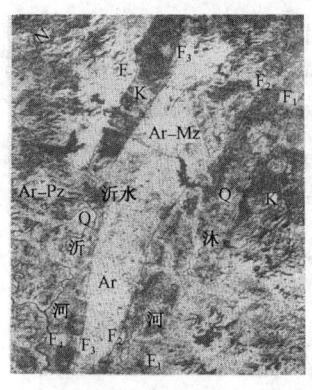

图 9-10 沂水幅(鲁)断裂的色调标志

图 9-11 十堰幅(鄂)断裂的地貌显示

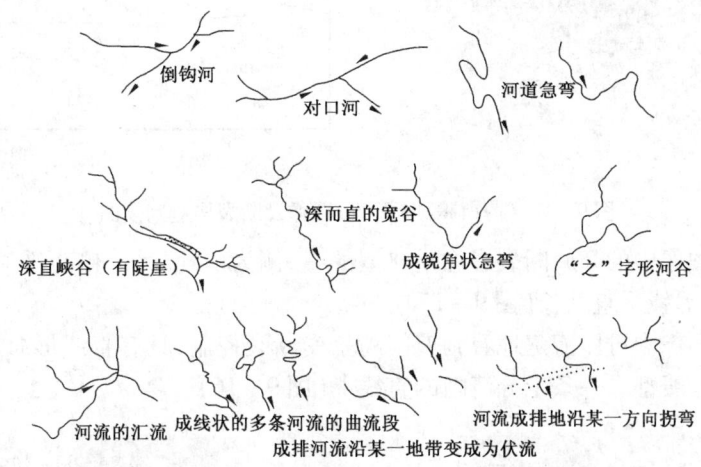

图 9-12 几种主要受构造控制的水系形态特征图

北京幅卫星图像中的紫荆关—大海坨断裂,由图幅南端东经115°处开始沿北北东方向延伸,穿过怀来盆地官厅水库附近,全长一百多千米,表现为很清晰的直线形负地形,本身呈灰白色,并较两侧山地色调浅。东侧的山地色调较西侧深,呈北北东方向延伸的线形影像。在官厅水库所在的怀来盆地的北侧,山地和平原成折线交界,界线清楚,断裂的标志较为明显。而南侧山地与平原交界线则犬牙交错,图案花纹不同,色调互相交替,是一条极不规则的过渡曲线,因而南侧不会有断裂。经实地考察和地面资料证实了这个判断(图9-13)。

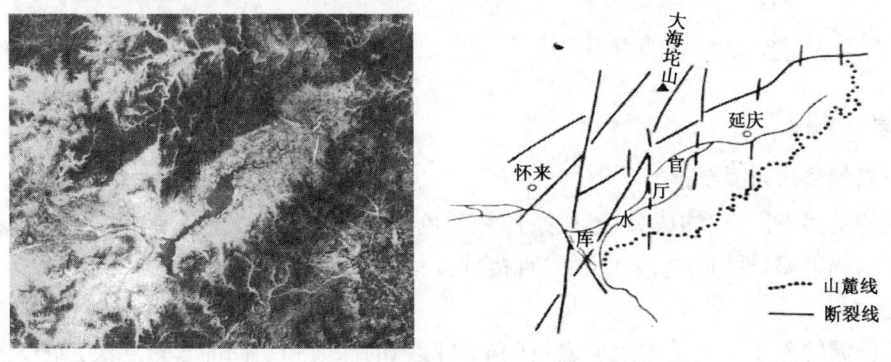

图 9-13 北京幅官厅水库附近图像及构造判读图

巴楚幅卫星图像(图9-7)中单斜构造的南端,可看出地层断开并沿垂直走向方向错动。

在博斯腾湖幅卫星图像中,南部天山褶皱带南缘库鲁克塔格山脉处的主要构造线,东段呈北东东走向,西段呈北北西走向,而其南北两侧东西走向的构造线则延伸数百公里,中间无间断。特别是南麓与塔里木盆地接触的深大断裂,呈现稍有波状起伏的窄长线形,影像十分清晰,它的东段元古界、古生界在断裂带两侧东西水平错移有数十千米(图9-14)。

 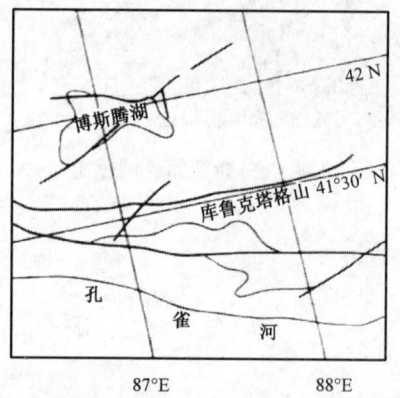

图9-14 博斯腾湖幅(新)图像及断裂构造判读图

安庆幅卫星图像中的郯庐断裂影像是典型的,一侧为山地,另一侧为平原,两侧影像的花纹图案截然不同,界线平直且长(图9-15)。

厦门幅卫星图像中可以清楚地看到厦门岛是受断裂控制,具有直线形海岸。其南侧与隔海相望的大陆海岸线都在一条十分清晰的直线上(图9-16)。

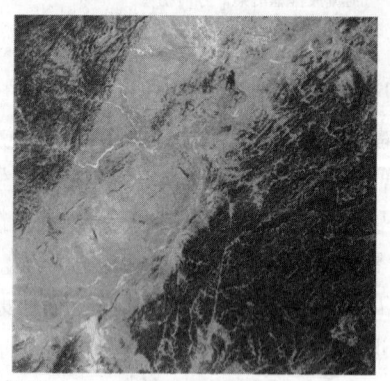 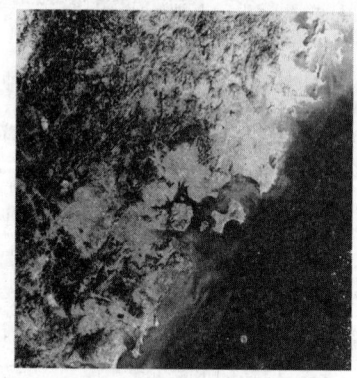

图9-15 安庆幅(赣)断裂图像　　　　图9-16 厦门幅(福)断裂图像

二、岩性判读

(一)岩性目视判读方法

岩性的类型不同,它的成分、形成条件和颜色都不相同,因而在卫星图像上的色调是不同岩性引起的辐射差异的反映,是重要的直接判读标志。

1. 直接判读分析

岩石色调的深浅主要是由组成岩石的矿物颜色的深浅和它们的含量所决定的。长石和石英质浅色矿物色调是白色到浅白色,铁镁质深色矿物色调较深。在可见光波段,岩石颜色反映了组成岩石的矿物对该色光反射率较高,亮度则与反射能力和外界光照条件有关。如果岩石在较弱的光照条件下成像,那它的色调就较暗,但反射能力较强的白色大理石,在暗淡光照下也会显出灰暗色调。

影响色调的因素还包括岩石表面的湿度、粗糙度、粒度大小。此外,环境因素(如植被覆盖度、风化壳、土壤厚度)都直接影响岩石色调。如风化能使色调变浅,湿度增大能使色调变深,植被的色调代替了基岩的色调。因而判读岩性时,影响色调的因素是多样的,必须结合实际作具体分析。不同波段卫星图像上的色调特征实质是不同岩石在不同波段表现出不同的反射强度;在热红外波段则与岩石的发射能力有关。

岩石形状是另一重要标志。岩浆岩的侵入体呈较规则的团块状或圆形。火山岩有的呈条带状,也有的呈团块状。沉积岩多呈条带状图形。变质岩中的正变质岩保留了岩浆岩的团块状特征,副变质岩保留了沉积岩的条带状特征。构造岩则具有类似于脉岩的影像特征。

2. 综合分析、逻辑推理

不同岩性上发育的水系特征大不相同,如树枝状、角状、格子状、环状、放射状水系等,均可作为岩性判读的依据。

地貌与岩性密切相关,可作为判读标志。如黄土地貌(图9-3)、喀斯特地貌(图9-4)、火山地貌(图9-5)等。同时岩性抗风化能力不相同,在不同气候条件下形成稳定的地貌形态(表现为正或负地形),如石英砂岩和石英岩在任何条件下总是形成正地形;页岩多数形成负地形;酸性脉岩多半形成正地形;基性脉岩多半形成负地形。可溶性岩石(石灰岩、白云岩)的地貌形态随气候带及产状的不同而异,是不稳定的。岩浆岩体的地貌形态常与其时代新老、出露高低、被剥蚀情况和岩体规模密切相关。

不同岩性上形成的风化壳影响到土壤类型及理化性质,对植被的适宜性产生影响。如碳酸岩风化壳上发育多种碱性土壤,多生长耐碱性植物,如侧柏、荆条;花岗岩风化壳发育的微酸性土壤上多生长酸枣、鹅耳枥、板栗。再如,我国西南地区大片碳酸岩分布区土壤贫薄、植被稀疏。这些都可作为岩性判读的标志。

我国地域广阔,自然条件相差很大,同类岩石在不同地区所形成的花纹图案是不同的,在判读时应注意区域的特点,应用与岩石有关的影像特点进行逻辑推理。

(二)三大岩类判读

1. 沉积岩判读

沉积岩主要有砂岩、页岩、砾岩、碳酸岩。层状构造是沉积岩最基本标志。色调变化也是其显著特点。卫星图像上的表现为条带状,各条带的色调和花纹都不相同(图9-7、图9-8、图9-9)。它不是一个独立的单层,而是以一种代表性岩性为主、性质相近的一组沉积岩层。

砾岩在卫星图像上大片出现较为少见。

砂岩出露较多,节理发育,水系以树枝状和格子状较为常见。厚层砂岩发育区常成正地形,构成方山和单面山(图9-7)。如果是杂色砂岩,浅灰、淡黄、灰棕、棕红色砂岩在影像上造成深浅不同的色调。

粉砂岩和页岩都容易风化剥蚀,形成低矮浑圆、波状起伏的"馒头"山。由于土壤发育,含水情况总是较邻近地段好些,植被发育较好。水系多为树枝状,支流多而密。

碳酸岩在湿热地区具有深色调和岩溶地貌的独特花纹(图9-4)。在寒冷干旱地区具有浅色调,植被不发育,基岩裸露,表现为山峰和分水岭尖峭,阴坡与阳坡色调截然,水系稀少的花纹图案。

2. 岩浆岩判读

岩浆岩从矿物成分上可以分为：超基性岩、基性岩、中性岩、酸性岩。随浅色矿物石英、长石增加和暗色矿物减少，色调由深变浅，在可见光内有不同的颜色。

侵入岩外形轮廓多呈圆状和团块状，与围岩呈明显不整合关系，接触界线一般较明显清晰。侵入岩由于岩性均一，相对围岩经常形成正地形和负地形，酸性岩在多数情况下为正地形，而基性岩和超基性岩则多为负地形。色调因岩性不同而异，一般酸性岩色调较浅，中性岩较酸性岩色调深些，而基性岩和超基性岩色调更深（图9-5、图9-6）。

岩浆岩中的喷出岩，喷发年代新、出露面积大、厚度大而植被覆盖少的喷出岩相对容易判读；而喷发年代久、表面风化严重的则不易判读。火山碎屑岩色调有浅灰、暗灰、黑灰色，影像呈现为宽窄不一的条带状或斑块状，有的构成山地和陡峻的山脊，有的构成低缓盆地中的小丘与岗地。火山岩中的玄武岩多呈深色调及圆形、块状等，地貌上多呈现为台地、陡坎或定向排列的小丘与岗地。

我国大部分新生代火山保存完好，可以观察到火山口、火山湖、熔岩被等。大片熔岩一般色调均一，易形成放射状水系（图9-5）。

3. 变质岩判读

变质岩影像上地形地貌和花纹图案显得比较单调，色调也比较均匀，水系形态以树枝状、角形树枝状为主。

变质岩的反射光谱特性主要是矿物成分决定的。由浅色矿物组成的岩石（如石英岩、大理岩、混合花岗岩），反射率高，图像上色调较浅；暗色矿物含量较高的岩石（如黑云母片麻岩、角闪岩等），它们表面风化颜色偏深或呈黑色，图像色调呈深灰至黑色。利用多光谱图像有助于分辨不同的变质岩。

总体而言，深变质的片麻岩、混合岩的解译标志接近花岗岩类；浅变质的千枚岩、板岩则与页岩、泥岩类相近；片岩的解译标志介于两者之间；大理岩、石英岩等变质岩类则与未变质的碳酸岩的影像相同。

第五节　土壤植被判读

用卫星图像进行土壤判读，实质上是对土壤成土因素的判读和按照土壤学发生发展的规律进行逻辑推理的过程，也有人称之为按地学规律相关分析的过程，它是一项多学科的综合判读。植被判读虽然要利用植被与自然环境的关系进行分析，但是主要根据植物的光谱特征和它的生长规律，利用卫星图像的多波段与多时相的特点进行分析对比。

一、植被判读

卫星图像上植被不是个体的形态，而是群体的分布范围，以及由植被类型、疏密程度、生长状况等多因素形成的色调差异。因此，在判读时主要是根据植物的光谱特性和影响植物光谱的各种因素作综合判读。

（一）植物的光谱特性

绿色植物的光谱反射率具有明显的特性，并完全随波长而变化。图9-17表示绿色植物各波段的反射光谱曲线特性，在可见光波段内各种色素是支配植物光谱响应的主要因素。在近红外波段又分成两大部分：在 $0.76 \sim 1.3 \mu m$ 波段内，植物叶子很少吸收辐射能量，植物叶子的组织构造是决定因素;而在 1.4μm、1.9μm 和 2.73μm 处则为水的吸收带,在此波段内植物叶片水分含量是主要因素。

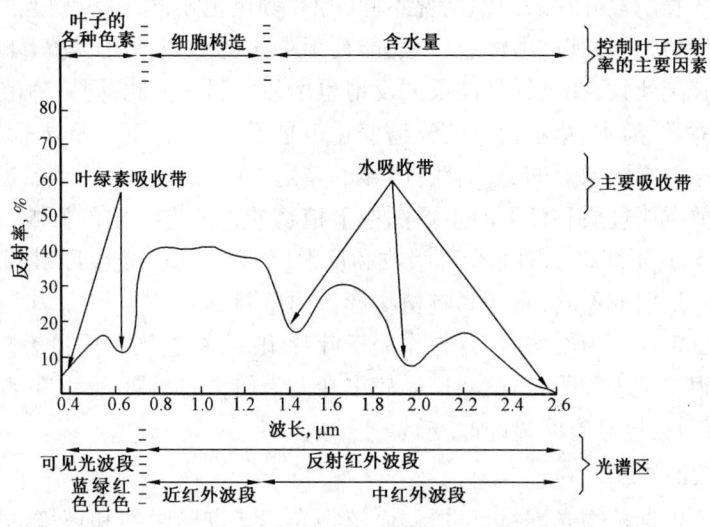

图 9-17 绿色植物各波段反射光谱曲线

植物所含的色素种类是很多的,以叶绿素为主,它使植物叶片呈现绿色,在 0.45μm 和 0.65μm 处有两个吸收带,而在 0.54μm 处有一个小的反射峰。除叶绿素外,还有叶红素、叶黄素和花青苷等,在植物的生长期以叶绿素为主,其他色素少,因此表现为绿色。当植物衰老时叶绿素逐渐地消失,以叶红素和叶黄素这些黄颜色的色素为主时,则叶子呈现黄色。以花青苷这种红颜色的色素为主时,则叶片呈现鲜红色。各种植物万紫千红,五彩缤纷的花朵也是由不同的花青素形成的。总之,在可见光波段的光谱曲线特点是由各种色素形成的。

植物叶片对近红外 0.76~1.3μm 波段吸收很少,总量不超过 5%,而反射率和透射率则各高达 45%~50%,反射率和透射率的大小主要受叶片的组织构造控制,各种植物叶片组织构造是各有特色的。它们反射和透射的强弱也有很大区别。

阔叶树的叶片中有海绵薄壁组织,能反射透过表皮和栅状组织的近红外光。针叶树的叶片中没有海绵组织,因此对近红外光反射较差。禾本科草本植物的叶片组织比较均一,没有栅状组织和海绵组织的区别,而细胞壁多角质化和含有硅质等原因,透光性较阔叶树差。另外叶片的形状、排列、密度和枝叶的比例等,对近红外光的第二次反射、透射也有很大影响,使植物的反射总量因品种不同而异,阔叶树反射最强,草本植物次之,针叶树最弱。当植物老化或受到伤害时,反射率则明显降低。

植物的含水量控制着它在 1.3~2.73μm 波段的反射率,含水量大的在 1.3μm、1.9μm 和 2.73μm 三个主要吸收带反射率明显降低。如植物失去水分,三个吸收带表现不突出,则反射率增高。

总结上述植物反射光谱的特点,可以看出:所有绿色植物都具有在可见光波段以吸收为主;在近红外光波段以反射为主,并且在 1.3μm、1.9μm 和 2.73μm 处有三个明显的水分吸收带。各种植物之间在可见光波段差别较小,而在近红外波段有着较大的差别。

(二)影响植物光谱的因素

当植物叶子密度不够时,就反映出地面的信息,因此植物的枝叶对地面覆盖程度不同,地面背景在植物色调中占的比重也不相同。一般认为叶面指数(指在单位面积地面上,植物群丛所有叶子的单位面积累加的总面积与单位面积之比)在5以上时才能消除地面背景的影响,但一般植物的叶面指数都在4左右,叶面指数又和植物的高度有关。

植物在不同生长阶段叶片的组织情况不同,叶片颜色也不同,这就引起影像色调的变化。幼嫩的植物叶子反射最强,其透射性也较强,能反射一定的地面情况。随着叶龄的增长,植物的栅状细胞由生长到死亡,在近红外波段的反射也由强到弱。因此,同一种植物不同季节光谱有变化。不同的乔木、灌木、草本植物的光谱变化也是不一样的,夏季差异不大,春季和秋季则差异明显。因而在卫星图像上的色调就有明显的差别。

植物下垫面的土壤性质和色调对卫星图像上植物的色调有一定的影响,因为在一般情况下叶面指数都小于5,不能将太阳光全部吸收和反射,总有一部分光会照射到地面。地面情况不同,对光的吸收、反射亦不同,直接影响植物影像的色调。

植物受到病虫害和人为伤害时,首先作用于叶片组织,在近红外波段表现最为明显,反射强度明显减弱。很多例子证明,当植物遭受病虫和人为伤害的初期,形态和颜色尚未发生变化时,近红外波段反射强度已有明显的改变。

(三)植被判读的特点

植被判读完全根据植物光谱特点进行,而植物光谱特点随时间和环境的不同而变化。要以在判读时一定要充分运用已有的植物群落组成及物候期等资料,结合现场调查,补充和验证由于条件变化对光谱产生的影响。

植物的生长发育是与气候密切相关的,可以根据气候分区和植被区划等资料,先大致确定各地植被类型和生长情况,然后再通过实地考察来验证。

因为植物有物候期的特点,在考察时应充分运用卫星图像多时相的优越性,选取各种植物光谱相差最大的时间和不同物候期的卫星图像进行对比,这对判读是非常有利的。例如:春末、秋初是各种落叶植物叶片变化最大的时期,对判读植被是最有利的。运用植物生长季节和冬季卫星图像对比,可以清楚地判读落叶林和常绿林。判读各种农作物时应根据各地物候期的特点选取适当的卫星图像。

卫星图像是多波段成像,可以运用多波段的特点对图像进行增强处理,以突出要判读的植被特点。$0.47\sim0.51\mu m$ 和 $0.58\sim0.62\mu m$ 是人眼辨色的敏感区,波长每变化 1nm 就可以观察出来,因此在彩色合成时,应充分利用植物颜色在这个区间的变化,以增强判读的效果。

(四)植被在卫星图像上的色调

由于植物品种和环境条件不同,植物的色调在不同波段的卫星图像上是各有特色的,虽然受环境影响会有一些变化,但总的趋势是不变的。

植物在 $0.5\sim0.7\mu m$ 波段图像上是深色调,在 $0.7\sim1.1\mu m$ 波段图像上是浅色调,其中阔叶林比针叶林更浅一些。

在标准假彩色图像上植物表现为红色。幼嫩的植物带粉红色,长势好的植物为红色,成熟时为鲜红色,受到伤害的植物呈暗红色,干枯的植物不呈红色。

阔叶树和针叶树相比,前者的颜色显得鲜红一些,后者则较暗些;灌木丛的颜色则淡一些;水稻呈暗红色。

二、土壤判读

土壤在卫星图像上没有直接形态特征,判读时只能获得周围环境和有关成土因素的影像特征。土壤判读就是研究各种成土因素的特点和变化,应用土壤学原理进行逻辑推理的过程。

因此,判读时应充分利用卫星图像多波段的特点,进行图像增强处理,以突出各种因素的特点和影像间的微小差异,再利用它多时相的特点,根据同一地区不同时期的卫星图像,了解不同时期各个因素的变化,这对于判读成土因素,确定土壤类型是非常有利的。

自然土壤形成受气候、植被、母质、地形、时间等因素的影响。农业土壤除受自然因素影响以外,更主要是受人类生产活动的影响。现按形成土壤过程中各因素的作用和判读特点分别介绍如下。

(一) 自然土壤

根据卫星图像的地理坐标查阅有关地区的气象资料,了解该地区气候特点。气候、植被、土壤三者是紧密相关的,利用卫星图像判读大的植被类型是可靠的,因而可以利用植被作为土壤类型推理的标志之一。

土壤与气候、植被因素直接联系,并在陆地表面呈带状分布。与自然地理地带相一致的土壤称为地带性土壤。例如:热带高温多雨的气候,植被是热带雨林和季雨林,其相应的地带性土壤为砖红壤;高温多雨干湿季节明显的亚热带气候,植被是常绿阔叶林,其相应的地带性土壤为红壤;在温带半湿润气候,植被是草原化草甸型,其相应的地带性土壤为黑土;温带半干旱气候,植被是草原,其相应的地带性土壤为黑钙土。在地方性成土因素(母质、地质、水文地质等)的主导作用下,所形成并零星散布于地带性土壤之间的土壤称为非地带性土壤。非地带性土壤类型影像特征的影响因素是:每一类土壤都有同一特性的植被,如地下水位高,植被为草甸植物,所形成的土壤为草甸土;常年积水的植被为沼泽,所形成的土壤为沼泽土以及经人工水耕熟化形成的水稻土。这些土壤都突出显示水、草甸植被、沼泽植被和水稻的影像特征。在不同气候区内,草甸植被和沼泽植被的品种也是不完全相同的,这些地带性的特点在卫星图像上还是有显示的。

植被类型是区分土壤类型土类一级的主要指标,同时同类植物中生长情况的优劣、优势植物品种的不同又是区别土壤发育程度的一个主要指标,但是这些特点只有在卫星图像相当大的面积上才有可能判读出来。

成土母质因其本身物质的组成、颜色、地貌形态以及植物的综合特征不同,形成不同的色调和花纹图案,影像较为直观,易于判读。

由于母质不同,抗风化能力不同,形成土壤的属性也有明显的差别,它是仅次于气候、植被的因素,在土壤分类上是作为土属划分的依据之一。例如,发育在砂岩、砾岩及花岗岩地区的土壤多属砂性土,色调浅而均匀;发育在页岩、石灰岩地区的土壤多属粘性土,色调暗而又不均匀;发育在酸性岩类如花岗岩、花岗闪长岩等地区的土壤,土质比较肥沃,植被生长茂密;而发育在基性岩类地区的土壤,土质贫瘠,不利于植物生长。

地形对土壤分布会产生不同的影响,有广域性、中域性和微域性的规律。大的地形变化有广域性影响,与大的植物类型、气候条件相一致。在同一地理纬度,海拔增高,温度降低,湿度也相应变化,土壤垂直分带,物类型也随之发生变化。中域性是在中地形影响下使地带性土壤(亚类)与非地带性土壤(亚类)按确定的方向有规律地依次更替,如红壤地带从山麓到海滨依次出现红壤、草甸土(已垦为水稻田)、滨海盐土等。这些广域性、中域性变化在卫星图像上都有不同程度的反映。而小的地形影响在短距离内使土壤中土种一级发生变化,如土层的厚薄、质地的粗细等,只有在平原地区的卫星图像上才有反映。

时间因素可以作为判别土壤发育程度的条件之一,在卫星图像上很难判读,需要通过地貌和植被生长情况来推论才能确定。

(二) 农业土壤

农业土壤与自然土壤判读的原则是一样的,但是农业土壤受人类生产活动的影响,判读的主要依据是农业生产的规律性,即所谓"看土种田"。根据一定类型的土壤种植一定品种作物的规律,按作物的光谱特性和物候期,利用不同时期的多波段图像进行分析对比,判读作物的品种和生长情况,从而区分土壤的类型。

(三) 裸露土壤

裸露土壤可以通过影像的特征判别土壤质地、有机质含量、土壤水分状况及其他因素,这对于确定土壤类型和土壤肥力等方面是十分有用的。

在自然条件下,土壤质地、有机质含量、土壤水分的多少等因素是一个统一体,很难截然分开,但是在实验室则可以测定不同类型土壤在不同条件下的光谱特性,并可单独测定某一个因素对土壤光谱特性的影响。而在自然条件下测出的是各种因素的综合光谱特性,因此要按各因素在不同自然环境中的特点,在不同波段以及在不同时期的光谱特性等条件进行对比分析,才能判定它们中某个因素的情况。

在理论上,干燥的土壤粒级越细、表面越平、反射越强,影像应为浅色调。而在自然界中,土壤粒级越细,则毛细管作用吸水强、粒子外层吸水力也强、水分含量大,同时有机质的含量也比较大,因而光谱吸收率强、反射率低,成为暗色调。所以,在判读卫星图像时,土壤颗粒细的为深色调,颗粒粗的为浅色调。

在大多数温带土壤中有机质含量的范围约在0.5%到5%之间,有机质含量在5%的土壤通常呈现深褐色或黑色,有机质含量低的土壤通常呈现浅褐色或灰色。这些对卫星图像上的色调是有影响的。

土壤含水量大时,反射率明显地下降,影像色调深;土壤含水量小时,反射率增高,影像色调浅。

氧化铁的含量和类型对颜色的影响很大,三氧化二铁(Fe_2O_3)呈红色,在红光区反射明显增强,在$0.5\mu m$处反射率只有2%,而在$0.65\mu m$处则增加到13%。四氧化三铁(Fe_3O_4)具有略带绿色调的黑色,使土壤的色调变暗。

干旱区的土壤盐分含量较高时,色调变浅,干旱季节易溶性盐分较多上升到表面,土壤表面形成盐结皮,在卫星图像上表现为不规则的白斑,而在雨季则随着雨水的淋溶而溶解。

在土壤中各种矿物组成对光谱反射率的影响很大,石英反射最强,可达93%;黑云母则只有7%;白云母中等,约为60%,它们在可见光波段反射均匀;而微斜长石、石榴石、绿帘石,则由蓝光到红光反射率逐渐增强(表9-1)。

表9-1 颗粒为0.01mm的不同矿物反射率

波段	蓝	绿	红	可见光
矿物名称	0.43~0.49	0.51~0.61	0.61~0.67	0.43~0.67
白云母	59.3	60.3	60.2	60.0
石英	92.9	93.0	93.5	93.1
黑云母	7.4	7.4	7.4	7.4
微斜长石	61.4	71.7	80.7	71.3
石榴石	11.0	18.0	30.3	19.7
绿帘石	18.6	34.7	36.5	30.3

上述各种因素反映到某类土壤时,则综合成为一种光谱曲线,因为自然环境的不同,其中有些因素起主导作用,而另一些则为次要因素,这就要具体情况具体分析。例如:洪积扇区,顶部色调浅,这是因为地势高、质地粗、含水量少、有机质含量低等因素形成的;而在洪积扇的前缘则色调深,这是因为土壤质地细,含水量多所形成的;有的因排水不良而沼泽化,则是由于四氧化三铁的黑色加深了土壤的色调;如果在干旱季节呈浅色调,则是土壤盐渍化的表现,因水分蒸发,盐分集聚形成的。

在有近红外和热红外波段的卫星影像(TM 系列)上,为判读土壤水分、腐植质含量和土壤质地等方面提供了有利条件,其判读规律是:

若某一个区域的土壤,在可见光和热红外波段都呈比较暗的色调,则说明这个区域内土壤的含水量较高。

若某一个区域的土壤,在可见光和热红外波段都呈比较浅的色调,则说明该地区土壤比较干燥。

若某一个区域的土壤,在可见光波段呈深色调,而在热红外波段呈浅色调,则说明该地区土壤比较干燥,而可能具有较高的有机质含量。

第六节　城镇、铁路判读

一、城镇判读

卫星图像上的城镇只有面积较大的才能判读出来,因为城镇的光谱特性是建筑物材料和建筑物间空地的综合反映。当面积较大时、或者与周围环境的光谱差异较大时才比较突出。但是城市内部结构已大大地简化,只能看出它的轮廓和主要分区。

在多波段黑白图像上,城镇都是暗色调,而在 MSS7 波段的图像上,城镇与周围环境的色调相差较大,显示得比较清楚。在标准假彩色图像上,城镇呈灰蓝色或蓝灰色,城镇的中心色调深些。

由于城镇的大小和布局是很不相同的,因此没有一个固定的形态。理论上说大小超过一个像元的地物都可以判读,但是城镇的光谱特性是建筑物和空地的综合反映,小面积的建筑物综合在周围环境色调中,而显示不出来,需要采用一些增强处理或其他方法才能判读出来。

先根据地图确定城镇的大致位置,即确定它的地理坐标(经、纬度),再在它的周围选定可作为判读时定位的方位物、地貌、水系等。

在卫星图像上根据边框坐标注记绘制坐标网格,并按地图上所确定的地理坐标来定位,同时根据方位物显示的影像,从相互位置分析,在一个小范围内仔细地分析影像色调的差异。

按上述方法判读影像不太明显的城镇效果较好,因为微小的色调差异在大面积的影像中很不容易被识别,而在一个小的范围内仔细地观察就比较容易判别。

例如:在北京幅卫星图像上北京城就很容易识别,而且可以看出其内部的特点,有明显浅色调的方形旧城轮廓,深色调的三海(什刹海、北海、中南海)和三海东边的故宫。如果再以这些地物为方位并参考地图,就可以判读出许多有名的建筑群,如天安门广场,颐和园等。

二、铁路判读

只有在一定条件下从卫星图像上才能辨认出铁路,如在河北省唐山幅上可以看到山海关到唐山一段铁路,石家庄幅可以看到保定到邯郸一段铁路,都是色调暗的细线。能判读出的铁路,主要是铁路路基材料与周围土地的光谱差异较大,路基高,有较宽的阴影,故形成较清晰的影像。

第七节 土地覆盖与土地利用判读

土地覆盖与土地利用的含义,大同小异。利用卫星影像进行土地分类与制图时,经常把土地覆盖与土地利用相提并论,因为图像反映出来的,主要是瞬时的各种土地表面覆盖状况,包括已经利用或未经利用的。土地覆盖与土地利用涉及气候、地貌、表层岩石、土壤、植被、地表水、地下浅层水,人类活动等自然和经济条件,各个地区是很不相同的。因此划分多少类型,各类型有何特点就具有很强的地域性。

我国试用的土地利用分类标准,是大类统一,以下分级逐级加多,各地结合实际情况突出各个地区的区域特点。如山西省太原幅卫星图像共划分了 10 个一级类型、23 个二级类型(表9-2)。

表9-2 土地利用实例表

一级类型	耕地	园林	林地	草地	城镇居民点用地	工矿用地	交通用地	水域	特殊用地	难利用地
二级类型	旱地或水浇地(平原型) 台地(丘陵型) 沟川型 山地型 水田型 菜地	果园	森林 疏林 灌木林	草地	城镇 农村居民点	厂矿用地	铁路 机场	河流 水库 湖泊 坑塘	名胜古迹 自然保护区	难利用地

土地覆盖与土地利用的判读有两种方式:一种是单项提取,综合系列成图法。即单项提取各个要素如地貌、植被等,然后将判读的结果绘在透明聚酯薄膜上,将各透明图重叠,根据重叠的情况,确定各个类型的范围。另一种是建立综合标志,各类型中有植被覆盖的,主要依据地貌特点、植被类型和生长情况判定;无植被覆盖的以光谱特征和像片上的影像特点判定,个别有意义而无明显标志的,如自然保护区和名胜古迹用地就要参考地形图确定。

第八节 卫星图像判读实例

判读一幅卫星图像,首先是阅读边框注记,从注记中了解成像时间以及所在的地理位置等。具体判读时遵循先易后难的原则,先判读标志明显能够直接判读的要素,然后再运用对比分析、逻辑推理等方法判读。判读过程应尽量利用卫星图像的多波段、多时相的特点。对于重点的内容,除了根据卫星图像判读以外,还要详细地研究有关资料,进行分析,以保证判读结果的可靠性。现以北京幅(图6-6)为例判读如下:

一、边框注记的阅读

(一)图像成像日期是 1975 年 5 月 24 日(24 MAY 75)

根据成像日期的季节,分析植物生长的季相、覆盖情况、降水情况等影响影像色调的因素。5 月份的北京是春季,植物开始旺长,阔叶树都已长叶,草本植物都已出土,小麦已拔节抽穗生长旺盛,大秋作物虽已播种出苗,但是尚未能覆盖地面,这个季节少雨,地面干燥。

(二)图像的地理位置(C N40-10/E115-51 N N40-40/E115-55)

C 为像主点,在北纬40°10′,东经115°51′;N 为像底点,在北纬40°10′,东经115°55′。

根据边框的经、纬度注记,可以看出该幅图像所跨的经、纬度为北纬39°10′-41°10′,东经115°05′-117°05′。

依据图像的地理坐标,在地图上查出图像各地区的行政名称,有代表性的城镇以及地貌、河流等名称。

查阅有关资料,分析本幅图像范围的地理特点。北京幅所在的地区在自然区划中属于暖温带半湿润地区,半干生落叶阔叶林与森林草原—褐土地带。

(三)图像的波段(MSS 4 或 5,6,7)

该图像是多光谱扫描仪成像的,有四个波段。该图像的标准假彩色图像,是由四波段(黄)、五波段(品红)、七波段(青)三个波段合成。

(四)太阳的高度角与方位角(SUN EL 58 AZ 120)

太阳的高度角为58°,太阳的方位角为120°。

根据太阳高度角可以判别阴影方向。判读时应从太阳方位角的相反方向观察图像,才能有较好的立体效果。

(五)其他注记对目视判读关系不大,可以不作仔细地阅读。

二、图像判读

(一)水系

本幅图像由南到北有四条大河:拒马河、永定河、温榆河和潮白河,其形态和色调都很清楚。

大型水库有官厅水库、密云水库、十三陵水库和怀柔水库,这几个水库是容易判读的。它的小型水库也可辨认出,但是名称要查阅地图才能确定。

从温榆河、潮白河的形态看,平原河流的特点比较明显,有曲流形成的牛轭湖,古河道色调较深。

永定河在平原是一条游移型河流,古河道含沙量大,河道两侧有很多由于河道决口形成的冲积扇,在图像上都呈浅色调。

拒马河的冲积扇在影像上是很典型的,位置在山前。扇中显示河流的分支情况,河床的含沙量大,呈浅色调;扇的顶端含沙量大、水分少,同样呈浅色调,而扇的前缘和侧缘水分多,有地下水溢出带,在七波段图像上呈深色调,在假彩色合成图像上呈淡蓝色。

(二)地貌

根据影像的纹形图案区分出三大地貌单元,由南向北顺序是北京平原、山区、怀来盆地,在每个大单元内还可做具体判读。

1. 北京平原

北京平原的地势西北高、东南低,山前为一明显的洪积扇带。因各处岩性不同,山前洪积扇带的大小也不相同。特点是质地粗、植被不发育,呈浅色调。从四大河系的冲积扇和河流形态的变化,可以判读其微地貌特点。

(1)拒马河。出山后分成南北两条:北拒马河在山前形成冲积扇后,流向东北,而后又折向西南,按河流的转折,可以推测扇前应有一隐伏隆起才迫使河流向北转一个圈;南拒马河由冲积扇两侧流向东南,下游地势平坦。

(2) 永定河。出山后先向东,而后折向南又转向东流。历史上最早的河道是出山后由北京城北经过清河镇然后流向东,而后改道经过北京城南大兴县北部,最后才是现在的河道。本河系的特点是:过去河水含沙量大,河流两侧多决口,形成大量冲积扇,沙沉积多,其色调非常明显,现因修建官厅水库后,河水控制使用,河道中水量很少,沿河多沙。

(3) 温榆河。出山后围绕北京呈弧形大弯,逐渐靠近潮白河。

(4) 潮白河。出山后流向北京方向,经过一段路程后又逐渐远离北京向东南流去。在其向西移动后的东侧形成牛轭湖,地势低凹,色调较深。

2. 山区

北京西南为太行山,构造花纹多呈北东或北北东向排列。北京西和北面为燕山,其构造花纹除北东、北北东向排列外,尚有部分呈东西向排列。根据影像花纹的粗细大小排列特点,可以进一步细分地貌类型。参考地形图确定其高程,丘陵多零星分布在山地边缘。本幅图像除大海坨、百花山等几个主峰为中山外,其余均为低山。

3. 怀来盆地

怀来盆地夹在山地之间,盆地特征非常明显。

(三) 地质

根据卫星图像上的色调、花纹和排列形式来判读本地区的构造体系,而后再具体分析不同花纹图案的构造特点和岩类。

1. 构造体系

根据各大地貌单元的分布和排列可以清楚地看出,无论是山地还是平原,主要呈北东和东西方向排列。

分布在北纬40°以北的部分山系,构造线是东西向排列,属于天山—阴山东西向复杂构造带的东延部分。

仔细观察可以看出北北东向构造最完整,而东西向构造、南北向构造多为北北东向构造所截断。说明本区由中生代以来,以北北东向的新华夏系构造为主的构造带,对早期形成的一系列东西构造带,北东、北西或南北构造带,祁连山、吕梁山、贺兰山的山字型等构造体系,虽产生一定的干扰和破坏,但是其残留的构造形迹仍清晰可辨。

2. 主要断裂和褶皱

(1) 紫荆关大断裂贯穿全区,由图像左下角东经115°附近开始到上边框东经116°附近为止。主断裂线为两条,呈浅色调,断裂线两侧花纹图案与色调都有明显差异,穿越怀来盆地时,因沉积物覆盖,影像不明显。

(2) 怀来盆地北侧为断陷盆地,与山地的交界线为直线形的折线,两边色调差异特别明显。南侧为不规则边界,色调是逐渐变化的,经钻探证明延庆县东南方向 6~7km 处土层厚达 52m,而县城西北 6km 处土层厚为 350m。

(3) 蔚县盆地中部壶流河经过地区,有蝌蚪状的泉群成线形排列,显示此为北东方向的隐伏断裂。

(4) 沿永定河两岸有几个褶皱,形状近圆形,色环明显容易识别,但要区分其为向斜或是背斜,则要配合使用航空像片或到实地观察判定。

3. 岩性

北京城西部山地属太行山系,柔性褶皱作用明显,是由一系列复式向斜和背斜组成。山脉成北东—南西走向,山体绵亘成脉,谷脊相间分布。由于位于核部的火山岩抗风化能力较强,后来又经过地壳隆升与外力的剥蚀作用,形成了一系列向斜成山、背斜成谷的地形倒置山体,如白花山—庙安岭—妙峰山、九龙山、髻髻山、猫耳山等。其山势高峻,向背斜的两翼以石灰岩、硅质灰岩、白云岩所占面积最大,山坡岩块堆积发育,山体裂隙与裂谷明显,山中有少量花岗岩侵入体分布,其最大露头是房山岩体,成浑圆状、浅色调。

北京城北部和东北部属燕山山脉军都山的一部分,俗称北山。北山褶皱不如西山明显,但断裂较为发育,所以山体的脉络不如西山清晰,北山有大面积的花岗岩、片麻岩等出露,分布在怀柔、密云以及昌平县北部,延庆县西北部,因其抗风化能力较弱,地形呈浑圆形,坡度缓和。

(四)植被

春季是各种植物生长差异较大的季节,各种植物因其生长阶段不同,光谱特性亦不同,有利于判读。目视判读可分出两大类。

1. 山区

植物的分布因垂直高度不同、山坡的朝向不同而有明显的差异。

(1)山的阳坡。日照强、干燥,植物稀疏、矮小,多为旱生小灌木和耐旱的黄、白草等,色调较浅。

(2)山的阴坡。润湿有利于植物生长,本区内的针叶树为松树,落叶阔叶树为壳斗科的各种栎树为主,或是大型灌丛,因植被生长茂密,色调鲜明,与阳坡差异是很明显的。

(3)山顶。本幅图像中,山的海拔高度可达 2000m,按垂直分布规律,在这类地区山顶上没有大树,只有少量矮灌丛和草本植物,因此色调比低山的阳坡还浅,近于原岩的色调。如大海坨山的顶峰、小五台和白花山的顶峰,植被的色调都不明显。

2. 平原区

平原区主要是农业区,可以根据当地的农事活动特点、土壤类型和水分状况来判别。按季节分析,北京城附近植物的红色色调很鲜艳,是小麦生产旺盛的表现。怀来盆地地势高寒、土质沙性重、水分条件不好,只在个别地方略显红色,说明小麦种植量少、生长差,大部分地区为秋田作物,此时虽已播种出苗,但是尚未覆盖地面,故其色调不明显。

(五)土壤

按照图像上显示的土壤质地、水分和景观特征,从土壤发生发展的地带性规律,结合土壤分类标准和土壤图等资料判读。

从北京城向南和东南,逐渐过渡到华北大平原,农田中冬小麦的面积明显减少,而形状和大小都呈不规则的淡色斑点广泛散布,推断为土壤有不同程度的盐渍化,属于盐化潮土区域。从北京城向西、向北至山麓,系冲积扇联成的倾斜平原,除局部地区有古河道形成呈条带状伸展的沙土(浅色调)或沼泽土(深色调)以外,其余都是适于多种作物种植的耕地,主要土壤类型系褐土化潮土或潮褐土。

西山和燕山山脉在西、北环抱北京城,山区的土壤随山区植被的垂直变化而变化。在各中山的顶部,气候寒冷潮湿,主要是草甸植被,其土壤为山地草甸土。在海拔800m 以上地区,森林植被下发育为山地棕壤,森林植被破坏严重的地区为粗骨性棕壤。在800m 以下的低山区,植被条件较差,发育为淋溶褐土,在碳酸盐母质上发育的为盐褐土,在一些沟谷阶地地区有褐土和褐土性土分布,在水土流失严重的地区多为粗骨性褐土。

越过燕山进入怀来盆地,盆地底部为官厅水库,水库周围及河流沿岸有宽窄不一的、由现代冲积物形成的滩地和低阶地,土壤为潮土类型。盆地周围黄土台地(高阶地)发育的为褐土,潮土与褐土之间的界线是清楚的。

(六)城镇

本幅以北京城的影像最为明显,在标准假彩色合成图像上呈蓝灰色,市中心的色调较四周为深,市区内可以看到旧城区轮廓和紫禁城轮廓、三海(什刹海、北海和中南海)。如配合使用地形图,以三海和旧城为方位可以判读出许多有名的建筑群。

除北京城以外,城东的通县,城南的大兴县,影像也是比较清楚的,其他几个县城的影像都不够明显,若从地形图上查出这些县城的地理坐标或这些县城与河流、水库的相关位置,则可在图像上找到这些县城。其特点是范围不大,为浅蓝灰色,如顺义、昌平、密云、怀柔、延庆、怀来等。

(七)铁路

只有京广线和京山线两条大的铁路干线,在标准假彩色图像上,仔细地观察才能看出一些痕迹。京山线在平原中为一条细线,比较明显一些。京广线离开北京后靠近断裂线,正处在两个色调的界面附近,难以看出,而到拒马河冲积扇附近才显示得比较清楚。

思 考 题

1. 试比较卫星图像与航空像片影像的异同点,卫星图像目视判读有哪些特点?
2. 试述卫星图像目视判读的步骤和方法,以及"单项提取、系列成图、综合分折"方法的特点。
3. 在多光谱扫描各个波段图像上水体的影像有哪些特点?
4. 各种地貌类型在卫星图像上有何主要的特点?
5. 褶皱构造和断裂构造在卫星图像上有何特点?
6. 沉积岩和岩浆岩在卫星图像上有何特点?
7. 在卫星图像上判读植被应掌握哪些特点?
8. 在卫星图像上判读土壤应掌握哪些特点?
9. 在卫星图像上城镇有什么特点?对于小的城镇应如何判读?

第十章　计算机信息提取

【本章内容提要】
本章主要介绍计算机分类的各种常用方法、分类精度检验与提高，还介绍了空间信息提取以及 GIS 技术、专家系统在信息提取中的应用。
【基本要求】
(1) 掌握波谱分类原理与应用条件。
(2) 理解聚类分析分类方法过程。
(3) 掌握框图方式说明最大似然法分类过程。
(4) 理解神经网络 BP 模型原理。
(5) 掌握模糊分类和邻域分类的基本思想。
(6) 了解影响计算机分类精度的原因和解决办法。
(7) 理解图像分割提取空间信息原理。
(8) 理解专家系统原理，它在遥感信息计算机提取中的作用。

遥感图像计算机信息提取是采用计算机模拟人脑思维活动方式对图像加工、分析、判断、推理从而提取相关信息的过程，是计算机科学与遥感技术的有机结合。遥感图像中主要包括两类信息：光谱信息和空间信息。计算机分类主要提取的是光谱信息；空间信息的提取是通过结构模式识别方法完成的。此外，人工智能技术、GIS 技术也都在遥感图像计算机信息提取中扮演着重要的角色。计算机信息提取技术正在朝着多信息融合、多技术综合、信息提取智能化方向不断发展。

第一节　遥感图像计算机分类基本原理

计算机分类是通过模式识别理论，利用计算机将遥感图像自动分成若干地物类别的方法。按分类执行方式划分有非监督分类、监督分类；按分类模型划分或称分类器划分可分为统计分类、模糊分类、邻域分类、神经网络分类等。

一、计算机分类原理

在应用遥感技术解决实际问题时常常需要根据地物的特征进行归类，有时还要制成专题图并量算面积，例如土地利用调查、土壤调查等等，这一工作称为分类。目视判读分类所依据的是影像的色调和几何特征等解译标志，而计算机分类的对象是数字图像，地物的所有特征都是通过数字化的灰度值反映出来的，因此，计算机分类是建立在对图像像元灰度值的统计、运算、对比和归纳基础上进行的。

通过前文已知，不同的地物具有不同的波谱特征，同类的地物具有相同或相似的波谱特征。由不同探测波段组成的多波段数字图像是地物这一特征的量化，也就是说，遥感图像计算机分类是基于数字图像中所反映的同类地物的光谱相似性和异类地物的光谱差异性进行的。在多波段图像中，每一个像元都具有一组对应取值，我们称其为像元模式，而每一个波段都可以看作为一个变量，在计算机分类中称其为原始图像的特征变量。这样，一个像元就可以看成

由 n 个特征组成的 n 维空间的一个点,同类地物的像元形成 n 维空间的一个点群,差异明显的不同地物会构成 n 维空间的若干个点群(图 10-1)。

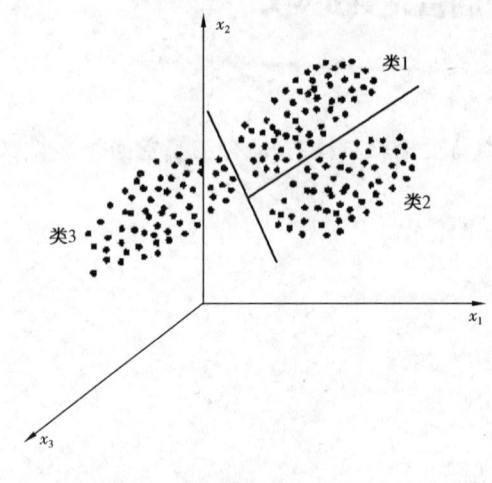

图 10-1 三维特征空间分类示意图

计算机分类就是要分析特征空间这些点群的特点,如点群位置、分布中心、分布规律,从而确定点群的界限,最终完成分类任务。用统计学概念表述,点群的中心是这一地物类别像元特征值的均值向量。点群的范围是这一地物类别像元特征值的标准差向量(或用协方差矩阵表示),它反映了点群的离散程度。各点群的边界是分类过程中决定像元归属的"准则",称判别函数。如果是通过选择代表各类的已知样本(训练区)的像元光谱特征事先取得各类别的参数,确定判别函数,再进行分类,是为监督分类;如果根据事先指定的某一准则让计算机自动进行判别归类,无须人为干涉,则称非监督分类。

在许多情况下,我们研究的同类地物会具有不同的光谱特征,比如土地利用分类中的耕地会由于耕种方式和种植作物不同而具有明显的光谱差异,这种现象称为同物异谱。另一种情况是不同的地物可能具有相似的光谱特征,比如许多绿色植物具有十分相似的光谱特征,这种现象称为同谱异物。习惯上称基于光谱特征形成的类别为光谱类别。根据实际需要待分的类别称为信息类别,比如地质研究中的岩性分类、土地利用中的地类等。同物异谱和同谱异物现象的存在导致信息类别和光谱类别不对应,从而降低了计算机分类的精度。因而在分类之前常常要对原始图像作些变换(如 K—L 变换、K—T 变换等)这一过程称为特征变换。通过变换找出最能反映地物类别差异的特征变量参加分类,这一过程称为特征提取。

显然,单纯基于地物光谱特征的计算机分类,得出的结果基本上属于光谱类别,还需要对分类结果归并,对错误分类的像元需要改正,以期得到理想的信息类别,这些都属于分类后处理。

二、计算机分类的一般步骤

(一)分类预处理

分类前一般需要对原始图像进行辐射校正,去除大气散射的影响,突出地物信息。特别是使用不同时相遥感数据时,由于大气散射受季节和大气质量影响,更有必要订正到同一水准。

(二)特征选择

原始遥感图像的特征波段彼此之间往往存在较强的相关性,例如 TM1、TM2、TM3 彼此之间都存在较强的相关性。不加选择地利用这些特征变量分类不但增加多余的运算,有时反而会影响分类的准确性。因此,往往需要从原始图像 n 个特征中通过处理选择 k 个特征($n>k$)参与分类,例如,通过 K—L 变换使图像信息集中在彼此独立的主分量上,利用少数主分量特征就能达到较好的分类效果。

特征选择还与欲区分的对象密切相关,比如植被分类可采用绿度、植被指数,也可以采用 K—T 变换后的绿度与亮度分量等。

(三)分类

根据特征图像与分类对象的实际情况选择适当的分类方法,一般来说,非监督分类方法简单,不需要先验知识,当地物光谱类别与信息类别对应较好时比较适用。当地物类别光谱差异很小时监督分类精度较高。

(四)分类后处理

由于分类过程是按像元逐个进行的,输出分类图一般会出现成片的地物类别中有零星异类像元散落分布情况,其中许多是不合理的"类别噪声"。这种情况一般采用"平滑滤波"方法处理。

(五)专题图制作

在处理后达到精度要求的分类图基础上,根据需要和用途,进行专题图的投影方式、比例尺、图例等一系列设计和制作。

第二节　非监督分类与监督分类

一、非监督分类

(一)波谱图形识别分类

波谱图形识别分类原理直观易懂,方法简便。可以认为,不同的地物有不同的波谱曲线,不同的曲线就可能意味着是不同的类别。实际上由于多波段遥感图像是离散的波段值,所以像元灰度值按波段连接是一条折线。如果在折线上下两侧考虑加设一个允许摆动的变差范围,就有可能把多维空间中属于同一类别的矢量点识别出来(图10-2)。只要规定好各个类别的变差参数,计算机便可以对像元逐个进行扫描、比较、分析而自动完成分类。

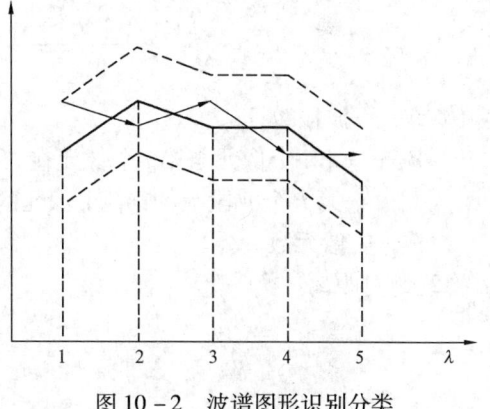

图10-2　波谱图形识别分类

例如采用 TM 前五个波段的分类,图像处理系统开始扫描,第一像元 TM 五个波段灰度值依次是:

TM	1	2	3	4	5
灰度值	70	90	80	87	65

其灰度值曲线(实际上是折线)如图10-2所示,假设这个像元为 ω_1 类,顺序扫描提取第二像元,作出曲线(见图中箭头线)。这两条曲线分布形态不一样,更不能重合在一起,故可以认为是两种不同类型。计算机定义第二个像元为 ω_2 类;反之,如果第二像元和第一像元是同一曲线,则一、二两个像元就是一类。如此扫描整个图像,逐个将像元与前面已建立的类别进行比较,如属已建立类别就归并入已有的类别,否则就自成一类。这样,最后就得到一个分类图像。

但这种作法会把图像类别分得过细,所以在实际应用中一般对曲线选择一个变差范围或称作识别窗口。例如对前面第一个像元在各波段上的灰度值各加减正负5,有:

TM	1	2	3	4	5
灰度值	65~75	85~95	75~85	77~87	60~70

若像元灰度值的曲线能在变差范围内重合或者落在变差范围内的,就属于同一个类别,这

时要计算像元平均值,重新确定分类中心;若落在变差范围外,暂作另一类,这样所分的类别数就少了(图10-2虚线范围)。变差范围越大,可分的类别数就越少。

(二)聚类分析

聚类分析基本方法是构建一个统计模型,根据一定的统计量,按彼此相似性或亲疏程度形成若干类别。

1. 常用的聚类分析统计量

要对像元进行分类,必须首先找出反映像元之间相似程度的一个数字指标,即必须找到能度量相似关系的统计量。根据分类的实践和需要,这些统计量有距离系数、相似系数和相关系数。

(1)距离系数。

以多维特征空间中的样本矢量点间的距离作为量度分类的相似统计量。具体的又分下面几种:

① 欧氏距离。

$$d_{ij} = \sqrt{\frac{\sum_{k=1}^{N}(x_{ik}-x_{jk})^2}{N}} \quad i,j=1,2,3,\cdots,M \quad i \neq j \qquad (10-1)$$

式中　N——波段数;

　　　d_{ij}——第i个像元与第j个像元在N维空间中的距离;

　　　x_{ik}——第k个波段上的第i个像元的灰度值;

　　　M——像元数。

② 绝对距离。

$$d_{ij} = \sum_{k=1}^{N}|x_{ik}-x_{jk}| \quad i,j=1,2,3,\cdots \quad i \neq j \qquad (10-2)$$

式中　d_{ij}——任意两个像元在波段多维特征空间的矢量点间的绝对距离。

③ 明斯基距离。

欧氏距离和绝对距离可以统一用下式表示

$$d_{ij} = \left(\sum_{k=1}^{N}|x_{ik}-x_{jk}|^q\right)^{1/q} \qquad (10-3)$$

这个距离称为明斯基距离,当$q=1$时为绝对距离,当$q=2$时为欧氏距离。

④ 极差标准化距离。

设R_k是第k个波段所有像元数据的极差,$R_k = x_{\max,k} - x_{\min,k}$,有:

$$d_{ij} = \frac{1}{N}\sum_{k=1}^{N}\frac{|x_{ik}-x_{jk}|}{R_k} \qquad (10-4)$$

式中　d_{ij}——i像元与j像元在波段多维空间中的矢量点的距离。

极差标准化距离是标准化后取均值,并限定在[0,1]区间内。其作用是可以压缩噪声。

⑤ 马氏距离。

$$d_{ij} = \left[(x_i-x_j)^T\sum{}^{-1}(x_i-x_j)\right]^{1/2} \qquad (10-5)$$

式中 $(x_i - x_j)$——第 i 个像元与第 j 个像元之差按波段排列的列向量；

$(x_i - x_j)^T$——向量$(x_i - x_j)$的转置；

$\sum^{-1}$——N 个波段协方差矩阵的逆矩阵。

马氏距离优点在于克服了波段间相关性影响。

(2) 相似系数。

$$c_{ij} = \cos\theta = \frac{\sum_{k=1}^{n} x_{ik} x_{jk}}{\sum_{k=1}^{n} x_{ik}^2 \sum_{k=1}^{n} x_{jk}^2} \quad (10-6)$$

n 维空间两个矢量间的夹角余弦值被称为衡量两变量相似程度的相似系数。两个矢量夹角余弦大说明彼此之间关系密切，因此在分类时优先考虑归并。

(3) 相关系数。

$$\gamma_{ij} = \frac{\sum_{k=1}^{n}(x_{ik} - \overline{x_j})}{\sqrt{\sum_{k=1}^{n}(x_{ik} - \overline{x_i})^2 \sum_{k=1}^{n}(x_{jk} - \overline{x_j})^2}} \quad (10-7)$$

相关系数取值在[0,1]之间，相关系数大说明变量关系密切，因此分类时优先合并。除上述统计量之外还有方差、协方差等。

2. 聚类算法

利用聚类分析方法进行图像分类使用较多的是动态聚类法法(Iterative Organizing Data Analysize Technique ISODATA)。简单地说，就是在初始设定基础上，在分类过程中根据一定原则不断重新计算类别总数、类别中心，使分类结果逐渐趋于合理，直到满足一定条件分类完毕(图10-3)。根据初始条件的设定方式又分为聚合法和分裂法。

(1) 聚合法。

遥感图像分类的对象是像元，统计分类的指标是像元的灰度差异。如果按 8 位灰度级计算，最多可将全部像元分成 256 级，以此作为初始类别数显然不合理。于是在应用聚合法图像分类时先给出一个粗糙的初始分类，然后使用某种原则进行修改，直到分类比较合理为止。动态聚类开始时多按某些原则设法选择一些初始类中心，而让待分像元依某些判别准则向初始类中聚集，第一次分类之后，调整各类中心，重新进行第二次分类，对第一次分类进行修改。如此反复进行，直到最后满意为止，这就是叠代法的基本思想。

聚类方法的过程大致如下：

① 选择初始分类数。

初始类别数和类中心有多种设定方法，可以根据实际分类对象和对图像的初步目视分析确定类别数(可略设多

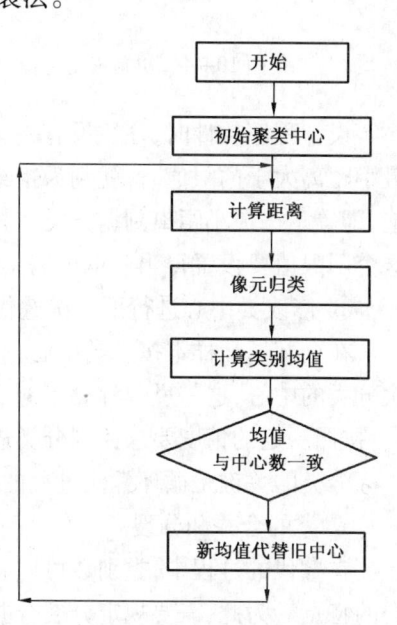

图 10-3 动态聚类算法框图

些),也可如下法确定:在每个分类波段上选取若干个灰度值,比如4个波段参加分类,根据各波段图像的直方图作累计分布直方图,取累积分布等于1/3和2/3处的灰度值,可以有16种组合,这16种灰度值组合便构成了四维特征空间中的16个矢量点的坐标位置,就是16个类别的初始类中心点。也可以分析图像后确定大致类别数,初始类中心点可以任意选择,并不影响分类结果,但会延长计算时间(图10-4)。

② 计算最小距离。

在动态聚类过程中,扫描每一个像元点,计算每一个像元点和初始类中心的特征空间距离。一般图像处理软件都设有距离参数供用户选择。常用的距离有为欧氏距离、绝对距离等。用户可事先确定使用那一种距离。

计算待分像元点跟所有类中心距离之后,进一步比较这些距离,从中选出最小距离,则待分像元点就应归属于这个最小距离代表的那一类。如图10-5,像元 x 距 ω_3 距离最短,故划归该类。

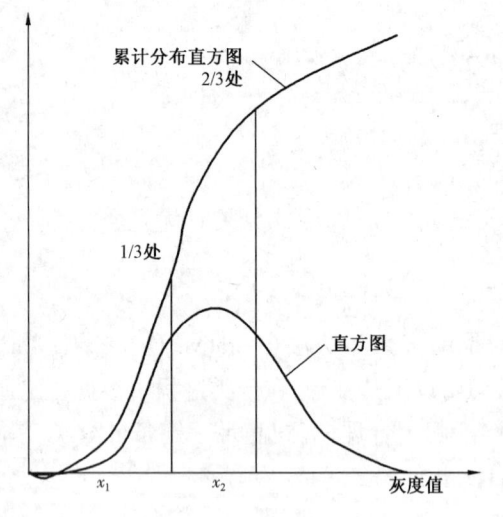

图10-4 初始灰度选择

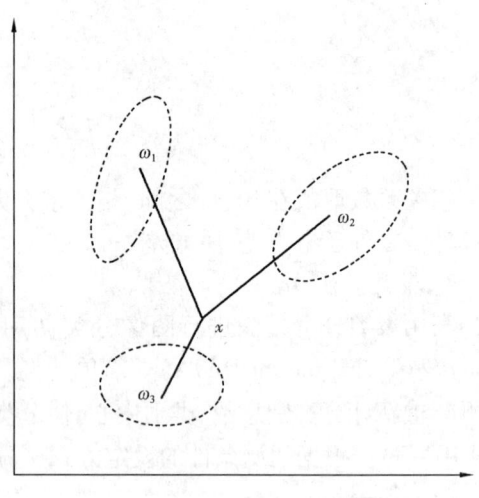

图10-5 最小距离判别图

设计程序软件时,往往设有一个拒绝分类的阈值,这个阈值是拒绝类的门限值。待分像元最小距离大于门限值时,就判为拒绝类。设置的门限值应大小合适,如果太大,就等于没有拒绝,即等于按最小距离判据分类。相反,如果门限值取得太小,被拒绝的像元点就会过多,所以这个门限值要设置得当。也可以不设拒分类。

③ 修改类中心进行下一次叠代。

在全部像元样本按各类中心分类之后,重新计算每一类的新的均值,用这个均值作为下一次分类的中心,这一过程称叠代过程。再重新执行第②、③两个步骤,这样循环叠代继续下去,按照一定的精度要求控制分类进程,分类结果渐趋精确。

分类的关键是循环叠代过程的控制,包括类别数目控制、参数选择和分类终止的条件。

a. 类的合并和分裂。

在叠代的过程中,类别数可以有变化,有些类可以分开,有些类也可以合并,这正是动态聚类的特点。为此,需要规定分裂合并的条件。

类的合并：

如果两个类的中心太近，即均值差很小，这时就要合并。

如果某一类的像元数太少，这一类就跟相近的类合并，或者完全去掉不考虑，暂时归为拒绝类，等下一次叠代被重新分类。

如果总的类别数太多，即在分类过程中，超过了事先给定的类数，这时则将最近的两类合并。

类的分裂：

如果某一类别像元数太多，占全体像元的百分比太大，就要设法分为两类。首先要计算本类的均值 $\bar{x}$ 和标准偏差 S，然后以 $(\bar{x} - S)$ 作为一个类的中心，再以 $(\bar{x} - S)$ 作为另一个类的中心。

如果类数太少，少于某一事先给定的阈值，则将离散度最大的一类分裂为两个新类别。因为如果某一个类别在特征空间中的离散度太大，则有可能不是同一类别。这时对它进行分裂是有道理的，具体的分裂方法仍和前面讲过的一样。

b. 分类过程控制。

如果不加限制，在动态聚类过程中，合并分裂、分裂合并就会无限循环下去。可以从以下几个方面来设定分类的终止条件：

用控制叠代次数的方法使动态聚类分类停止下来。可以事先确定叠代次数，叠代次数完成，分类也就结束了。此种方法的缺点是硬性规定叠代次数，实际分类效果如何难以预知。

通过比较收敛效果的方法来考虑分类过程的结束。在分类过程中每进行一次叠代，都要将本次叠代结果与上一次叠代结果进行比较，如果两次叠代结果差不多，很接近，满足我们的精度要求，就认为叠代结果已经收敛，分类过程可以结束。

用分类的类别数是否有变化来控制分类过程的结束。在分类过程中如果分类的类别数一直保持固定不变，这时分类就可以停止。但此种方法没有考虑到某些类分裂而另一些类合并达到动态平衡保持类数不变的情况。

c. 参数的选择。

在动态聚类分类过程中，分类效果好坏很大程度上决定于参数的选择。参数选择合理，就会有好的分类结果；反之，参数不合适，各个参数互相制约，不但不会产生好的分类结果，有时还会使分类陷入死循环状态，毫无休止地进行下去。这一方面要靠专业知识，也要靠多积累一些经验。

（2）分裂法。

另一种动态聚类是用所谓分裂方法来实现的，分类过程与前述相似。

① 初始类别中心的确定。

开始聚类时，如果设置的初始类别数为 m，这时就要寻求 m 个类中心。类中心的建立必须先求出整幅图像的均值和标准差，然后按照下面的公式计算出每一个类别中心值。

$$\overline{x_k} = M + \sigma \left[2\frac{k-1}{m-1} - 1 \right] \quad (k = 1, 2, \cdots, m) \quad (10-8)$$

式中　M——图像均值；

　　　σ——标准差。

一般来说,分 m 个类别时,则在 $(M-\sigma)$ 到 $(M+\sigma)$ 之间等分 $(m-1)$ 份,就可以有 m 个节点,这 m 个节点的数值就是 m 个类别的初始中心。

如果开始没有给出类别数 m,则可按一分为二的方法建立类中心进行分类。这种方法也要先计算待分类图像的均值和标准差,然后以均值加减标准差各为一类的中心进行聚类,以后根据情况逐级分裂下去。

② 分类准则。

和前面聚合法一样,也按最小距离原则判归类别。

③ 类别分裂。

设置某一标准差 σ_y 作为阈值,计算分类后各类别的均值与标准差,只要有一个波段的标准差大于指定的 σ_y,则该类就要分裂为两类。直到所有类别的标准差都小于指定 σ_y,分类才会停止。例如,四个分类波段的均值为 (M_1, M_2, M_3, M_4),标准差为 $(\sigma_1, \sigma_2, \sigma_3, \sigma_4)$,且 σ_1,σ_2,σ_3 均小于指定 σ_y,只有 $\sigma_4 > \sigma_y$,则这一类同样要一分为二,新的类中心为 $(M_1, M_2, M_3, M_4 - \sigma_4)(M_1, M_2, M_3, M_4 + \sigma_4)$。

④ 控制分类过程结束。

通过分裂法进行聚类也需要设定一些条件,防止分类无休止进行下去。可以预先规定最多分类数,超过阈值就要停止。虽然分类过程可以由标准差 σ_y 阈值、最多类别数控制,但为避免过多循环,有必要指定最多叠代次数,如果超过这一阈值,则分类过程自动终止。

二、监督分类

(一)最小距离法

最小距离监督分类是一种相对简化了的分类方法。前提是假定图像中各类地物波谱信息呈多元正态分布,每一个类在 N 维特征空间中形成一个椭球状的点群,依据像元距各类别中心距离的远近决定其归属。假设 N 维空间存在 M 个类别,某一像元距哪类距离最小,则判归该类,用公式表示为

$$d_{xMi} = \min d_{xMj} \rightarrow \omega_i \qquad i,j = 1,2,\cdots,m \qquad (10-9)$$

式中 i,j ——类别序号;

d_{xMi} ——待分像元到类中心距离,常用的有欧氏距离和马氏距离。

在这种情况下,只要我们根据情况确定类别数,根据训练样本确定类中心,即可按上述方法判别每个像元的归属。可以看出,最小距离监督分类与非监督分类的聚类分析在统计量和分类原理是一致的。所不同的是,监督分类是通过训练样本的方式事先确定了类别数、类别中心,然后再进行分类。因此,分类的精度首先取决于训练样本的准确与否。

最小距离监督分类具体步骤如下:

1. 选择训练区

通过对图像判读分析,划定典型图斑作为某一类的"训练区",计算机会根据行列号记录下训练区所包含的像元。需要指出,训练区主要是根据光谱特征选择的。比如土地利用分类中的水浇地,虽然是一个类(信息类),但种植作物、耕作方式可能不一样,所以在具体分类时要根据光谱特征尽可能多地划分出各种"光谱类别"。

假定我们拟定 m 个类别,分别为 $\omega_1, \omega_2, \cdots, \omega_m$,这时就要训练 m 个类别的样本。对于每一个类别 $\omega_i (i = 1,2,\cdots,m)$,根据各类训练样本的数据,计算出每个类别训练样本的平均值,以此作为类别中心。

2. 分类

计算待判像元 x 与每一个类别中心的距离,将 m 个距离作比较,最后将其划归距离最小的一类。如果 x 小于事先给定的阈值 T 则可划归拒分类。依此方法逐个对每个像元判别归类。

3. 分类后处理

分类后处理包括精度检验、单点滤波(后面介绍),并将光谱类别归并成所需的信息类别(比如可能分出三种类型水浇地,最后归并成一类)。

可以看出,真正左右这种最小距离监督分类的因子只有各个类的均值,而没有考虑样本方差(同一类内的离散度),所以说此法是在若干先决条件下简化的分类,自然会产生一些错判和漏判,但是它方法简单、实用性强。

(二)线性判别分析

线性判别分析简单地说,就是在多波段遥感数据形成的多维特征空间里,通过降维方法简化分类过程,并且通过投影变换把多维空间不易区分的目标转到低维空间,然后应用投影排序区分它们,从而提高可分性。最终实现分类的判别函数是线性函数。

以图 10-6 为例,设有两类地物波谱信息在二维空间形成 ω_1 和 ω_2 两个点群,可以看出,无论在 x_1 轴还是在 x_2 轴都存在部分重叠和交叉,很难将它们分开。通过投影变换,使 ω_1 和 ω_2 两个点群达到图中所示效果:两个类中心 M_1 和 M_2 在 R 直线上的投影点间的距离最长,即提高了两类的可分性。此时通过 M_1 和 M_2 在 R 直线上投影点的线段中点引垂线 V,直线 V 就把 ω_1 和 ω_2 两类点群分开了。直线 V 就是两类判别的边界线,由它的直线方程可直接得出判别函数。

设待分图像可分为 $m(\omega_1, \omega_2, \cdots, \omega_m)$ 个类别,则需要 m 个类别的训练样本,用训练区像元数据通过解线性方程组方法计算出判别函数。

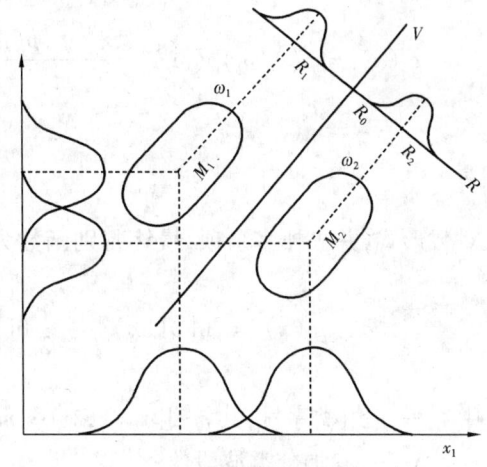

图 10-6 二维线性判别示意图
(许殿元等,1990)

$$g_i(x) = \sum_{k=1}^{N} A_k x_k + \theta_i \qquad (10-10)$$

式中 A_k——权系数;
θ_i——常数;
$g_i(x)$——判别函数,$i = 1, 2, \cdots, m$。

共有 m 个类,因此要求出 m 个 $g_i(x)$,经比较后,取其最小者所代表类别为待判像元归属。

(三)最大似然比分类

最大似然比分类方法是建立在贝叶斯准则基础上分类错误概率最小的一种非线性分类,是应用比较广泛、比较成熟的一种监督分类方法。

1. 判别函数

设 $g_i(x)$ 为判别函数,用 x 出现在 ω_i 类的最大概率 $p(\omega_i/x)$ 表示

$$g_i(x) = p(\omega_i/x) \tag{10-11}$$

$p(\omega_i/x)$ 又称为后验概率，根据贝叶斯公式，有

$$g_i(x) = p(\omega_i/x) = p(x/\omega_i)p(\omega_i)/p(x) \tag{10-12}$$

式中　$p(x/\omega_i)$——在 ω_i 观测到 x 的条件概率；

　　　$p(\omega_i)$——类别 ω_i 的先验概率；

　　　$p(x)$——变量 x 与类别无关情况下的出现概率。

当待分类图像存在 m 个类别时，需要计算并比较 m 个 $p(\omega_i/x)$，根据贝叶斯准则，取其中最大者所代表的类别为待判像元的归属类别。可以看出，在计算并比较 m 个 $p(\omega_i/x)$ 过程中，$p(x)$ 是若干计算式中都出现的公共项，为简单起见可以省略。$p(x/\omega_i)$ 可以通过选择合适的训练区来计算。

由于假定训练区地物光谱特征服从正态分布（对于非正态分布可通过变换方法使其变为正态分布），于是式(10-12)又可表示为

$$g_i(x) = p(x/\omega_i)p(\omega_i) = \frac{p(\omega_i)}{(2\pi)^{N/2}|\Sigma_i|^{1/2}} \exp\left[-\frac{1}{2}(x-u_i)^T \Sigma_i^{-1}(x-u_i)\right] \tag{10-13}$$

取对数形式，并去掉多余项，最终判别函数为

$$g_i(x) = \ln[p(\omega_i)] - \frac{1}{2}\ln|\Sigma_i| - \frac{1}{2}(x-u_i)^T \Sigma_i^{-1}(x-u_i) \tag{10-14}$$

式中　i——组类序号，共 m 组 $i = 1, 2, \cdots, m$；

　　　N——参加分类波段数；

　　　Σ_i——第 i 类的协方差矩阵；

　　　U_i——第 i 类的均值向量。

具体计算时用训练样本的协方差和均值代替 Σ_i 和 u_i。

2. 分类过程

分类过程主要分为两个阶段，一是"训练"过程，主要通过人机对话选择典型的样本，并根据训练样本计算各类判别函数，确定相关参数；二是分类过程，这一过程一般是程序自动完成无须干涉，如果分类结果不符合要求，可根据情况返回不同起始点（图10-7）。

训练区选择基本与前面最小距离监督分类方法相同。需要补充的是必须有足够的训练样本计算判别函数的系数，一般训练样本像元数应 10 倍于波段数 N，而使用 100 倍于波段数 N 的训练样本像元数才比较趋于合理。

另外，如果参加分类波段相关性较强，则方差、协方差的逆矩阵可能不存在或不稳定，因此，分类之前要考虑波段选择问题。

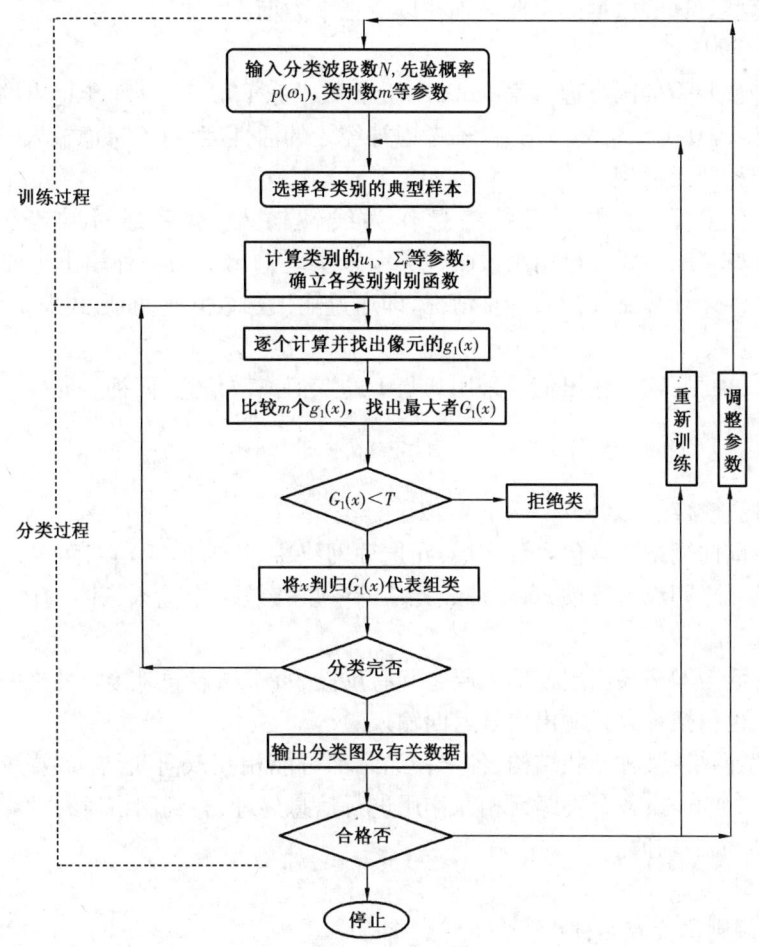

图 10-7　最大似然比分类框图(许殿元等,1990)

第三节　神经网络及其他分类方法

一、神经网络分类

(一)神经网络概念

人工神经网络(Artificial Neural Networks,ANN)系统是由大量处理单元(神经元)相互连接的网络结构,是人脑的某种抽象、简化和模拟。ANN 的信息处理是由神经元之间的相互作用来实现的,知识和信息的存储是网络结构分布式的,网络的学习和决策过程取决于各神经元的动态变化过程。由于 ANN 神经元通常采用非线性的作用函数,其动态运行具有不可预测性、不可逆性等特点,从而可模拟大规模自适应非线性复杂系统。

ANN 可以模拟人脑神经元活动的过程,其中包括对信息的加工、处理、存储、搜索等过程。ANN 以对信息的分布存储和并行处理为基础,具有自组织、自学习的功能,在许多方面更接近人脑对信息的处理方法,具有模拟人的形象思维的能力,反映了人脑功能的若干基本特性。与传统统计方法相比,在被处理数据具有不同的统计分布时,特别是多源数据时可能获得理想的分类结果。因此,近年来 ANN 方法在遥感图像信息提取和分类中得到广泛应用,出现了各种各样的 ANN 模型。这些模型的主要区别在以下三个方面：

1. 神经元模型

阈值单元模型：是美国心理学家 McCulloch 和数学家 Pitts 于 1943 年提出的，故又称为 MP 模型。该模型处理 0,1 二值离散信息，不考虑神经元的活性度，也不考虑输入与输出之间的延时，是最基本的神经元模型。

准线性单元模型：采用连续的信息作为线性输入，然后通过神经元的线性组合（A. L. Haque,1993）或非线性作用函数两种类型来实现输出。前一种输出主要用于一些逻辑操作，而作为神经元计算主要为后一种情况，即通过输出函数 $f(x)$ 的形式来获得输出，一般称 Sigmoid 函数。

概率神经元模型：输入输出信号采用 0 与 1 的二值离散信息，而神经元的动作以概率状态变化的规则模型化。

2. 网络结构

按照网络的连接结构划分，ANN 包括以下分类：

前向网络：前向网络通常包含许多层，在这种网络中，只有前后相邻两层之间神经元相互联结，各种神经元之间没有反馈，每个神经元从前一层接收多个输入，并只有一个输出送给下一层的各个神经元。

反馈网络：反馈网络输出层与输入层之间有反馈，每个结点同时接收外来的和来自其他结点的反馈输入，也包括神经元输出信号返回输入。

相互结合型网络：又称网状结构，各个神经元都可能相互双向联结，如果某一时刻从神经网络外部施加一个输入，各个神经元相互作用进行信息处理，直到网络所有神经元的活性度或输出值收敛于某个平均值。

3. 学习规则

ANN 学习规则主要有四种：

联想学习：是模拟人脑的联想功能，将时空上接近的事物间或性质上相似的事物间通过形象思维联结起来。典型联想学习规则是由心理学家 Hebb 于 1949 年提出的学习行为的突触联系和神经群理论，所以称为 Hebb 学习规则。

误差传播学习：以 1986 年 Runlelhart 和 Hinton 等人提出的具有普遍意义的 δ 规则（BP 算法）为典型。广义 δ 规则中，误差由输出层逐层反向传至输入层，而输出则是正向传播，直至给出网络的最终响应。在前向网络的监督学习中，比较普遍采用的是误差传播学习规则。BP 学习算法被广泛应用于模式识别、预测等领域，在遥感影像的处理和分析中也是最典型的。但 BP 学习算法存在学习速度缓慢，容易陷于局部极小、网络结构难以确定等缺点。而结合误差传播学习和竞争学习的 RBF 学习算法一定程度上克服了 BP 学习算法的上述缺点。

概率式学习：是从统计力学、分子热力学和概率论关于系统稳态能量的标准出发，进行神经网络学习的方式。

竞争学习：属于非监督学习方式，是在神经网络中的兴奋性或抑制性联结机制中引入了竞争机制的学习方式，这种学习方式是利用不同层间的神经元发生兴奋性联结，以及同一层内距离接近的神经元发生同样的兴奋性联结，而距离较远的神经元之间产生抑制性联结。

神经网络方法在遥感中得到广泛应用主要因为它们具有如下优点：

（1）比其他分类技术结果更加准确，尤其在特征空间复杂、源数据有不同统计分布时更为有效。

(2) 可以融合知识在分析中。

(3) 可以融合不同类型数据完成分类。

统计分类都要求分类数据符合多元高斯分布这一假设,但特征空间数据不一定完全服从这一假设,同一类分布在特征空间中的多个位置上,尤其如土地覆盖是多种类型混合在一起。这种情况下统计方法受到这一假设前提的限制。同时,统计方法在数学上要求具体类型的协方差矩阵为非奇异矩阵。神经网络分类的一个主要优点是不受数据分布的限制,也就是说,对每一类别数据在特征空间没有基本分布假设这一要求。因此,在特征空间中一个类别可以用一系列集群来表示。统计方法依靠基本假设模型,神经网络依赖数据。这也正是神经网络适合不同数据综合和知识融合在网络中一起进行分类的原因。

本文主要介绍较为常用的 BP 网络。

(二) BP 网络模型

BP 算法(误差反向传播算法)经不断改进已成为目前遥感分类中使用比较多、也较为成熟的模型(图 10-8)。

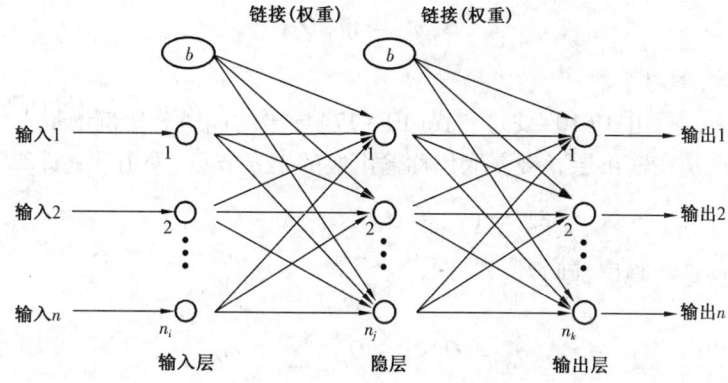

图 10-8 前馈型神经网络模型

神经元网络结构由输入层、隐含层和输出层组成,隐含层可以多于一层,视需要而定。基本元素由神经元(图中"○")和链接(图中"→")组成。输入层的每个节点接受输入向量,在分类中是参加分类的光谱数据或其变换形式数据。输出层的节点是根据实际需要的分类结果,可以是不同的土壤、土地利用、植被等类型。节点数取决于训练样本,根据训练样本,经过"学习"过程后,再用训练好的神经元网络模型对像元进行分类。

某层上的节点输出通过链接被传输到下一个层上的节点。节点输出值的大小取决于权重因素,可以被放大、缩小或抑制。在前馈型网络模型中,第一隐含层的节点输入值等于输入层诸节点输出的加权和。对于第一隐层的一个节点,其网络输入为:

$$\mu_j = \sum \omega_{ji} \cdot x_i \qquad (10-15)$$

式中 ω_{ji}——两个节点间的链接权重(从输入层 i 到它的下一层 j);

x_i——输入样本值。

第 j 层上节点的输出采用激励函数计算,有:

$$O_j = \frac{1}{1 + e^{-(\mu_j + \theta_j)/\theta_0}} \qquad (10-16)$$

式中　θ_j——阈值或称偏倚,它的作用是沿着水平轴变化激励函数。

θ_0 的作用是修改函数线形,θ_0 值高将会引起 θ_j 缓慢变化。

学习算法由信息的正向传播和误差的反向传播构成。在正向传播过程中,输入信息从输入层经隐含层逐层处理,并传向输出层,每一层神经元只影响下一层神经元的输出。如果不能在输出层得到期望的输出,则转入后向传播过程,将连接权值关于误差函数的导数沿原来的连接通路返回,通过修改各层的权值以减少网络输出误差。

简单地说,学习过程就是希望网络找到一组权重和阈值系数,并使这组系数满足实际输出值与期望输出值之间的误差达到要求精度。设输入样本组为 $X_p = \{X_1, X_2, \cdots, X_m\}$,输出为分类类别 $Y_q = \{Y_1, Y_2, \cdots, Y_k\}$,对于每个 X_p 误差为

$$E_p = \sum_{q=1}^{k} (y_{pq} - O_{pq})^2 \qquad (10-17)$$

当输出结果距期望结果误差大于允许值时,通过修改权重和阈值系数来降低 E_p,这一过程即所谓误差后向传递。权重改变量可由下式的微分增量计算

$$\Delta_p \omega_{ji} = \eta \delta_{pj} O_{PJ} \qquad (10-18)$$

式中　η——常数,学习系数;

$\delta_{pj} = -\partial E_p / \partial \mu_j$,是由式(10-15)和式(10-17)导出的偏微分比例增量。

假如第 j 节点是在输出层,j 被 q 取代称输出层的第 q 节点,采用下式计算 δ_{pj}。

$$\delta_{pj} = (y_{pq} - O_{PQ}) O_{Pq} (1 - O_{pQ}) \qquad (10-19)$$

假如第 j 节点是在隐层,则有

$$\delta_{pj} = O_{pj}(1 - O_{pj}) \sum_{q=1}^{k} O_{pq} \omega_{pj} \qquad (10-20)$$

另有如下计算公式用新的权重代替原来的权重

$$\omega_{ji}(n+1) = \omega_{ji}(n) + \eta(\delta_j O_i) + \alpha \Delta \omega_{ji}(n) \qquad (10-21)$$

式中　$(n+1)$——学习过程中第 $(n+1)$ 次迭代;

α——动量系数;

$\Delta \omega_{ji}(n)$——第 n 次迭代从所有训练样本算得的权重改变量。

阈值 θ_j 同样用此法学习处理。

BP算法也有明显不足之处,它的主要缺陷表现在如下几个方面:

(1)它对训练数据集的选择较为敏感;

(2)需要大量时间进行学习;

(3)学习容易陷入谷底而不能跳出;

(4)有时网络不能收敛;

(5)BP方法是一个黑箱,它很难给出神经元之间权值物理意义。

二、模糊分类

概率和统计模型在处理大量随机现象时是行之有效的,但自然界存在许多与此不同的"模糊"现象,比如土壤带,很难找到一条严格的此种土类与彼种土类的界线;又如,植被分类也会遇到针叶林、针阔混交林、阔叶林或乔木林与灌木林的边界模糊问题。为解决遥感分类中

的这类问题,引入模糊数学模型在一定程度上更有其合理性。采用的模糊数学模型有模糊聚类、模糊评价等;根据是否需要先验知识也可分为监督分类和非监督分类。同时,也有将模糊数学模型与 ANN 模型结合起来人工神经网络模糊分类等。以下简单介绍 FUZZY—ISODATA 聚类方法。

设 $X = (x_{1m}, x_{2m}, \cdots, x_{nm})$ 为待分图像,每一像元变量 x_n 有 m 个特征(可以是光谱波段数据,也可以是其他地学属性参数)。

第一步,可先标准化数据,将 x 压缩到 $[0,1]$ 区间,便于处理

$$x = \frac{x' - x_{\min}}{x_{\max} - x_{\min}} \tag{10-22}$$

式中 x'——原始数据;

x——对应的标准化后数据;

$x_{\max}$、$x_{\min}$——某一特征空间最大、最小量。

第二步,构建关系矩阵。需要说明的是,与统计方法中动态聚类分析一样,也需要解决初始类别数问题。如果采用足够多的训练样本组构成初始关系矩阵,这就带有监督分类的性质。聚类的统计量计算方法与前述方法一样,有距离系数、相关系数和相似系数等,例如以下采用相关系数构成关系矩阵

$$r_{ij} = \begin{bmatrix} r_{11} & r_{12} & \cdots & r_{1n} \\ r_{21} & r_{22} & \cdots & r_{2n} \\ \vdots & \vdots & & \vdots \\ r_{n1} & r_{n2} & \cdots & r_{nn} \end{bmatrix} \tag{10-23}$$

式中 r_{ij}——相关系数。

第三步,通过迭代计算聚类中心,可参考 ISODATA 方法次数控制迭代次数,避免死循环,也可通过给定一个极小量比较关系矩阵是否趋于稳定来终止循环。需要说明的是,此处矩阵运算采用的是模糊矩阵运算法则。

第四步,逐个输入像元,利用隶属函数判决其归属。

三、邻域分类简介

前面介绍的分类方法均是先确定一分类模型或判决模式,然后逐点扫描,对像元进行分类,所以称作单点分类。这种分类方法的判决依据只是像元的光谱信息,因而有一定片面性。邻域分类正是基于这种考虑,在判决中加入周边像元影响,等于在分类中兼顾了环境信息和空间信息。

邻域像元的影响与距离有关,因此距离较远的不相邻连接像元不予考虑。由于图像的栅格结构,每一像元最多与八个象元相连(图 10-9)。

以四个邻域像元为例,根据最大似然判别法则,当点独立分类时如 $p(\omega_i/x_0)$ 最大,则 x_0 判归 ω_i 类。邻域分类除外 x_0 还要考虑其他四个像元归属类别影响,判别原则为

$$p(\omega_i/x_0, x_1, x_2, x_3, x_4) > p(\omega_j/x_0, x_1, x_2, x_3, x_4) \quad (j = 1, 2, \cdots, m, j \neq i) \tag{10-24}$$

如上式成立,x_0 判归 ω_i 类,记为:$x_0 \in \omega_i$。简单地说,比较某一像元在周围像元出现情况下,它归于哪类的条件概率最大,就判归哪一类。

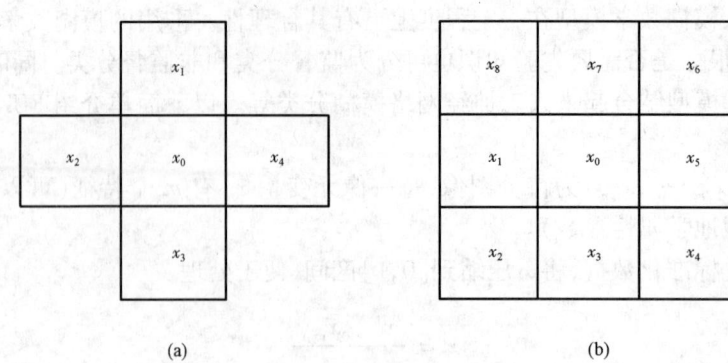

图10-9 邻域示意图

可以看出,邻域分类算法比单点分类要复杂得多,计算量也大得多,但准确率相对得到提高。

第四节 分类精度的评价与提高

一、分类精度的评价

(一)精度评价方法概述

遥感图像分类精度的评价通常是用分类图与标准数据(图件或地面实测值)进行比较,以正确分类的百分比来表示精度的。遥感图像分类精度的评价方法可分为非位置精度和位置精度。非位置精度以一个简单的数值,如面积、像元数目等表示分类精度,由于未考虑位置因素,类别之间的错分结果彼此平衡,在一定程度上抵消了分类误差,使分类精度偏高。我国在前些年开展的许多工作以这种精度评价方法为主。

位置精度评价是在将分类的类别与其所在的空间位置进行统一检查。目前普遍采用混淆矩阵的方法,即以Kappa系数评价整个分类图的精度,以条件Kappa系数评价单一类别的精度。应用混淆矩阵的Kappa系数进行分类精度的检验,是1960年Cohen提出的。以后有许多学者在Kappa系数的算法上和应用方面做了大量工作,逐渐发展成遥感分类的主要精度评价方法。

(二)位置精度评价

位置精度评价采用的主要参数都是基于进行精度检验的样本混淆矩阵(误差矩阵)上,通过对混淆矩阵建立的各种统计参数进行的。混淆矩阵的形式如表10-1所示。

表10-1 MLC分类误差矩阵示例

分类 实际	C_1	C_2	C_3	C_4	C_5	C_6	C_7	C_8	C_9	C_{10}	总计
C_1	80	2	0	0	0	0	0	1	0	0	83
C_2	15	65	0	0	3	0	0	0	0	0	83
C_3	2	1	35	1	0	3	0	0	0	0	42
C_4	0	0	4	96	0	0	0	2	0	0	102
C_5	3	32	10	0	86	0	0	1	0	9	141

续表

分类 实际	C_1	C_2	C_3	C_4	C_5	C_6	C_7	C_8	C_9	C_{10}	总计
C_6	0	0	13	0	10	94	2	1	0	2	122
C_7	0	0	2	0	1	1	98	9	0	2	113
C_8	0	0	7	3	0	2	0	81	0	0	93
C_9	0	0	29	0	0	0	0	4	100	0	133
C_{10}	0	0	0	0	0	0	0	1	0	87	88
总计	100	100	100	100	100	100	100	100	100	100	1000

混淆矩阵中,对角线上元素为被正确分类的样本数目,非对角线上的元素为被混分的样本数目。实际类型指地表实测值或标准数据或图件上对应的抽样样本,列总数代表分类数据各类的抽样样本数目总和,行总数代表实际类型的各类抽样样本数目总和。应用混淆矩阵分析的主要参数有:

1. 总分类精度

$$p_c = \sum_{k=1}^{m} p_{kk}/N \tag{10-25}$$

式中 p_c——总分类精度;
m——分类类别数;
N——样本总数;
P_{kk}——第 k 类的判别样本数。

按表 10-1 数据计算,$p_c = 83\%$。

2. Kappa 系数

$$K = \frac{N\sum_{i=1}^{m} p_{li} - \sum_{i=1}^{m}(p_{pi} \times p_{li})}{N^2 - \sum_{i=1}^{m}(p_{pi} \times p_{li})} \tag{10-26}$$

式中 K——Kappa 系数;
N——总样本数;
p_{pi}——某一类所在列总数;
p_{li}——某一类所在行总数。

按表 10-1 数据计算,$K = 90.2\%$。

3. 各类别的条件 Kappa 系数

$$K = \frac{Np_{ii} - p_{pi} \times p_{li}}{Np_{pi} - p_{pi} \times p_{li}} \tag{10-27}$$

按表 10-1 数据计算,C_1 类的 $K = 95.98\%$。

在各参数中,总分类精度和 Kappa 反映整个图件的分类精度,条件 Kappa 精度则反映各类型的分类精度。研究认为,Kappa 系数与分类精度有如表 10-2 中的关系:

表 10-2　分类质量与 Kappa 统计值

K(Kappa 系数)	分类质量
<0.00	很差
0.00~0.20	差
0.20~0.40	一般
0.40~0.60	好
0.60~0.80	很好
0.80~1.00	极好

二、分类精度的提高对策

(一) 制约分类精度原因

实践表明,单纯依靠某种单一分类方法很难达到实用精度,这主要是因为遥感数据自身特点制约,以及单一分类方法的限制。

1. 遥感数据制约

到目前为止,遥感信息反映的主要是地球表层系统的二维空间信息。显然,高程变化对地理环境的影响没有得到充分反映,地表以下深层构造相互作用机理也无法得到反映,导致分类信息不完整。由于遥感信息传递过程中的局限性以及遥感信息之间的复杂相关性,又决定了遥感信息的不确定性和多解性的特性。这些是制约遥感图像分类精度的主要原因。

遥感信息传输过程中包括许多信息衰减或增益的过程,而对遥感信息处理和分析模型的研究也需要经过从物理实验放大到自然界的过程。目前还没有掌握这两个过程的全部规律,还不能建立一个能完全逆向反演地球表层系统区域分异和时相变化规律的仿真模型,这也影响到分类的准确性。

另外,遥感数据的空间分辨率变化也在不同程度上给分类造成一些麻烦。空间分辨率较低的情况下,遥感影像单元中所包含的并不一定是单纯的一种地物信息,往往是多种混合地物类型。而高分辨率情况下,在反映地表复杂程度很高的影像中同类地物的差异往往被夸大,造成了分类的复杂性。

2. 分类方法的制约

目前的分类方法多属于单点分类,即确定或调试好分类模型后逐点扫描其类别。分类主要依靠的是光谱信息,而遥感图像的空间信息、结构信息未得到充分利用。比如,目视分析所能发现的隐伏构造、环形构造通过分类方法很难提取。又如,土地利用判读时所依据的几何形状、大小、位置等标志,现有的分类方法都无法利用。

分类所依靠光谱信息又随环境、时相千变万化,大量的同物异谱及同谱异物现象也给计算机分类带来困难。

到目前为止,还没有一种算法被认为是十全十美的。比如,建立在常规统计方法之上的算法,一般有以下几方面的缺陷:

(1) 很难确定初始化条件,有一定的随机性;

(2) 很难确定全局最优分类特征、中心向量和最佳类别个数;

(3) 聚类过程中难以融合地学专家知识。许多监督分类结果取决于训练样本的选择,很难找到统一的、量化的标准,造成分类工作不可重复性。

(二)分类方法改进

分类方法的改进有多种途径:加强分类前处理,包括各种变换处理,提取特征要素;交替使用不同的处理方法;应用多种信息的复合分类。

1. 分类前处理

分类前处理除必要的辐射校正外,通过相关分析筛选参加分类波段,选择差异性较强数据参加分类是提高分类效果,减少分类计算量的常用方法。在有较多可供选择波段时,例如高光谱遥感,可采用 K—L 变换把大量信息压缩到几个主分量上,是一种行之有效的减少冗余数据、提高分类精度的方法。

在进行植被和土壤分类时采用 K—T 变换,提取相关的土壤、植被信息进行分类;利用各种植被指数参加植被分类等都是可考虑方案。

2. 分类树与分层分类

当一次性分类出现类间混淆又难以解决时,可以采取逐次分类的方法。先分出易分的大类别,对每一大类再作进一步的划分,此时可以更换分类方法,也可以更换分类特征,以提高这一类别的可分性。如此进行,越分越细,直到所有类别全部分出为止。这种逐次分类的方法称为分类树或信息树。每分类一次成为一层,每个结点往下分叉,直到完毕。例如:土地利用的分类,要想一次分类解决问题很难做到。一些植被光谱特征十分接近,分类时需有辅助处理,形成新的特征组合。因此,第一层先分出云、地表水、裸土、人工设施和植被;第二层专门提出植被类类别,设法分出自然植被和人工植被;第三层再作处理,分别从自然植被中分出森林、灌木和草地,从人工植被中分出庄稼地和休耕地(图 10-10)。这样即使休耕地和草地光谱很相近,但由于休耕地的地块夹杂在庄稼地中已被分为人工植被,再次分类时就避免了二者混淆的可能。

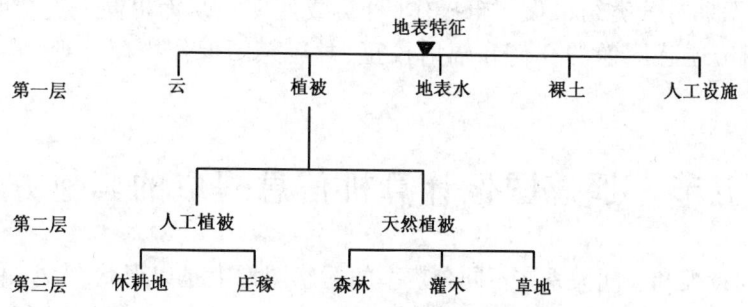

图 10-10 分层分类示意图(据彭望琭,2002)

分层也可以只分易混分的个别层,单独作为一层,再把分类结果与其叠加到一起。还可以按区域分层分类,以北京地区为例,土地利用分类可以将山区与平原分为两层单独分类,这样山区天然植被与平原区农田、园地很容易分开。

3. 使用不同分类方法

监督分类需要利用先验知识选择训练区,一般都通过显示器目视分析完成,这很大程度上取决于操作人员的专业水平。同时,人的生理视觉会与像元样本的实际值出现较大偏差。因此,可以采用非监督分类方法作聚类,用聚类图对比提高训练区的准确性。实践表明,借助聚类方法来选择训练区可以提高分类精度,减少分类时间。

一般认为监督分类效果要好于非监督分类,但对于某些类别,特别是光谱特征突出的类别,简单聚类足以将其分出,余下类别可采用适当的监督分类方法再分。这样作既减少了训练的麻烦,也有助于提高分类的精度。

4. 多种信息的复合

近年来,多种信息复合分类已成为常用的提高分类精度的方法。包括多种遥感信息和非遥感信息。利用不同传感器接收的遥感图像数据,如 TM、SPOT、SAR 以及气象卫星数据、航空与航天遥感数据等,目的在于将不同数据源的优点结合起来,提高分类数据的几何分辨率和光谱分辨率。一般作法是经校正配准后形成融合图像或直接参与分类。

利用非遥感信息包括高程、地质、水文、土壤、地貌、植物等专题图件或数据参与分类,也可提高单一方法分类的精度。图 10-11 是利用复合信息分层分类的流程图。

5. GIS 技术支持下的分类改进

随着 GIS 技术发展,出现了 GIS 支持下的遥感分类。概括起来,GIS 技术可以通过以下方式支持传统的遥感分类方法:

(1) GIS 与 RS 数据复合分类。利用 GIS 将非遥感数据(如地质数据、植被数据、土壤数据、坡度数据、水文数据等)生成数字地学图像,并与遥感数据进行复合,然后对复合后

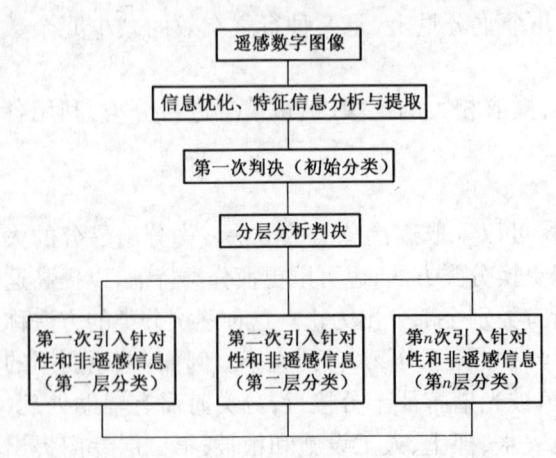

图 10-11 复合分层分类示意图

的图像进行监督分类。有报道这种方法与传统的最大似然法相比,可以提高精度 18.3%。

(2) 间接支持分类。利用 GIS 数据对遥感图像进行分层和对分类结果作逻辑操作,可以提高分类精度。例如,利用 GIS 数据先对遥感图像进行分层,然后再对每一层进行土地利用分类,并用 GIS 数据来对分类结果作逻辑操作(分类或处理),从而提高分类精度。除此之外,GIS 数据还可用于遥感图像的几何和辐射校正、对遥感图像作掩模处理、辅助训练样区的选择。

第五节　遥感图像计算机信息提取的其他方法

地物的几何特征和空间关系在不同分辨率的遥感图像上是以形状、大小、位置、纹理等空间结构信息反映出来的。在目视解译过程中分析人员可以凭借专业知识分析判读,但利用计算机分类方法显然难以提取这些信息。结构模式识别方法是用来提取这类空间信息的一系列不同于分类算法的计算机识别技术。

目前,专家系统的引入、具有人工智能的处理和分析模型的研究已成为遥感信息提取新的热点。

一、空间信息计算机提取

(一) 图像空间特征与空间关系

1. 空间特征

(1) 形状特征。地物的几何形状构成了不同空间尺度影像上不同的几何形状,可以归结为点、线、面等规则与不规则的基本几何单元。这些形状特征是分辨地物属性的重要依据,在数字图像中,它们是以灰度变化表现出来的。换句话说,它可以按下面的定义来进行抽取:如

果在一个小区域内,图像灰度值和它周围的邻域灰度值相比存在着明显的差异,则认为这个小区域为一个图像点。在图像局部区域内存在一个窄区域,而且在窄区域中灰度具有相同的特性,则这一窄区域被称为线。在图像中被一封闭边缘包围的有限面积,叫做图像区域(面)。

(2)纹理特征。每种地物都有其基本构成的几何单元,这种基本单元的排列和组合的重复出现反映在一定比例尺的影像上构成特有的纹理图案,因此,可以从影像的这一特征识别地物。如针叶林和阔叶林的纹理差别;沙漠类型、海滩性质等纹理的识别。有些地物,如草地和灌木依照影像的形状和色调不易区分,但草地影像呈均匀的平绒状的纹理,而灌木林为点状纹理,比草地粗糙,容易区分。图像中不同的区域可以由不同的纹理结构构成,这些不同的纹理结构可以用粗糙度和其他一些参量来定量描述,利用这些参量可以确定不同的纹理结构,进一步就可以确定不同纹理结构区域的边界了。

(3)大小特征。大小特征是指地物在固定比例尺影像上的尺寸,反映了特定尺度影像空间中地物的量化特征。除分辨率、比例尺外,影像上地物大小特征还与背景有关,如线性地物,若和周围地物有明显对比则显得较宽,融入周围背景情况下显得较窄。

2. 空间关系

地物彼此关联构成影像的空间关系,主要有相邻(边界)关系、包含关系、穿过关系等(图10-12),复杂一些的还有拓扑关系等。

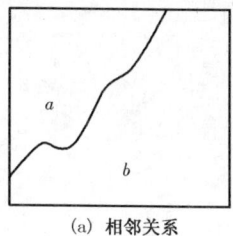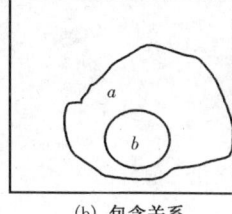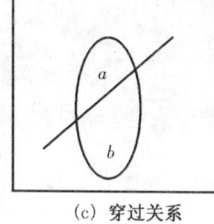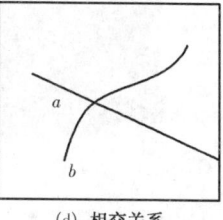

(a) 相邻关系　　(b) 包含关系　　(c) 穿过关系　　(d) 相交关系

图 10-12　常见的空间关系示意图

(二)空间信息提取与识别

空间信息提取与识别从应用方法上属于图像分割与描述,分割的目的是根据图像特征(灰度特征、彩色特征、纹理特征、局部统计特征、局部频谱特征等,空间特征只是其一)区分图像中的不同物体。描述则是将区分出来的目标用数据、公式、符号等表述,以便计算机进一步理解、识别、利用。下面只介绍一些简单的利用图像分割与描述提取空间信息方法。

1. 图像分割

(1)像点处理分割。

利用像点特征如灰度级、彩色特征等区分物体与背景有多种方法,也有多种用途,以下是直方图门限化二值分割提取图像边界轮廓实例。

方法一:若图像$f(x,y)$地物灰度与背景灰度存在明显差别,灰度直方图呈双峰,可将直方图谷底作为门限值T,按下式对图像做二值化处理,提取线性特征和边界轮廓:

$$g(x,y) = \begin{cases} 1 & f(x,y) \geq T \\ 0 & f(x,y) \leq T \end{cases}$$

$g(x,y)$为二值化后新的图像。

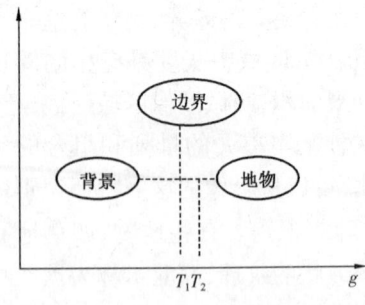

图 10-13 灰度-灰度梯度分割

方法二:对于门限值 T 有多种确定方法,例如对于地物轮廓和背景灰度较均匀,且差异不大时,可用灰度梯度法(图 10-13)。地物和背景灰度梯度都较小,而边界梯度较大。

图(10-13)中 Δg 表示灰度梯度,g 为灰度;T_1,T_2 表示门限值。求 T 的方法有两种:一是去掉边界像元,再通过直方图求背景与地物分界;另一种方法是在边界区内直接寻找。

图 10-14 是门限化二值分割提取的 SPOT 图像的边界和线状地物,机场、道路、田块边界都较清楚。

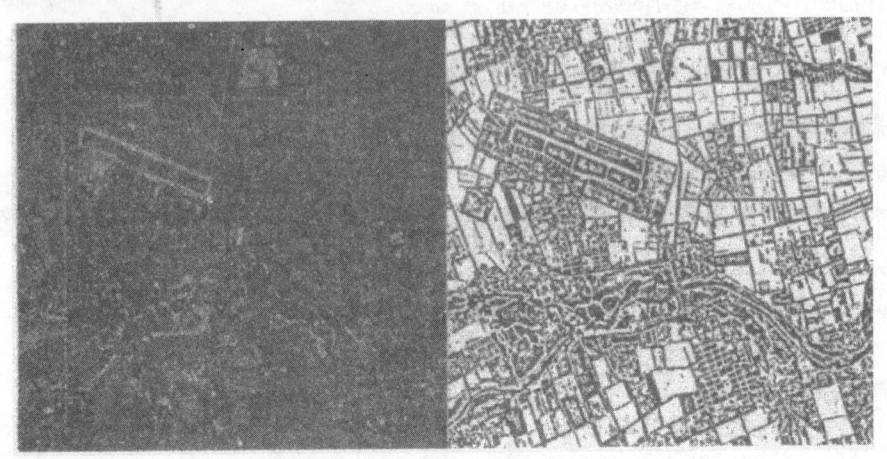

图 10-14 门限化二值分割

(2)边界分割。

采用边界分割方法提取图像中空间信息是另一有效方法。例如可以采用前文提到的边缘增强方法突出线性信息,再用阈值法二值化图像。除梯度法、拉普拉斯算法外,还有曲面拟合法、Prewitt 算子法、Sobel 算子法、Kirsch 算子法和 Wallis 算子法、边缘跟踪法等多种边缘检测方法。

图 10-15 是经边缘增强后再用阈值法二值化图像提取的 TM5 波段空间信息,其中道路、河流、地块界限清晰可见。

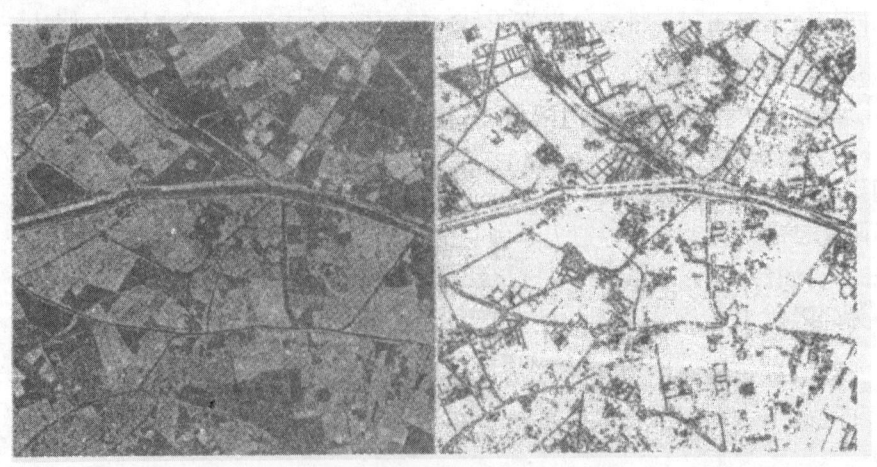

图 10-15 边界分割提取空间信息

2. 图像描述

图像分割是为了提取具有不同特征的地物,图像描述则是为了进一步对其关系、结构进行分析定义,它是对图像进行识别解译的重要环节。包括对线、曲线、区域、几何特征等多种特征的描述。通过图像描述可以将提取的空间特征与已有知识分析对比,从而确定地物的属性。由于遥感图像复杂性和地学多解性以及识别目标多样性,利用图像分割和描述完成计算机自动识别方法尚在研究发展阶段,也需要其他技术如人工智能技术的支持。

二、专家系统应用

专家系统是 20 世纪 60 年代逐渐发展起来的,很快成为人工智能的一个重要分支。它通过计算机模拟专家的思维、推理、判断和决策过程解决某一方面具体问题。系统拥有某一领域内专家的知识和经验,而且能像专家那样运用这些知识,通过推理和其他分析工具,作出智能判断和决策。专家系统一般由知识库、数据库、推理机、解释部分及知识获取等五个部分组成(图 10-16)。专家系统的运行是运用知识进行推理的过程。专家系统的主要特征是有一个巨大的、存放某领域专门知识的知识库和一个能像专家那样运用这些知识的推理机,因此知识库和推理机是专家系统的两个核心部分。其中知识库用来存放专家提供或机器自学习获得的,为求解问题所必需的专门领域知识。推理机是控制、协调专家系统的问题求解过程的核心,根据当前的输入信息,利用知识库中的知识,按一定的推理策略去处理,解决当前的决策分析问题。

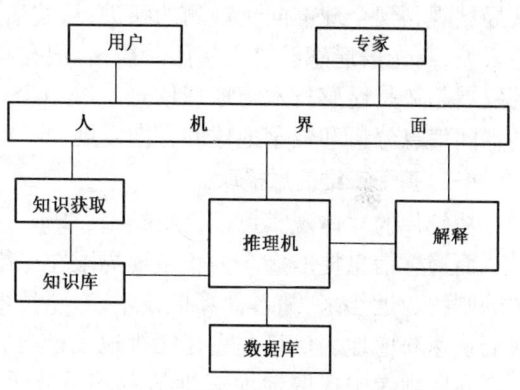

图 10-16 专家系统示意图

专家系统被引入遥感图像计算机信息提取领域后,结合了模式识别和其他计算机处理技术,逐步形成了遥感图像解译专家系统。与一般专家系统相比,遥感图像解译专家系统要复杂得多。这主要是由于遥感数据种类多,并且需要不同的预处理,且根据不同的工作目的提取信息类型差别很大,所以很难构建一个标准的、通用的专家系统模型,往往是针对具体问题的专家系统,因此也限制了专家系统技术的推广。

三、遥感信息计算机提取技术展望

遥感信息计算机提取随着相关学科的发展,特别是计算机视觉、人工智能、GIS 技术的进展,随着计算机硬件发展(特别是 CPU 运算速度的飞快提高和海量存储设备的不断出现),正在朝着多信息融合、多技术综合、信息提取智能化方向不断发展。

(一)多信息融合

遥感信息计算机提取经过了最初的单一光谱分类发展到现在的多源数据复合,弥补了单一遥感数据源缺欠。多种遥感数据的融合提高了光谱分辨率、几何分辨率和时间分辨率,拓展了信息含量,例如 TM、SPOT、SAR 及气象卫星等航天遥感数据的融合,航空与航天数据的融合等。

另一方面,遥感与非遥感数据的复合弥补了遥感技术探测空间方面的不足。目前遥感数据仍以二维光谱形式为主,缺乏有效探测深层地下信息手段。结合物探资料(如航磁、重力、地震等)和化探资料、高程信息,增加了三维信息,在提取地下构造信息、找矿、找油气资源方面都有取得了成功的例子。在植被信息提取、土地利用分类方面,叠加高程、坡向及地图信息都比单纯依靠遥感信息精度有所提高。

(二) 多技术综合

遥感信息计算机提取在手段上不断加入其他相邻学科的新成果,如神经网络分类方法、模糊数学分类方法、小波分析方法、分形分维技术,从单一依靠光谱信息分类到空间信息的多特征提取,这些方法的应用从不同角度充分利用和挖掘了遥感信息的潜力。

GIS 技术具有综合管理复杂的各种矢量数据、属性数据功能,并具有分析、判断、决策的优点,引入 GIS 技术支持,直接或间接提高了信息提取的精度。

专家系统的引入则使遥感信息计算机提取初步具有了智能化的特点。更为复杂的图像理解模型也正在研究之中,它根据地学应用的目的,运用系统论、信息论和控制论等现代科学理论,综合了地理空间、时间信息,从机理上反演遥感信息获取过程,建立某种遥感信息处理和分析模型,从而获取准确特定信息。

目前,遥感信息的获取已经形成了从航空摄影到卫星遥感的立体对地观察系统,并实现了从局域观测到全球准同步观测的跃进;从波谱上由可见光逐步延伸到红外、远红外乃至微波、超长波,高光谱遥感已进入实用阶段,合成孔径雷达已实现多极化。遥感信息处理和分析模型的发展趋势是遥感技术与地理信息系统(GIS)及全球定位系统(GPS)的综合集成,向一体化的空间信息分析和数字地球的方向发展。

(三) 基于三维信息提取

从航片的立体观察可以得出结论,基于三维模型的解译显然可以帮助我们获取更多的信息。而遥感信息提取迄今为止主要局限在二维范围内,这无疑对遥感计算机信息提取成为最大的制约。近年来,随着计算机技术、遥感技术、摄影测量技术及其相关技术的飞速发展,使得我们快速获取地表信息并重建三维地表景观成为现实。目前,数字摄影测量技术已经成为从数字立体影像中提取地面三维信息的重要手段,从数字立体影像中自动提取数字高程模型(DEM)的技术已经成熟,三维景观虚拟现实技术的出现和发展使人类对地表环境的认知方式产生了质的飞跃。可以预见,随着三维信息获取和三维景观再现,会给计算机信息提取开辟一条新的途径。

思 考 题

1. 什么是非监督分类?本章介绍了哪几种方法?
2. 简述波谱分类原理与应用条件。
3. 简述聚类分析分类方法过程,通常可用哪些方法控制分类过程结束?
4. 简述监督分类与非监督分类的区别,并分析这两种分类各自的优点和适用条件?
5. 用框图方式说明最大似然法分类过程。
6. 简述神经网络概念,神经网络用于遥感图像分类有什么优缺点?
7. 理解神经网络 BP 模型原理。
8. 说明模糊分类和邻域分类的基本思想。
9. 说明分类精度评价的概念与基本方法。
10. 简述影响计算机分类精度的原因和解决办法。
11. 举例说明图像分割提取空间信息的原理。
12. 专家系统原理在遥感信息计算机提取中有什么作用?
13. 简述遥感信息计算机提取发展趋势。

第十一章　3S集成技术

【本章内容提要】

本章主要介绍3S集成技术的基本内涵、集成特点,并在了解全球定位系统及地理信息系统的基础上详细阐述了3S集成系统的集成技术。

【基本要求】

(1)理解3S集成技术的基本内涵。
(2)了解3S集成技术的优点及待需解决的问题。
(3)掌握3S集成技术的集成模式。
(4)理解全球定位系统的基本概念及基本意义。
(5)理解地理信息系统的基本概念及基本意义。
(6)掌握3S集成技术中各技术有机集成的方式。

第一节　3S的基本概念

"3S"技术是以RS(遥感)、GIS(地理信息系统)、GPS(全球定位系统)为基础,将RS、GIS、GPS三种独立技术领域中的有关部分与其他高技术领域的有关部分有机地构成一个整体而形成的一项新的综合技术领域,其畅通的信息流贯穿于信息获取、信息处理、信息应用的全过程。

一、3S的涵义

作为空间信息处理的这三个技术系统,在空间信息管理中各具特色,均可独立完成自身的功能。同时,它们所能解决的问题之间又有很多关联性,在解决问题的功能上又各自存在着优点和不足。因此,三者的结合和集成已成为空间信息系统的发展方向,也是空间科学发展的必然趋势。

在3S系统中,简单地说,GIS相当于中枢神经,RS相当于传感器,GPS相当于定位器,三者的共同作用将使地球能实时感受到自身的变化,使其在资源环境和区域管理等众多领域中发挥巨大作用。GIS具有较强的空间查询、分析和综合处理能力,但获取数据困难;RS能高效地获取大面积的区域信息,但受光谱波段的限制,且数据定位及分类精度差;GPS能快速地给出目标的位置,对空间数据的确定具有特殊意义,但它本身通常无法给出目标点的地理属性。因此,只有三者结合起来形成一个有机系统,实现各种技术的综合,才能发挥更大的作用。

3S集成技术包括了信息获取、信息处理、信息应用,是一种复合式"信息技术"的概念,其技术系统是一种多个技术领域的集成技术。因为3S信息均为时空分布的空间信息,所以相应地,3S集成技术也是一种空间信息集成型技术。

3S集成技术的技术方法是快速、准确以及实时地对地定位与数据处理方法;多维互校的复合分析方法;基于高精度定位特征的信息复合及高动态分析决策技术方法等。

二、3S集成技术的支撑系统

(一)三维信息获取与实时(准实时)处理技术系统

初期该系统作为一种"准实时系统",也即飞行后几小时内提供第一级DEM和地学编码图像产品,发展趋势是一个秒级"实时系统",利用了向量求端点坐标的原理,"定位"自动化和

"定性"高精度、快速化为"系统"的目标,包括数据获取、数据处理、数据应用三个分系统。

(二)无 GCP 成像光谱立体现测技术系统

这是一种"快速"型技术系统,采用空中直接前方交会原理和简单型数字影像相关的系统,"定位"自动化和"定性"高精度、快速化为系统目标,包括数据获取、数据处理、数据应用三个分系统。GIS 也作为最终成果的决策与产出"基地"。本系统目前以机载为主,具有成为星载系统的潜力和技术可行性,初期星载系统以航天飞机搭载为宜,这也是一种空间信息集成型技术系统。

(三)其他集成型信息技术系统

如地面车载系统等,此处不展开叙述。

三、3S 集成技术的优点

(1)"系统"从数据获取到取得第一级产品的周期比常用技术缩短 1~2 个数量级。

(2)"系统"将信息获取、信息处理、信息应用有机地融为一体,将应用技术融为一体,将 GPS、RS 和 GIS 等独立技术融为一体形成组合技术系统,这是最易实用化、产业化的技术发展途径。

(3)具备极强的多维分析能力及对多元综合分析的友好界面,提高了"定性"分析精度和自动化程度。

(4)具有高重复频率的监测能力和基于这类数据源的多种应用新技术。

(5)快速建立专业遥感信息系统(RIS),提高地理信息系统(GIS)现势遥感信息更新能力和高动态分析决策能力。

(6)可形成星、机、地及快速、准实时、实时"技术系统"产品系列。

四、3S 集成技术中需要解决的理论问题和关键技术

(一)3S 集成系统的实时空间定位

研究 3S 集成系统的传感器实时空间定位、系统行进过程中快速确定相关地面目标的方法和实现技术,包括:广域和局域差分 GPS 的构建方法与实时数据处理的理论与算法;遥感传感器位置和平台的测定及在航空、航天遥感中的应用;GPS 辅助的遥感地面目标的自动重建与测量方法。

(二)3S 集成系统的一体化数据管理

研究 3S 数据的集成管理模式、数据模型,设计和发展相应的数据管理系统,以实现图形、图像、属性、GPS 定位数据等的一体化管理,为 3S 的综合应用提供基础平台。包括:非均质、多尺度、多时态空间数据的组织与管理;面向对象的一体化数据结构和数据模型的研究;大容量影像数据的压缩、传输、建库和存储的理论与方法。

(三)语义和非语义信息的自动提取理论方法

研究从航空、航天遥感数据和 CCD 立体相对中自动、快速和实时地提取空间目标位置、形状、结构及相互关系和空间目标的语义信息的理论与方法,主要包括:遥感影像地物结构信息的自动提取和精确图形表达;多种传感器、多分辨率和多时相遥感图像的融合理论与方法;基于知识工程的遥感影像解译与分类系统的研究。

(四)基于 GIS 的航空、航天遥感影像的全数字智能化

研究如何依托已建立的 GIS 系统来实现航空、航天遥感影像的智能化全数字过程,并从中快速发现在哪些地区空间信息发生了变化,进而实现 GIS 数据库的自动/半自动快速更新,主

要内容包括:GIS 信息与现势的航空、航天影像的复合;从 GIS 信息与航空、航天影像中,自动/半自动地检测空间信息的变化和增加;由 GIS 的属性数据以及它与现金影像配准的结果,自动/半自动地提取语义信息与获取知识;GIS 信息的自动更新。

(五)3S 集成系统中的数据通信与交换

数据通信是 3S 集成技术中的一个关键问题。在一些系统中通常要把 GPS 记录数据和遥感成像数据(CCD 记录和雷达)实时地传送到 GIS 信息处理中心进行处理。因此,需要研究以下内容:数据单向实时传送的理论与方法;数据双向实时传送的理论与方法;数据交换的理论与方法。

(六)3S 集成系统中的可视化理论与方法

3S 集成系统中将有不同分辨率、不同时相的大量图形和影像数据,需要研究它们的多级分辨率和多尺度表示在各种介质和终端的可视化问题,主要包括:空间图形图像数据库的多级分辨率的存储、显示和表达;可视化空间数据库的构建与应用;从空间数据库到底图数据库的自动综合和符号化理论与方法;图形和图形的可视化技术与虚拟现实。

(七)3S 集成系统的设计方法及 CASE 工具研究

主要研究基于计算机辅助软件工程(CASE)技术的 3S 集成系统的设计方法和软件开发、维护的自动化技术,设计和发展专门用于 3S 集成系统设计的 CASE 工具,主要包括如下内容:可视化编程技术的研究和工具开发;3S 集成系统的结构分析与设计规格的自动生成;综合考虑时空关系及语义信息的数据实体关系表达与数据字典生成;3S 集成中的分量方法(Component approach)及关键技术。

(八)3S 集成系统中基于客户机/服务器的分布式网络集成环境

3S 集成系统研究是一项涉及到多专业、多用户、多数据的综合研究课题,它需要一个强大而又有效的硬软件环境支持,这其中包括:多软件系统(GIS 软件 ARC/INFO、MGE、GeoStar 等,全数字化摄影测量系统 VirtMZeo,遥感图形处理系统 ERDAS,GPS 数据处理软件 WuCAPS 等)的综合使用;多类型数据的快速传输;多用户的工作方式。该项研究应根据 3S 集成系统研究的特点与特殊要求,为 3S 集成研究设计提供一个多种空间信息数据获取方式与地理信息管理系统融为一体的基础研究环境。这种集成化环境的研究完成,可实现多种数据集成共享,特别是网络化的数据传送方式可以快速有效地将数据传送到各用户,为 3S 集成的深入研究提供条件。该项研究的主要内容包括:3S 集成系统的网络集成环境的硬、软件组织;分布式多用户的数据快速传送;多类型数据的数据通信与格式转换。

五、3S 集成的模式

(一)3S 系统的部分系统的集成

GPS 与 GIS 集成:即利用 GIS 中的电子地图和 GPS 接收机的实时差分定位技术,可以组成各种电子导航系统,可用于车船自行驾驶,航空遥感导航等。

RS 与 GIS 集成:对于各种 GIS,RS 是其重要的外部信息源,是其数据更新的重要手段。反之,GIS 则可为 RS 的图像处理提供所需要的一切辅助数据,以增大遥感图像的信息量和分辨率,提高解释精度。

RS 与 GPS 集成:GPS 是一种高精度、全天候和全球性的无线电导航、定位和实时系统。由于 GPS 定位的高度灵活性和定位精确性,由最初的大地测量,发展到控制测量、工程测量、变形监测和航空摄影测量。GPS 作为一种定位手段,可应用它的静态和动态定位方法,直接获取各类大地模型信息,解决 RS 传感器位置和姿态的快速定位问题,也解决了 RS 信息的定位问题。现在 GPS 与航摄仪(如 RC30)连接,在航空摄影瞬间,测定摄影中心的空间位置和航摄仪姿态,使摄影测量外业控制工作大大简化,从而使卫星遥感信息和摄影测量信息(采用 DPS 技术)直接进入 GIS 数据库成为可能。

RS 与 GPS、GIS 集成,集 RS、GPS、GIS 技术的功能为一体,可构成高度自动化、实时化和智能化的地理信息系统,为各种应用提供科学的决策咨询,以解决用户可能提出的各种复杂问题。图 11 - 1 是"3S"技术的整体结合方案示意图。

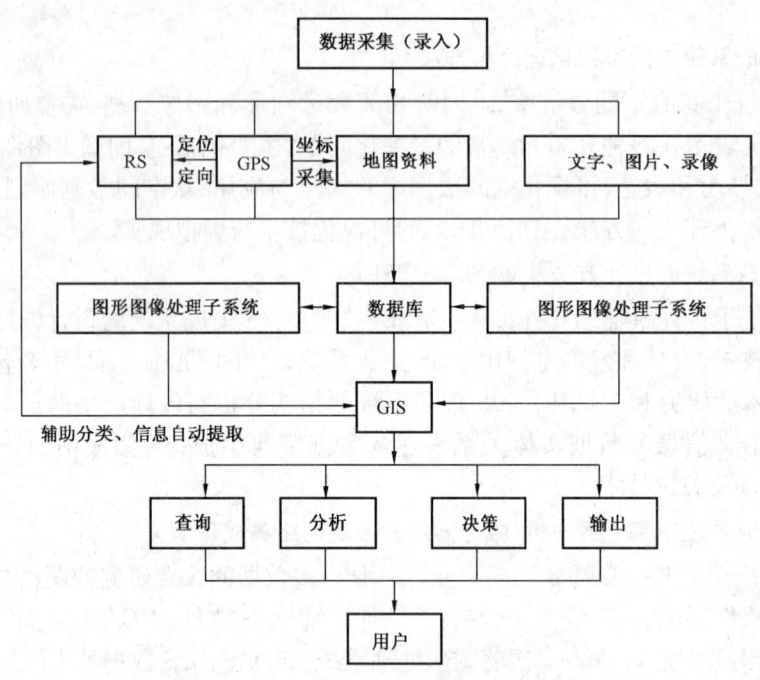

图 11 - 1 3S 技术的整体结合方案示意图

由 3S 各自的技术特点和发展趋势可见,它们相互依赖、相互需要、相互支持的趋势愈来愈明显,各技术的联合应用日趋增多,集成理论的探索也日益深化。

(二)按照集成系统的核心来划分的集成方式

其一是以 GIS 为中心的集成系统,RS 和 GPS 作为系统的重要信息源和更新手段,充实系统的信息和加强系统信息提取功能,以不断保持系统的现势性。反之,GIS 则为遥感的信息提取提供辅助信息和专家思维,提高遥感识别精度和可靠性,并为 GPS 定位点上所采集的各种数据提供管理、分析、制图等手段。其二是以遥感图像处理系统为中心的集成,该集成系统的特征是数据处理和信息提取。GIS 和 GPS 是为遥感影像处理服务的,如 GPS 和 RS 结合,可提高遥感对地观测精度,实现对地动态监测等。

(三)按照系统集成的技术水平级别来划分的集成方式

1. 松散的集成模式

三个系统虽彼此独立,但各技术系统拥有自己的用户界面、数据库和工具库,而在其内部通过数据通讯实现相互结合。

2. 三者合一、各取一部的结合模式

这里的合一,并非真正意义上的系统融合,而是三者具有统一的用户界面,但各自仍拥有自己的数据库和工具库。做到的只是表面上无缝的结合,数据传输则在内部通过特征码相结合,这只是某种思想和方法的合一,并非将系统完全融合。系统各取一部,是取各自的技术系统特点,构成专题性实用型的集成系统。

3. 三者完全合一,整体结合的模式

这种结合要求集成系统具有统一的用户界面、统一的数据模型和统一的数据库管理系统及工具库,可同时实现对图形和图像数据的处理,GPS 直接与系统相接,为实时动态监测提供定位和导航。要实现该种系统的集成,需要研究的是集成系统的数据模型、数据结构、数据管理、模型分析等问题,使之能有效地处理各种不同来源,不同精度的空间数据。

第二节 全球定位系统(GPS)

一、概述

导航和定位问题,即指示目标的方向和方位问题,一直是人们关心和研究的问题,指南针、磁罗盘及陀螺等定位装置就是古老的定位方法。1921 年,世界上第一个无线电导航测向系统的问世,宣告了无线电导航时代的到来。第二次世界大战中,由于军事的需要,无线电导航技术得到了迅速的发展,期间很快出现了 30 多种无线电导航系统。

1957 年苏联发射了第一颗人造地球卫星,美国 Johns Hopkins 大学应用物理实验室在对卫星进行跟踪,测轨中得到启示,提出了用卫星发射信号进行定位和导航的想法,很快引起美国军方的重视。1959 年美国海军武器实验室提出研究 NNSS(Navy Navigation Satellite System),并在 1964 年研制成功,形成了世界上第一个实用卫星导航系统。它的出现,使导航系统进入了卫星导航的时代,该系统就是著名的子午仪系统。在 20 世纪 60 年代末 70 年代初,美国着手研究导航卫星测时测距全球定位系统,简称 NAVSTAR/GPS 系统,(Navigation satellite Timing and Ranging/Global Positioning System)即通常所说的"全球定位系统(GPS)"。

该系统具有全球连续覆盖,导航定位精度高、速度快、抗干扰力强等优点,现在已广泛地在全球应用。需要指出的是,全球定位系统的导航和定位在概念上是有所不同的,所谓定位是指运动载体,如汽车上安装 GPS 信号接收机,然后实地测出接收天线所在的位置,这称为 GPS 定位,也称 GPS 动态定位。动态的意思是指定位是在极短的时间内完成的。如果 GPS 接收机在测得运动载体实时位置的同时,还测得运动载体的速度,时间和方位等状态参数,进而可"引导"运动载体驶向预定的目标位置,这称为导航。由此可知,导航是一种广义的动态定位。

GPS 是从军事方面发展起来的,出于军事目的,它提供两种服务即标准定位服务 SPS (Standard Positioning SerVice)和精确定位服务 PPS(Precise Positioning Service)。前者用于民用事业,后者为美国军方服务。美国政府为限制非军事用户和其他国家使用 GPS 的精度,分别在 1991 年和 1994 年实施了"SA(Selective Availability)"技术和"AS(Anti-spoofing)"技术,即"有选择可用性"技术和"反电子欺骗技术"。使 SPS 服务水平定位精度降低到 100m。

针对美国实施的"SA"技术,各国纷纷采用技术对策,出现差分 GPS 即 DGPS(Differential GPS)。"差分"的概念在无线电导航领域早就被采用,差分 GPS 的提出,使差分技术提高到过去从未有过的重要地位。采用差分 GPS 几乎可以完全消除"选择可用性"带来的误差。它利用某些地面发射站送出的已知精确位置的基准信号,将其与 GPS 的定位信号进行比较和修正。这样,通过建立基准通讯链方式,使 GPS 数据实现精确校正。目前利用差分技术可使定位精度超过单独使用 PPS 所得到精度。因此,美国比其他许多国家更快地将 DGPS 投入到实际使用中,目前其精度可达 1cm,用它可监视地球和冰川的微小运动。

1997 年 4 月美国政府宣布向国内开放 GPS,并计划在全世界范围内自由使用 GPS 无疑将会刺激本来正在迅速发展的 GPS 技术。今后,GPS 这门新的空间技术将会很快步入社会的各个部门,如同因特网一样成为信息的全球公用资源。

二、GPS 的组成

GPS 是建立在无线电定位系统,导航系统和定时系统基础上的空间导航系统。它以距离为基本观测量,通过同时对多颗卫星进行伪距离测量来计算接收机的位置。由于测距是在极短时间内完成的,故可实现动态测量。

GPS 主要由空间导航卫星,地面监控站组和用户设备三部分组成,如图 11-2 所示。

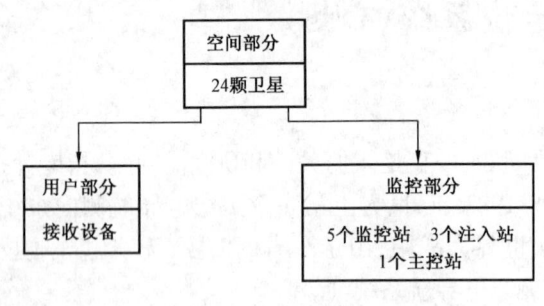

图 11-2 GPS 的结构组成

(一) GPS 卫星

GPS 卫星由 21 颗工作卫星和 3 颗备用卫星组成。工作卫星分布在 6 个轨道面内,卫星轨道面相对地球赤道面的倾角为 55°,每个轨道平面配置 3 颗卫星,每隔一条轨道平面配备一颗备用卫星,轨道的平均高度约为 20200km,卫星运行周期为 11h58min。因此,在同一测站上,每天出现的卫星分布图相同,只是每天提前几分钟。每颗卫星对地球的可见面积为地球总表面积的 38%,每颗卫星每天约有 5h 在地平线上。同时位于地平线上的卫星数目最少为 4 颗,最多为 11 颗。这样的空间配置,可保证在地球上任何时间,任何地点至少可同时观测到 4 颗卫星,加上卫星信号的传播和接收不受天气的影响,因此,GPS 是一种全球,全天候的连续实时导航定位系统。

(二) 地面监控系统

GPS 的地面监控部分由 5 个监控站,3 个注入站和 1 个主控站组成。监控站是数据自动采集中心。它包括双频 GPS 接收机,高精度原子钟,传感器及计算设备,它主要为主控站提供各种观测数据。

主控站是系统管理和数据处理的中心。其主要任务是用监控站和本站提供的观测数据计算卫星的星历,卫星钟差和大气延迟修正参数,提供全球定位系统时间基准,并将这些数据传到注入站,调整卫星运行轨道,启动备用卫星等。

注入站将主控站推算出的卫星星历、钟差、导航电文等控制指令注入到相应卫星的存储系统,并监测注入信息的正确性。

(三) 用户设备系统

用户设备系统包括 GPS 接收机、天线、计算设备和相关软件。

用户设备的核心是 GPS 接收机,以利用定位卫星提供信号来得到位置、时间、运动方向、速度等信息。

接收机按功能分为 GPS 导航接收机和 GPS 接收机两种,按接收信道方式分为并行和串行接收机。并行接收机具有多个信道,每个信道跟踪一颗卫星,并解调各信道信号,串行方式接收机只有一个信道,利用内部切换逐步处理各个卫星信号。

三、GPS 的应用

GPS 接收机种类很多,功能也各不相同,但它们的基本功能大体可用图 11-3 来表示。GPS 技术是近几年迅速发展起来的新技术。它起源于军事的需要,目前也广泛用于民用事业中,而且其应用领域还在不断扩大。

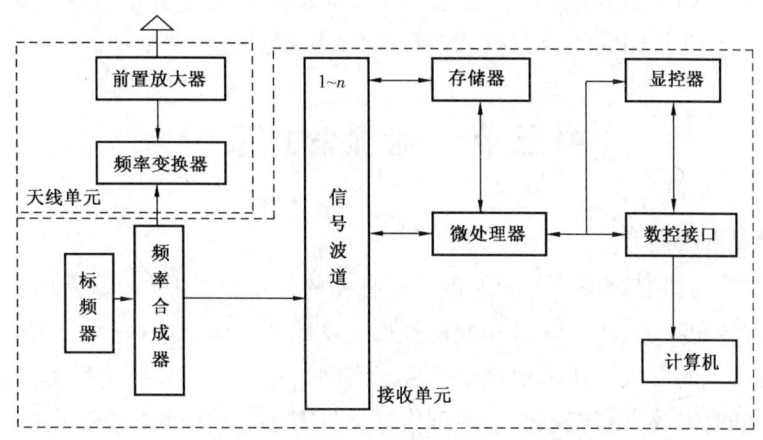

图 11-3 GPS 接收机的基本结构

(一) GPS 在军事中的应用

很多尖端科学技术的发展都同军事需要密切相关。如果说无线电导航技术在第二次世界大战中获得了迅速发展,并对战争起了重要作用的话。那么 GPS 在海湾战争中更是充当了一个非常重要的角色。在海湾战争中美军配备了大量 GPS 接收机,在难以用地貌地形定位的茫茫大沙漠中,实现了全天候、高精度的定位。同时利用 GPS 导航功能对轰炸机导航,使特种部队能正确空袭、空降和空运,使袭击目标正确,撤退及时,对战争起了决定性作用。也正是通过海湾战争,人们对 GPS 的认识有了"觉醒",从而导致了这几年 GPS 的迅速发展。

(二) GPS 在测量领域中的应用

GPS 在测量领域中的应用也越来越广泛,并已形成了一门新的学科——GPS 全球大地测量学。它将进一步服务于地球物理学、地球动力学、天体力学等空间学科中。

(三) GPS 在工程建设中的应用

GPS 在工程建设中的应用具有很大潜力,尤其在动态监测方面。例如,利用 GPS 监测捕获水库工作情况,甚至可捕获大型建筑物的变形信息,以便采取措施。

(四) GPS 在海陆空交通运输中的应用

海陆空交通运输导航将是 GPS 的最大市场。目前除大量船只依赖于 GPS 导航外,在航空业务方面,美国民航已全面接受利用 GPS 作为单一导航手段。在一些名牌汽车中,如德国奔驰、保时捷,法国雷诺,美国的凯迪拉克正在着手把 GPS 同蜂窝电话融合起来,用 GPS 导航,通过数字地图选定最佳路线,使公路负担均匀,降低运输成本。

(五) GPS 在农林领域中的应用

在森林资源调查中,利用 GPS 接收机可不迷失方向;在森林防火中,护林员装备 GPS 系统,可及时向指挥部报告和显示火灾准确位置、高程及火情,以便迅速扑灭火灾;在施肥中,根据土壤采样数据,用施肥模型软件,使施肥设备和拖拉机中 GPS 同步工作,可实现定位施肥技术。

在我国,自 1988 年引进第一套 GPS 接收机以来,其应用已经历了实验阶段,生产应用阶段,现已进入了全面开发应用阶段。目前,我国已有一定数量的测量型和导航型 GPS 接收机。1990 年我国建立了 GPS 的 B 级网,它覆盖了全国大陆除西北经济不发达地区以外的所有范围。1992 年建立了国家 GPS 的 A 级网,该网已纳入国际地球参考框架。

第三节 地理信息系统

一、地理信息系统简介

地理信息是指与研究对象的空间地理分布有关的信息,它表示地球表层物体及环境所固有的数量、质量、分布特征、相互联系和变化规律。从地理实体到地理数据,再到地理信息的发展,反映了人类认识的巨大飞跃。地理信息属于空间信息。地理数据的种类、特征是与其地理位置联系在一起的,因此具有地域性。地理信息又具有多重结构的特征,即在同一经纬度位置上可以有多种专题和属性的信息结构。例如,在一个地面点位上,有其相应的高程值、重力、岩层特征、污染等多种信息。此外,地理信息还有明显的时序特征,即动态变化特征。这就要求及时采集和更新地理信息,并根据多时相的数据或信息来寻求随时间的分布和变化规律,进而对未来作出预测或预报。

为了有效地对信息流进行控制、组织管理,实现双向传递,需要通过某种信息系统。它能对数据和信息进行采集、存储、加工和再现,并能回答用户的一系列问题。信息系统有四大基本功能:数据的采集、管理、分析和表达。从计算机技术在信息科学中的应用角度看,信息系统是由计算机硬件、软件、数据和用户四大要素组成的问答系统。智能化的信息系统还包括知识和经验。计算机硬件包括各类计算机处理机及终端和外部设备;软件是支撑数据和信息的采集、存储、加工、再现及回答问题的程序系统;数据是系统中的重要组成部分,包括定量和定性数据;用户是信息系统的服务对象或使用者,是系统的主人,有一般用户和从事系统的设计、建设、维护、管理和更新的高级用户之分。

信息系统通常包括企业、事业管理信息系统、财务管理信息系统、交通运输信息系统和空间信息系统等。其中的空间信息系统(Spatial Information System,SIS)是一种十分重要而特殊的信息系统,它采集、管理、处理、输出和更新的信息要包括空间信息和数据。

地理信息系统(Geographic Information System 或 Geo—information System GIS)有时又称为"地学信息系统"或"资源与环境信息系统"。它是一种特定的十分重要的空间信息系统。它是在计算机硬、软件系统支持下,对整个或部分地球表层(包括大气层)空间中的有关地理分布数据进行采集、储存、管理、运算、分析、显示和描述的技术系统。这里,"地理"二字并非指地理学,而是广义地指地理坐标参照系统,也即按地理坐标来组织空间数据。GIS 处理、管理的对象是多种地理空间实体数据及其关系,包括空间定位数据、图形数据、遥感图像数据、属性数据等,用于分析和处理在一定地理区域内分布的各种现象和过程,解决复杂的规划、决策和管理问题。GIS 的概念框架如图 11-4 所示。

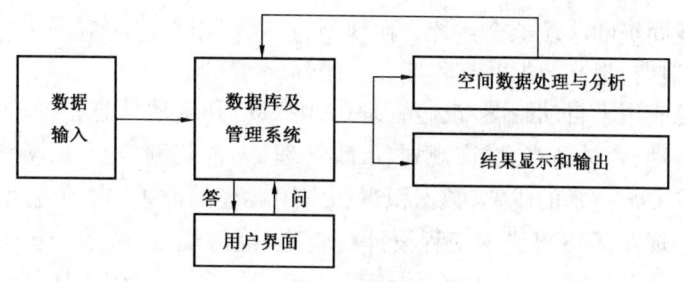

图 11-4 GIS 的概念框架构成

二、地理信息系统的基本概念及应用

通过上述的分析和定义可得出 GIS 的如下基本概念：

(1) GIS 的物理外壳是计算机化的技术系统，它又由若干个相互关联的子系统构成，如数据采集子系统、数据管理子系统、数据处理和分析子系统、图像处理子系统、数据产品输出子系统等。这些子系统的优劣、结构直接影响着 GIS 的硬件平台、功能、效率、数据处理的方式和产品输出的类型。

(2) GIS 的操作对象是空间数据，即点、线、面、体这类有三维要素的地理实体。空间数据的最根本特点是每一个数据都按统一的地理坐标进行编码，实现对其定位、定性和定量的描述。这是 GIS 区别于其他类型信息系统的根本标志，也是其技术难点之所在。

(3) GIS 的技术优势在于它的数据综合、模拟与分析评价能力，可以产生常规方法或普通信息系统难以得到的重要信息，实现地理空间过程演化的模拟和预测。

(4) GIS 与测绘学和地理学有着密切的关系。大地测量、工程测量、矿山测量、地籍测量、航空摄影测量和遥感技术为 GIS 中的空间实体提供各种不同比例尺和精度的定位数据；电子速测仪、GPS 全球定位技术、解析或数字摄影测量工作站、遥感图像处理系统等现代测绘技术的使用，可直接、快速和自动地获取空间目标的数字信息产品，为 GIS 提供丰富和更为实时的信息源，并促使 GIS 向更高层次发展。地理学是 GIS 的理论依托。有的学者断言："地理信息系统和信息地理学是地理科学第二次革命的主要工具和手段。如果说 GIS 的兴起和发展是地理科学信息革命的一把钥匙，那么，信息地理学的兴起和发展将是打开地理科学信息革命的一扇大门，必将为地理科学的发展和提高开辟一个崭新的天地。" GIS 被誉为地学的第三代语言——用数字形式来描述空间实体。

GIS 按研究的范围大小可分为全球性的、区域性的和局部性的；按研究内容的不同可分为综合性的与专题性的。它们间的关系如图 11-5 所示。同级的各种专业应用系统集中起来，

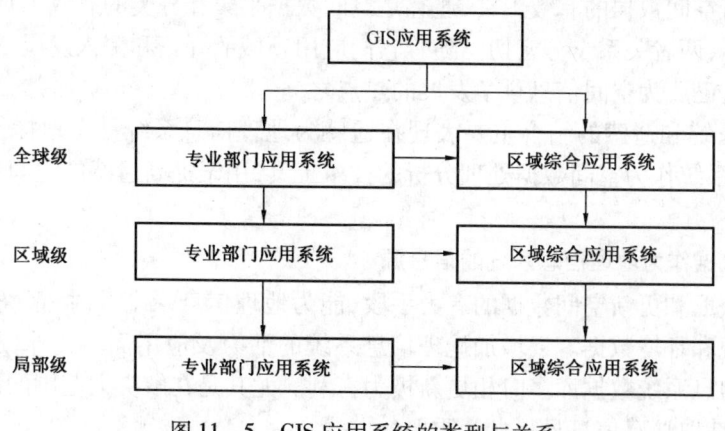

图 11-5 GIS 应用系统的类型与关系

可以构成相应地域同级的区域综合系统。在规划、建立应用系统时应统一规划这两种系统的发展,以减小重复浪费,提高数据共享程度和实用性。

早期 GIS 主要应用于自动制图,设施管理(AM/FM)和土地信息系统(MS)。后来逐步扩展到资源与环境管理、森林清查、城市规划、市政管理、灾害监测与预测、科学研究和军事战略等众多领域。随着 GIS 技术的成熟,数据积累和应用环境的改善,它的应用范围不断扩展,应用程度不断深化。现在,GIS 已进入工程设计与管理、经济规划、政治分析决策、农业耕作、商业布局、金融决策、交通运输、卫生防疫、体育竞赛等几乎所有涉及空间信息的行业。GIS 市场已由过去的技术驱动发展到应用驱动。从应用水平看,GIS 市场也已经跨上了一个新的层次。从过去简单的提供数据到现在的提供分析模型和解决问题办法。即从数据入到数据出的地理数据库系统到具有空间分析功能的地理信息系统。

第四节　3S 集成技术与应用

3S 技术的结合是当前空间信息技术发展的重要方向。这主要是在空间数据处理中的 GIS—RS—GPS 既各具特色,又存在着千丝万缕的联系。在实际应用中,很多空间领域所要解决的问题,常常需要 3 个系统联合使用。如在森林资源管理中,对森林资源防火、动态监测等,需要从遥感技术中获取信息,由 GPS 进行定位定向及导航,由地理信息系统进行分析处理,并提供各种固件,最终提出决策实施方案。

因此,研究 3S 集成系统,尤其是基于多媒体技术及网络技术的 3S 集成系统已是人们关心的问题。这里所说的集成系统是采用一定结构形式,通过某种技术将多个系统,利用其内在联系有机结合在一起。集成系统的整体功能不只是各系统功能的和,而应当通过各系统的渗透和融合使整体功能大于各系统功能。

目前,3S 系统集成工作正处在一个从低级到高级的发展和完善的过程。3S 集成的低级阶段,系统之间联系是通过互相调用一些功能来实现的。3S 集成的高级阶段,三者之间不只是相互调用功能,而是直接共同作用,形成有机的一体化系统,以快速准确地获取定位的现势信息,对数据进行动态更新,实现实时实地的现场查询和分析判断。

一、GIS 与 RS 的集成

地理信息系统和遥感是独立发展起来的支撑现代地学的空间技术工具。其中地理信息系统是管理与分析空间数据的有效工具,遥感是空间数据采集和分类的有效工具,它们的研究对象都是空间实体,两者关系十分密切。随着它们应用领域的开拓和深入发展,利用它们之间互补性,相互结合,已成为空间信息科学发展的热点之一。

地理信息系统和遥感的结合主要表现在遥感为地理信息系统动态地提供和更新各种数据,而地理信息系统作为空间数据处理分析的技术工具,用于提高遥感的空间数据分析能力及分析精度。

(一)遥感数据作为地理信息系统的信息源

遥感作为获取和更新空间数据的有力手段,能为地理信息系统及时、正确、综合和大范围的提供各种资源和环境数据。以增加地理信息系统的活力及应用面。此外,遥感所具有的动态特点对地理信息系统数据库多时相更新极为有利。尤其是在解决大范围的以统计为主的地理信息系统中,获取遥感信息显得尤为重要。

遥感为地理信息系统提供数据源的形式有如下从低级到高级两个阶段。

(1)利用航空航天影像,经过目视判读,编制出各种专题图。利用这些专题图,经过数字化仪把所需信息输入到地理信息系统中。这种方式一直是遥感和地理信息系统结合的主要形式。这种结合方式的实质是用遥感形成专题系列图提供给地理信息系统。这些专题系列图的各专题要素因来自同一信息源,保证了时相和图幅位置配准,因而很适合地理信息系统中进行多重信息的综合分析,从而派生出综合性数据及图件。例如,在流域综合治理中,根据单要素的坡度图、土壤类型图、地貌类型图及植被类型图通过地理信息系统中模型派生出土地利用评价图及土地利用规划图。对于那些没有做过资源清查,缺乏数据源或数据需要更新的地方,遥感数据源十分重要。

但上面所述的结合方法,尚存在着不合理的地方。首先,目视解释、人工转绘工作烦琐、费时;其次,这种结合方法从技术逻辑上讲也不够合理。也就是说,用人工判读和转绘取得的专题图作为遥感和地理信息系统结合的起点,这实际上降低了综合分析的精度及效率。随着各种图象分析处理系统的迅速广泛发展,人们希望将遥感信息直接输入到地理信息系统。这实质上标志着遥感和地理信息系统结合,进入更高的阶段。

(2)遥感数据经识别处理直接进入地理信息系统数据库。这是遥感为地理信息系统提供数据的最理想方式。当遥感数据进入计算机后,经自动识别分类,编辑处理成专题图,然后进入地理信息系统,实现高效快速获取数据的目的。整个过程在"全数字化"环境下进行的。其工作流程见图11-6。其中预处理目的是为了得到专题内容而提高遥感图象的可分性;遥感图象的识别分类是影响自动获取数据的关键;后处理是对分类结果进行再处理,如在分类中出现的面积过小的图斑的处理等,有时,分类后的图象还需要进一步作增强处理。另外,由于最后所得到的专题图象其数据结构仍为栅格数据,其中很可能出现不够平滑等问题,为此还需根据情况进行处理,并对得到的图中某些不合理现象,如不应出现的间断等进行编辑加工,并将其

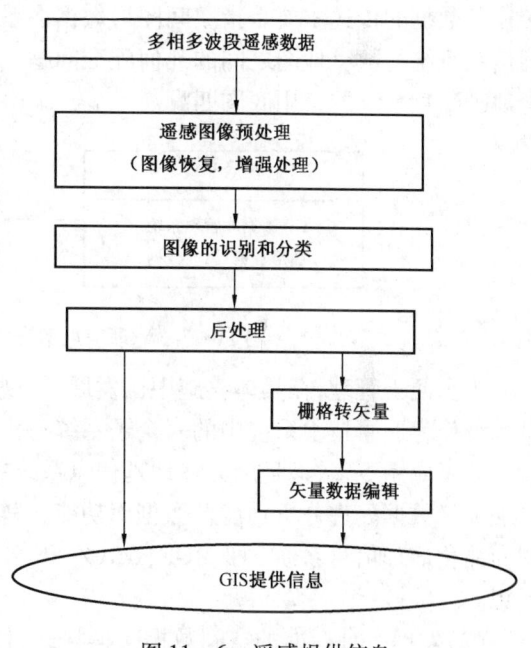

图11-6 遥感提供信息

转换成地理信息系统要求的数据格式,送到地理信息系统数据库。

(二)地理信息系统为遥感提供空间数据管理和分析的技术手段

正如前面所述,遥感信息主要来源于地物对太阳辐射的反射作用。识别地物主要依靠它们对光谱特性的差异,可实际上,常会出现"同物异谱"和"异物同谱"问题。"同物异谱"是指将同一类地物误分成两类地物;而"异物同谱"是把实际上两类地物误分成一类。对于前者可通过进一步合并予以解决;后者较为麻烦,它会导致错误分类结果。产生这种错误的原因是由地物光谱特性决定的,从遥感角度很难解决。这时,借助地理信息系统数据库中空间数据,如DTM数据等可解决上述问题,从而提高对遥感数据的识别精度和效率。

总之,单一遥感手段获取的图象,在空间、光谱和时间分辨率上都存在着一定的局限性。

如果加入其他空间信息经匹配处理,进行综合分析,将大大有利于专题信息的分类和评价,以表达研究空间信息要素之间复杂的空间关系和形成机理。

例如,若用遥感数据对干旱区作分类时,单从光谱特性上看,干湖床和大沙丘出现"异物同谱"现象,从而无法分辨。实际上,从地形看,通过高程和坡度信息可知干湖床比沙丘地形坡度平坦,高程低,从而将它们区别出来。

目前,在空间多元分析中,已广泛地把遥感图象和地图相结合,同 DTM 相结合,以及地物的物理化学特性相结合,以提供分析手段。

(三)地理信息系统和遥感图象的结合方式

地理信息系统和遥感图象的结合通常有如下三种技术途径:

(1)采用软件接口结合,如图 11-7 所示。这种方式是比较经济、现实的技术途径。由于遥感是以栅格数据结构方式收集地面数据的;栅格数据象元的位置关系常常隐含于行列值之中。地理信息系统的数据结构分矢量结构和栅格结构,且以矢量结构数据为多。因此,这种结合的实质是解决地理信息系统和遥感图象处理系统之间的数据转换,数据传送和数据的配准问题。所说的数据转换实质上是实现栅格数据到矢量数据的转换,或矢量数据向栅格数据的转换。数据的传送主要是指空间图形数据在系统之间的传送。数据的配准是指图象数据和地理信息系统的数字地图之间的几何配准问题。在配准时首先要对图象数据进行校正,然后再同地理信息系统的公用底图匹配。

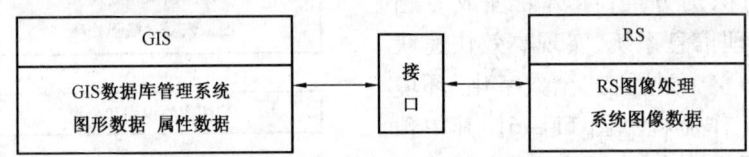

图 11-7 地理信息系统遥感系统之间的接口结合法

为了便于管理,在具体实施中已发展了一些结合的系统,其方法有两种:一种是将地理信息系统作为遥感技术系统中的一个子系统;另一种是在地理信息系统中扩充遥感图象处理功能。后者应用更多,这是因为在地理信息系统中增加栅格数据功能,比在遥感图象分析系统中增加矢量数据处理分析功能及数据库功能,逻辑上更为合理,技术难度也小一些。目前一些大型商品化地理信息系统(如 MGE,ARC/INFO)中都加入了图象分析处理功能就是基于这一思想。

(2)发展一种标准的空间数据交换格式,作为地理信息系统与遥感图象处理之间以及不同类型的地理信息系统之间相互转换的中间格式标准。建立一个国际标准化的空间数据交换标准一直是大家公认的必需解决的问题。目前世界各国都在研究该问题,美国联邦空间数据委员会在 1992 年颁布了美国空间数据交换标准 SDTS(Spatial Data Transfer Standard)。经过长期实践,SDTS 被认为是一种比较完善的空间数据交换标准。澳大利亚基于美国 SDTS 标准,建立了空间数据标准 ASDTS。显然,确定建立一种国际上通用的标准空间数据交换格式,将大大有利于空间数据的共享,也有利于不同空间信息系统的结合。

(3)地理信息系统和遥感图象处理系统相互结合形成一个完整系统。在这种系统中,两者已成为一个统一体,实现了真正的结合。这就要求设计出更有效的数据结构模型及空间数据的管理系统,即能对矢量数据和栅格数据进行协调管理,实现空间数据的综合查询及模型分析。国外已有这样的系统,如美国 NASA 国家空间实验

二、RS 与 GPS 的集成

从 GIS 的角度看，GPS 和 RS 都可看作为数据源获取系统。然而 GPS 和 RS 既分别具有独立的功能，又可以互相补充完善对方，这就是 GPS 和 RS 结合的基础。

首先，GPS 的精确定位功能克服了 RS 定位困难的问题。在没有 GPS 以前，地面同步光谱测量、遥感的几何校正和定位等都是通过地面控制点进行大地测量才能确定的，这不但费时费力，而且当无地面控制点时更无法实现，从而严重影响数据实时进入系统。而 GPS 的快速定位为 RS 数据实时、快速进入 GIS 系统提供了可能。也就是说，借助 GPS 可使 RS 迅速进入 GIS 分析系统，保证了 RS 数据及地面同步监测数据获取的动态配准和动态地进入 GIS 数据库。

其次，利用 RS 数据实现 GPS 定位遥感信息查询。

此外，利用 GPS 形成的新技术，如 GPS 气象遥感技术。GPS 气象遥感技术利用 GPS 卫星和接收机之间无线电信号在大气电离层相对流层中的延迟时间，了解电离层中电子浓度和对流层中温度湿度，从而获得大气参数及其变化情况。目前建立和正在建立的全球许多 GPS 观测网将是提供大气参数的一个重要新数据源，对天气预报尤其是短期天气预报将发挥巨大作用。

三、GPS 与 GIS 的结合

GPS 和 GIS 的结合，不仅能取长补短使各自的功能得到充分的发挥，而且还能产生许多更高级功能，从而使 GPS 和 GIS 的功能都迈上一个新台阶。

通过 GIS 系统，可使 GPS 的定位信息在电子地图上获得实时的、准确的、形象的反映及漫游查询。通常 GPS 接收机所接收信号无法输入底图。若从 GPS 接收机上获取定位信息后，要再回到地形图或专题图上查找、核实周围地理属性，该工作十分繁杂，而且花费时间长，在技术手段上也是不合理的。如果把 GPS 的接收机同电子地图相配合，利用实时差分定位技术，加上相应的通信手段组成各种电子导航和监控系统，可广泛用于交通、公安侦破、车船自动驾驶、科学种田和海上捕鱼等方面。

图 11-8 为 GPS 接收机、电子地图及通信装置组成的定位导航系统。整个系统包括一个

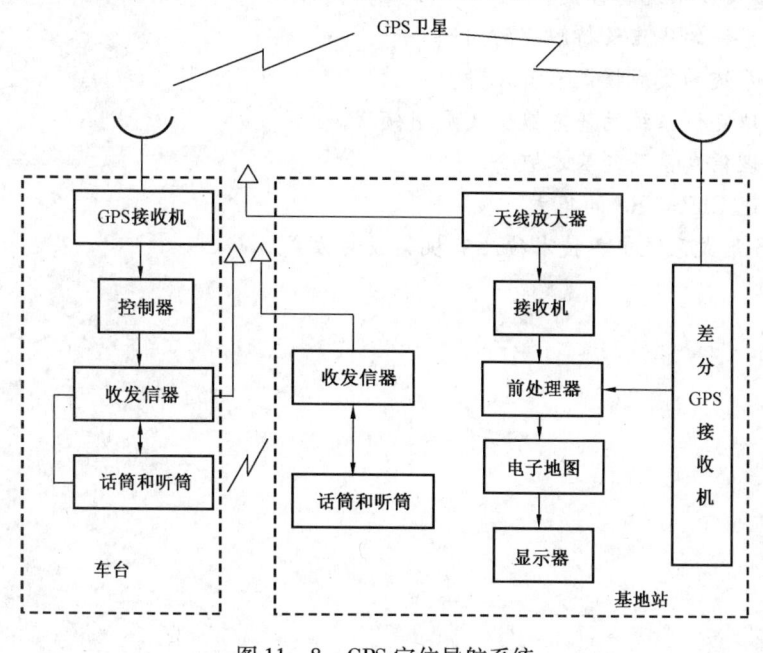

图 11-8　GPS 定位导航系统

基地台和多个移动台,其间可进行实时联系,可用于公安指挥、森林防火监视、森林及地矿资源的调查、海上航行报警、银行运钞车监视等许多场合。如果在系统中加入空间分析模型还可以进一步拓宽其应用范围。例如在抢险救灾工作中,利用GPS提供的定位功能,GIS中电子地图及最佳路径分析功能,能帮助寻找出到达目标的最佳路径等。

GPS可为GIS及时采集、更新或修正数据。例如在外业调查中通过GPS定位得到的数据,输入给电子地图或数据库,可对原有数据进行修正、核实、赋予专题图属性以生成专题图。

20世纪90年代以来,GPS卫星定位和导航技术与现代通信技术相结合,引起空间定位技术的变革,用GPS同时测定三维坐标的方法使定位技术从陆地和近海扩展到整个海洋和外层空间,从静态扩展到动态,从事后处理扩展到实时定位与导航,这些进步大大拓宽了它的应用范围和它在地理信息产业中的作用。

总之,3S的集成,将使测绘、遥感、制图、地理和管理决策科学相融合,成为快速实时空间信息分析和决策支持的强有力的技术工具。GIS—RS—GPS之间相互关系简单地表示在图11-9中。

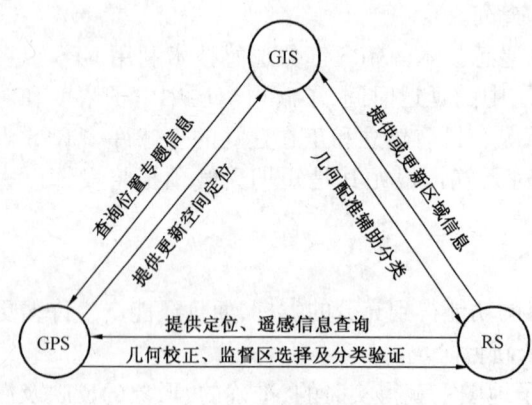

图11-9 3S系统之间相互关系

思 考 题

1. 什么是3S集成系统?
2. 简述3S集成系统的含义。
3. 3S集成系统的优点及待解决的问题?
4. 3S集成系统的集成模式有哪几种?
5. 简述全球定位系统的基本概念及应用领域。
6. 简述地理信息系统的基本概念。
7. 详细阐述GIS与RS的集成。
8. 简述3S集成系统中各技术彼此有机集成的方式。

参 考 文 献

陈华慧．1984．遥感地质学．北京：地质出版社．
陈述彭．1999．数字地球百问．北京：科学出版社．
承继成，石世民，徐希儒．1992．中国遥感教育现状·中国遥感进展．北京：万国学术出版社．
仇肇悦，李军，郭宏俊．1995．遥感应用技术．武汉：武汉科技大学出版社．
郭华东等著．2000．感知天地——信息获取与处理技术．北京：科学出版社．
胡明城．2000．卫星遥感技术的发展和最新成就．测绘科学，25(1)：25-28．
黄敬峰．1999．论遥感技术与资源、环境可持续发展研究．遥感技术与应用，14(1)：65-77．
金君．2000．遥感成像观测技术综述．东北测绘，23(4)：7-8．
李德仁，龚健雅，边馥苓．1993．地理信息系统导论．北京：测绘出版社．
卢国铭，等．1984．遥感技术基础．北京：科学出版社．
梅安新，彭望琭，秦其明，等．2001．遥感导论．北京：高等教育出版社．
潘时祥．1990．像片判绘．北京：解放军出版社．
彭望琭，白振平，刘湘南，等．2002．遥感概论．北京：高等教育出版社．
濮静娟．1992．遥感图像目视解译原理与方法．北京：中国科学技术出版社．
詹庆明，肖映辉．1999．城市遥感技术．武汉：武汉测绘科技大学出版社．
张永生．2000．遥感图像信息系统．北京：科学出版社．
赵淑梅，陈由基，褚广荣，等．1986．遥感概论．北京：高等教育出版社．
郑威，陈述彭．1995．资源遥感概要．北京：中国科学技术出版社．
周承虎，骆剑承，杨晓梅，等．1999．遥感影像地学理解与分析．北京：科学出版社．
朱述龙，张占睦．2000．遥感图像获取与分析．北京：科学出版社．